航海类高等职业教育项目化教材

电工电子技术
（第二版）

丁龙祥　主　编
秦玉华　副主编
周　涛　主　审

上海浦江教育出版社
Shanghai Pujiang Education Press

图书在版编目(CIP)数据

电工电子技术/丁龙祥主编. —2版. —上海：上海浦江教育出版社有限公司,2023.1
（航海类高等职业教育项目化教材）
ISBN 978-7-81121-794-0

Ⅰ.①电… Ⅱ.①丁… Ⅲ.①电工技术—高等职业教育—教材 ②电子技术—高等职业教育—教材 Ⅳ.①TM ②TN

中国版本图书馆CIP数据核字(2023)第003871号

DIANGONG DIANZI JISHU
电工电子技术

上海浦江教育出版社出版发行

社址：上海市海港大道1550号上海海事大学校内　邮政编码：201306
电话：(021)38284910/12（发行）　38284923（总编室）　38284910（传真）
E-mail：cbs@shmtu.edu.cn　URL：http://www.pujiangpress.com
上海商务联西印刷有限公司印装
幅面尺寸：185 mm×260 mm　印张：15.25　字数：372千字
2014年8月第1版　2023年1月第2版　2023年1月第4次印刷
责任编辑：蔡则齐　封面设计：赵宏义
定价：52.00元

总　　序

当前,我国高等职业教育已进入了快速发展时期,职业教育的教学模式也悄然发生着改变,传统学科体系的教学模式正逐步转变为行动体系的教学模式。项目化教学是"行动导向"教学法的一种,因其具有实践性、自主性、发展性、综合性、开放性等多个优点而被高等职业院校广泛采用。但由于受传统学科体系的教学模式和海事局船员适任考试评估大纲的影响,航海类高等职业教育的教材目前大多仍按知识体系架构编写,内容偏重于理论知识,而轻视实践技能的训练,与职业能力培养要求存在较大的差距。国内部分院校虽然也进行过项目化教学改革的尝试,但编写的配套教材大多采用模块(知识体系)＋实训(海事局评估项目)架构,教学方法上采用"理论与实践交替互动"的模式,没有真正实现以项目为载体的理实一体化教学。

为了培养高素质航海技术技能人才,使教学模式遵循职业教育教学规律和高职学生的认知规律,我们组织编撰了《航海类高等职业教育项目化教材》(丛书)。为了高质量地完成教材的编撰工作,编委会组织了一批企业专家、知名学者和专职教师,在以华东师范大学博士徐国庆教授为核心的"职业教育项目化教改团队"的指导下,大力推进航海类专业以工作任务为导向的课程体系改革。本次课程体系改革,完全打破以往的基于知识体系的课程体系模式,而是以海船船员典型工作任务为导向,从船员岗位的工作领域和职业能力分析入手,形成了一套集知识目标和技能目标于一体、融理论学习和技能训练于一身的全新航海类项目化专业主干课程教材。

教材是课程教与学的载体,也是课程教与学模式的具体体现。在重新优化和构建以工作任务为导向的课程体系的基础上,编委会配套制定了各课程教学标准,分组开展了项目化课程设计,并以此指导项目化系列教材的编撰。

本套教材紧扣船员工作岗位的实际工作项目,通过"项目描述""项目目标""任务描述""任务实施""任务评价"等栏目逐层递进,在项目实施中完成对学生

知识的积累和能力的培养。这种"做中学、学中做"教学方法,既符合高等职业教育的需求,也符合高等职业院校学生的认知规律。

航海类专业职业教育"课证融通"的特点,要求毕业生参加海事局组织的船员适任证书考试和评估,并取得相应船员适任证书。所以,本套教材在编撰过程中,还特别强调紧扣国际海事组织STCW公约2010年马尼拉修正案的新内容、新要求,在知识内容和实训项目设置上,完全涵盖中国海事局全国海船船员适任考试和适任评估两个大纲的要求,实现了理论和实践的有机融合。此外,本套教材还根据航海技术的最新发展动态,增加或修订了一些新技术或新设备内容,由此满足船员适任考试和评估的双重需要,还可作为船舶技术人员的参考用书。

本套教材的编撰,是我国航海教育项目化课程改革的有益探索和创新,由于我们的水平有限,书中或仍有某些不足,敬请专家、同行和其他读者不吝指教,以便我们适时改进,为推进我国航海高等职业院校项目化课程改革添砖加瓦。

《航海类高等职业教育项目化教材》编写委员会

2014 年 7 月

《航海类高等职业教育项目化教材》编写委员会

主 任 委 员 刘红明
副主任委员 陈晓琴　陈立军　韩杰祥
委　　　员（以汉语拼音排序）
　　　　　　　陈　豪　胡明华　季建华　季明丽　江　山
　　　　　　　马洪涛　缪克银　潘汝良　瞿名泽　权　东
　　　　　　　孙长飞　王锦法　王　涛　严祥生　郑其山
　　　　　　　周国华　周　涛

前　言

《中华人民共和国海船船员适任考试和发证规则》已于 2012 年 3 月 1 日生效，新的《中华人民共和国海船船员适任考试大纲》也自 2012 年 7 月 1 日开始实施。为更好地指导和帮助船员进行适任考试前的培训，进一步提高船员适任水平，依据船舶轮机管理职业岗位要求、高职学生的学习能力水平和轮机工程技术专业工作岗位的职业能力要求，遵循"项目驱动、理实结合"的职业教育理念编写本教材。

本教材依据 STCW 公约 2010 年马尼拉修正案编写，采用图文并茂的形式；在内容的选择上既考虑轮机学员、海船船员适任考试对知识点的要求，又在典型项目选用上作适当取舍，贯彻"以全面素质为基础，以能力培养为本位"的原则，重点突出"必需、够用"原则；实现"课证融通"人才培养模式，教材内容符合国际最新公约要求，并涵盖中华人民共和国海事局最新考试大纲中船舶电气课程三管轮的考试和评估内容。

教材充分体现任务引领实践导向的课程设计思想，以工作任务为主线设计教材结构；强化理论与实践的结合，注重技能训练的力度；注重实践内容的可操作性，强调在操作中理解与应用理论。本教材从学习单元、知识要求和技能要求三个维度对课程内容进行规划和设计，以使课程内容更好地与电工电子技术岗位要求相结合。第一版教材包括 3 个项目，围绕项目分解为 9 个任务，第二版教材包括 4 个项目，围绕项目分解为 12 个任务。教材由江苏海事职业技术学院丁龙祥担任主编，南京港口机械厂秦玉华担任副主编，周涛担任主审，参与编写的人员有江苏海事职业技术学院杨书杰、郭宗莲、孙芳霞、孙厚法、印黄燕、孙立新等。

本教材的编写得到南京港口机械厂的大力支持，电气高工秦玉华在教材内容取舍、项目选择、技能训练等方面提出建设性意见，江苏海事职业技术学院蔡亮老师对教材排版给予大力支持，在此一并表示感谢。

本书采用项目化编写方法，有别于传统教材编写，由于编者水平有限，加之时间仓促，书中难免有不当之处，恳请读者批评指正。

编　者
2023 年 1 月

目 录

项目一 电路电量的计算与测量 ·· 1
任务1 直流电量的计算与测量 ·· 1
任务2 单相交流电量的计算与测量 ··· 24
任务3 三相交流电量的计算与测量 ··· 48

项目二 电与磁的认识和应用 ··· 60
任务1 电磁现象的认识 ·· 60
任务2 变压器的认识和应用 ·· 77

项目三 常用电机的使用与维护 ·· 95
任务1 直流电机的使用与维护 ··· 95
任务2 交流电机的使用与维护 ·· 106
任务3 常用控制电机的使用与维护 ·· 131

项目四 电子产品的制作 ··· 139
任务1 直流稳压源的制作 ··· 139
任务2 光控开关的制作 ·· 167
任务3 调光灯的制作 ··· 196
任务4 双音门铃的制作 ·· 212

项目一　电路电量的计算与测量

项目描述

本项目共有 3 个任务，分别是直流电量的计算与测量、单相交流电量的计算与测量和三相交流电量的计算与测量。此项目的训练让学生掌握用欧姆定律进行简单电路分析计算，用基尔霍夫定律进行复杂电路分析计算；通过计算判断负载实际电压、电流、消耗功率是否等于额定电压、额定电流和额定功率值，从而判定负载在电路中能否正常工作。此项目的训练让学生掌握用电工仪表测量电路中电量的方法，即学会仪表的正确接线、仪表量程选择、仪表的正确读数。

任务1　直流电量的计算与测量

【任务描述】

本任务是直流电路的分析、计算与测量。要求会用欧姆定律对简单电路进行分析计算，会用基尔霍夫定律进行复杂电路分析计算，通过计算判断负载实际电压、电流、消耗功率是否等于额定电压、额定电流和额定功率值，从而判定负载在直流电路中能否正常工作；对于多电源的复杂电路，不仅要学会用基尔霍夫定律，而且要进行知识拓展，即学习电压源与电流源及其等效变换、叠加原理、戴维南定理求解复杂电路，并学会对不同求解对象选用合适的定律和方法求解。在能力层面上，要求掌握用直流仪表实际测量电路物理量，即要求掌握电路接线、仪表选择、仪表接线和仪表读数。

【学习目标】

(1) 掌握直流电路的基本概念和基本物理量。
(2) 掌握串、并联电阻电路的计算。
(3) 掌握直流电路基本定律欧姆定律和基尔霍夫定律。
(4) 了解电压源和电流源及其等效变换、叠加原理和戴维南定理。
(5) 了解电位的概念和计算。
(6) 掌握电路接线、仪表选择、仪表接线和读数。
(7) 掌握用直流仪表来实际测量电路物理量。

【相关知识】

一、直流电路的基本物理量

1. 电路的组成和作用

电路是由各种电元件或设备按一定方式组成，用于完成某种专门目的的闭合电通路。

电路一般是由电源、负载、中间环节(控制元件和连接导线)三部分组成的,最简单的电路如图1-1-1所示。电路的电源是电池,负载是灯泡,控制元件是开关。电源的作用是将其他形式的能量转换为电能,为整个电路工作提供能量。常见电源有各种发电机和电池装置。负载的作用是将电能转换为热能、光能、机械能等其他形式的能量。控制元件主要作用是对电路工作进行控制。连接导线通常是包裹电气绝缘材料的电缆电线,其主要作用是构成电荷移动的通道,用于传输电能或传递电信号。

电路有多种分类方法,按其工作的不同电量类型,可分为直流电路和交流电路。所谓直流电路,指电路中物理量的方向不随时间的变化而变化的电路。如果电路中物理量的方向随时间发生变化,这样的电路称为交流电路。

直流电路的电量只要求其方向不随时间变化,但并没有限定其大小是否变化。如果直流电路的电量大小也不随时间发生变化,则称为恒定的直流电路。交流电路的电量大小随时间变化,按照电量变化的规律

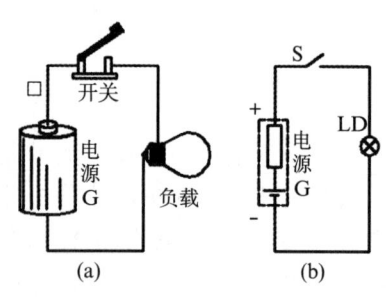

图1-1-1 最简单的电路

还可分为正弦交流电路、脉冲交流电路等。本书若无特别说明,直流电路指电量的幅值(大小)和方向都不随时间变化的恒定直流电路;交流电路指电量的幅值随时间按正弦规律变化的正弦交流电路。

电路按其传输内容的不同分为传输电能的电力电路和传输信息的信号电路两大类。传输电能的电力电路或与能量转换有关的电路通常称为"强电"电路;传输信息或与信号转换有关的信号电路通常称为"弱电"电路。

2. 电路的基本物理量及单位

量度物体属性或描述物体运动状态及其变化过程的量称为物理量。电路的基本物理量主要有电动势、电压、电位、电流等。

1) 电动势

电动势是电源将其他形式能量转换成电能本领的一种度量,电能是由其他形式能量经过电源转换而来的,电能就是电荷做功的能力。要使电荷具有做功能力,其他形式的能量就必须先在电源内部对电荷做功。电动势就是衡量其他形式能量提供的、用来转换成电能的外力(或称电源力)在电源内部对单位电荷做功本领大小的物理量,是外力在电源内部对电荷做功能力的度量。

电源电动势的具体定义是:电源内的外力把单位正电荷从电源负极推向正极(或把单位负电荷从正极推向负极)所做的功。电动势用符号E表示,单位伏特(简称伏,用字母V表示)。

在电路图中,电动势的方向通常由电源的负极指向正极,电动势端部电压方向是电源正极指向负极(图1-1-2)。

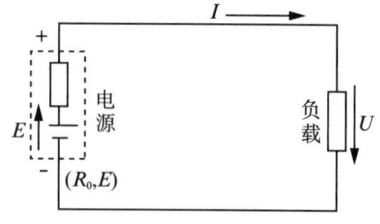

图1-1-2 电量的方向

[思维点拨]
电动势的方向是怎样规定的？电动势的端部电压方向是怎样的？

2) 电流

在如图1-1-1所示的电路中，电池是电源。在电池内部，化学能转换成电能，把正电荷从电池的负极推向正极，把负电荷从电池的正极推向负极。如果将开关闭合，具有做功能力的正电荷从电源（电池）的正极流出来，对外电路做功，释放其能量，然后回到电源（电池）的负极；同样具有做功能力的负电荷从电源（电池）的负极流出来，对外电路做功，释放其能量，然后回到电源（电池）的正极。

电荷的定向移动称为电流，其大小可用电流强度来衡量，用字母 I 表示，单位为安培（A）。1安培的电流，表示在1秒钟内流过导体截面的电荷量为1库仑（C）。对于较大或较小的电流，其强度还可采用千安（kA）、毫安（mA）和微安（μA）等作为单位，它们的关系如下：

$1\ kA = 1\ 000\ A = 1 \times 10^3\ A = 1 \times 10^6\ mA = 1 \times 10^9\ \mu A$

$1\ A = 1\ 000\ mA = 1 \times 10^3\ mA = 1 \times 10^6\ \mu A$

$1\ mA = 1\ 000\ \mu A = 1 \times 10^3\ \mu A$

$1\ \mu A = 0.001\ mA = 1 \times 10^{-3}\ mA = 1 \times 10^{-6}\ A = 1 \times 10^{-9}\ kA$

电流强度习惯上简称电流。"电流"一词具有两层意思：①表示电荷在导体中定向移动，是一种物理现象；②表示在导体中流过电流的大小，即电流强度，是一个物理量。也就是说，电流一词既表示物理现象又表示物理量。若说"电路中有电流流过"，其含义是"电路中存在定向移动的电荷"这一物理现象。若说"流过这个电路的电流是5 A"，意思是说"流过这个电路的电流强度是5 A"。因此，在出现"电流"一词时，应根据上下文对其含义进行判断，分清是指物理现象还是指物理量。

电流的实际方向习惯上规定为正电荷移动的方向，即从电源的正极流出，从电源的负极流进电源内部，如图1-1-2所示 I 的箭头方向。对于简单电路的电流方向是很容易判定的，但对于多电源或多个负载构成的电路，某负载上的电流方向则不易判定。这时通常需要引入电流参考方向（又称电流正方向）。在进行电路计算时，先任意选定某一方向作为待求电流正方向，并据此方向进行分析计算。若电流计算结果为正，说明电流正方向就是电流实际方向，否则电流实际方向与电流正方向相反。

3) 电压和电位

电荷从电源内部流出来后，经过负载（用电器）时，其所具有的电能将在负载内部转换成其他形式的能量。例如，在如图1-1-1所示的电路中，从电池流出来的具有电能的电流，流过灯泡 R_L（负载）时，将电能转换成为光能。

电荷释放能量是通过克服阻力对负载做功体现的。反映电荷在电路中释放能量对负载做功的大小可用电压降来衡量。两点间的电压降指单位正电荷在电源提供的电场力作用下，经过电路中的两点时所做的功，简称为电压，符号为 U。电压的单位与电动势一样，也为伏特（V）。电路中任两点的电位之差称为两点间的电压，如 A,B 两点间的电压是

$U_{AB}=V_A-V_B$,在负载两端,电压的实际方向与电流流过的方向相同,如图1-1-2所示U的箭头方向。复杂电路的电流方向无法判定,其负载电压方向也一时无法判定,需要先假定电压方向,通常电流和电压方向假定采用一致性。电流、电压正方向的标注如图1-1-3所示。

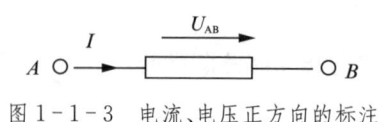

图1-1-3 电流、电压正方向的标注

电路中某点的电位高低是相对于参考点(电位为零的点)而言的,参考点选取不同,则电路中各点的电位是不同的。一个电路只允许选取一个参考点,比参考点高的点的电位值为正值,否则为负值。电位参考点一旦确定,则不能再选其他点作为参考点。如图1-1-3所示,若选B点为参考点,则$V_B=0$,即$U_{AB}=V_A-V_B=V_A-0=V_A$,说明电路中某点A的电位就是此点与参考点之间的电位之差。

[思维点拨]

电流、电压为什么要标注正方向?如何规定?

4) 电阻

所谓电阻,顾名思义是对电荷的阻碍,是电路元件对移动电荷的阻碍。电荷从电源出来后在电路中移动,与电路元件(导线、电负载等物质)中的原子核或其他电荷发生碰撞,阻碍电荷的移动,其结果是将电能转换成为热能。

对于已制成的电路元件,其阻碍电荷的移动属性已基本确定,因此常将电阻称为电路元件的参数。反映电路元件具有阻碍电流大小的物理量(或参数)称为电阻,用字母R表示。电阻单位是欧姆(简称欧,用希腊字母Ω表示)。

具有电阻参数的电路元件称为电阻器,有时为了简便,电阻器也简称电阻。因此,"电阻"一词也有两种含义:既可表示电路元件参数,也可表示电阻器元件。

在一般的电路中,不仅电负载有电阻,会对移动的电荷产生阻碍作用,实际的电源内部也会对电荷的移动产生阻碍作用,即电源内部也有电阻,称为内阻。如图1-1-2中的实际电源装置G由两部分组成,E是电源电动势,R_0为实际电源的内阻。由于电路中实际的连接导线电阻一般很小,为简化分析计算,工程上常常忽略电路图中连接导线的电阻,认为连接的导线无电阻,或认为其电阻为0。这种忽略次要因素的近似处理称为理想化处理。

不同的材料对电流的阻碍能力不一样。导体对电荷阻碍作用小,其导电能力强,可用来做成导线(如电线、电缆等);绝缘体对电荷阻碍作用特别大,其导电性能非常低,可用作导线外部的保护层,用于限制电流的流动范围。物质材料的电阻参数与其尺寸有关,一段物质材料的电阻值可以通过下式计算:

$$R=\rho\frac{l}{S} \qquad (1-1-1)$$

式中:R为材料的电阻值,单位为欧姆(Ω);l为材料的长度,单位为米(m);S为材料的截面积,单位为平方米(m^2);ρ为电阻率(或称为电阻系数),单位是欧姆·米($\Omega \cdot m$)。电阻率与材料的物理性质有关,几种常见材料电阻率见表1-1-1。

表 1-1-1　几种常见材料的电阻率

材料名称	电阻率 $\rho/(\Omega\cdot m)$	电阻温度系数 α	材料名称	电阻率 $\rho/(\Omega\cdot m)$	电阻温度系数 α
银	1.6×10^{-8}	0.003 6	铁	1.0×10^{-7}	0.006
铜	1.69×10^{-8}	0.004	碳	3.5×10^{-7}	$-0.000\ 5$
铝	2.9×10^{-8}	0.004	锰铜	4.4×10^{-7}	0.000 005
钨	5.3×10^{-8}	0.002 8	康铜	5.0×10^{-7}	0.000 005

材料对电荷移动的阻碍作用还与温度有关。表示温度影响导电材料电阻变化的系数称为电阻温度系数，用希腊字母 α 表示。从表 1-1-1 可见：金属的电阻温度系数一般为正值，称为正温度系数；碳等非金属材料的电阻温度系数为负值。这说明，随着温度的升高，金属材料的电阻增加，而碳等非金属材料的电阻减小。材料的电阻 R、温度 T 和电阻温度系数 α 的关系可表示为

$$R_2 = R_1\left[1+\alpha\left(T_2-T_1\right)\right] \qquad (1-1-2)$$

式中：R_1 是对应于温度为 T_1 时材料的电阻；R_2 是对应于温度为 T_2 时材料的电阻；α 是材料的电阻温度系数。

5）其他电路物理量

电路的其他物理量还有电功和电功率。

电功就是电荷做功，前面介绍的电动势和电压都是反映有关做功能力的物理量。静止的电荷不能被做功，也不能做功，只有电路中有电流流过，才会做功。电路中的能量转换过程是定向移动电荷形成电流做功的过程。电流做功的能量是电荷在电源内部由外力提供的，电压则反映具有做功能量电荷的做功能力大小。电荷在电源内部吸收能量也是通过定向移动才被做功的（正电荷从电源负极被移到正极，负电荷从电源正极被移到负极）。

具有能量的电荷从电源流出来形成电流，电流流经用电设备时，将电能转换成热能或其他形式能量，是电荷对用电设备做功。因此，当电路工作时，能量转换不仅与做功能力有关，还与实际做功大小有关。也就是说，当考察能量转换大小时，既应考虑反映做功能力大小的电压，也应考虑反映实施具体做功的电流。若设用电设备两端的电压为 U_{ab}，流过用电设备的电流为 I（恒定不变），则在 t 时间段内电流对该用电设备所做的功（电功 W_{ab}）可表示为

$$W_{ab} = I\cdot U_{ab}\cdot t \qquad (1-1-3)$$

式中：电压 U_{ab} 的单位是伏特（V）；电流 I 的单位为安培（A）；时间 t 的单位为秒（s）；功 W_{ab} 的单位是焦耳（J）。

$1\ J=1\ A\times1\ V\times1\ s=1\ W\times1\ s$。用焦耳做单位比较小，在实际工程中使用起来比较麻烦。因此，工程上通常以千瓦·小时（$kW\cdot h$）作为电能（即电功）的单位，$1\ kW\cdot h$ 的电，就是俗称的"1 度电"：$1\ kW\cdot h=1\ 000\ W\times3\ 600\ s$。

在实际工作中，常常还要求知道电流做功的快慢。衡量电流做功快慢的物理量是电功率。所谓功率，就是做功的速率，是每秒做功的量。因此，电功率就是每秒电流所做的功，

用字母 P 表示,单位是瓦特(W)。由电功率的定义,可得

$$P = W_{ab}/t = I \cdot U_{ab} \tag{1-1-4}$$

式(1-1-4)说明,当电流流过电阻(用电设备)时,若在用电设备上产生电压降为 U_{ab},则电阻消耗的电功率 P 等于流过电阻的电流 I 与电阻两端的压降 U_{ab} 的乘积。

实际电功率还常常采用较大的单位千瓦(kW)或兆瓦(MW),$1\text{ MW} = 1\,000\text{ kW} = 10^6\text{ W}$。

二、电路的基本定律

直流电路的基本定律主要有欧姆定律和基尔霍夫定律,其中,基尔霍夫定律包括第一定律(也称基尔霍夫电流定律,KCL)和第二定律(也称基尔霍夫电压定律,KVL)。

1. 欧姆定律

欧姆定律是说明电路中电压、电流与电阻关系的定律,是电路的基本定律之一。欧姆定律表明:流过电阻的电流与电阻两端电压成正比。

$$I = \frac{U}{R} \tag{1-1-5}$$

式(1-1-5)表示的欧姆定律还可以有下面两种形式:

$$U = IR \quad \text{或} \quad R = \frac{U}{I} \tag{1-1-6}$$

应用欧姆定律时应注意,电压和电流方向应该是它们的实际方向。但有时在一个电路中,暂时不能确定电流或电压的实际方向,此时可先给它们假设一个参考方向,称为正方向,然后根据已知电量运用公式计算出最终结果。若假设正方向的电量计算结果为正的值(带有正号),说明前面假设的正方向与实际方向相同;若计算结果为负值(带有负号),说明前面假设的正方向与实际方向相反。

上面介绍的欧姆定律仅仅对电源以外的电路进行分析,由于没有包括电源,又称为无源电路欧姆定律或部分电路欧姆定律。包括电源的电路称为有源电路或全电路。对于全电路,只要将电源的内阻考虑进去,欧姆定律也适用。

电源以外的电路对电流具有一定阻碍作用,电源内部也存在这种阻碍作用。电源内部的阻碍电流作用可用电源内阻表示,电路中一个电源可用电动势和内阻来完全表示。如图1-1-2所示,电源就是电池,可用电动势 E 和内阻 R0 的连接表示。当电池未接任何负载时,电池两端电压等于电池电动势;当接上负载后,电池两端电压将随输出电流增大而减小。全电路欧姆定律是说明有源电路中电压、电流与电阻(包含内阻)关系的定律,其表达式如下:

$$I = \frac{E}{R + R_0} \tag{1-1-7}$$

一个电压源带一个负载电阻的简单电路如图1-1-4所示。当开关打开时,电路处于空载状态(开路状态),则 $I = 0$,$U_1 = E$,$U_{R_0} = U_{R_L} = 0$。

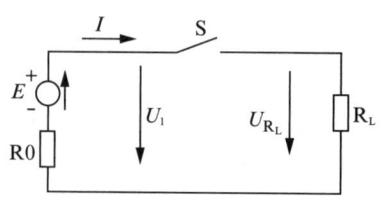

图 1-1-4 简单电路

当开关闭合时,$I=\dfrac{E}{R+R_0}$,$U_1=E-IR_0$,$U_{R_L}=IR=E-IR_0$

实际负载可能是由多个电阻构成的,形式上可能是串联、并联、混联,电阻串联形式如图1-1-5所示。

电阻的串联规律是

$$R=R_1+R_2$$
$$I=\dfrac{U}{R_1+R_2}=I_1=I_2$$
$$U=U_1+U_2$$

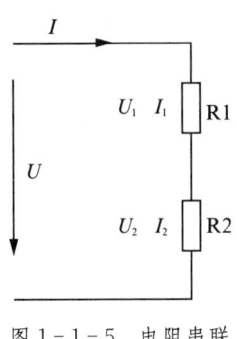

图1-1-5 电阻串联

电阻串联时,总电阻变大,电路电流变小。串联具有分压功能:对于负载来说,如果负载电压小于电源提供的电压,可用串电阻分压方法来满足负载的正常工作;电压表扩大量程(采用配接分压器)也是利用分压原理。电阻的分压公式如下:

$$U_1=\dfrac{U}{R_1+R_2}R_1 \qquad (1-1-8)$$

$$U_2=\dfrac{U}{R_1+R_2}R_2 \qquad (1-1-9)$$

从分压公式可见,串联电阻越大,分压也越大。

电阻并联形式如图1-1-6所示。

电阻并联的规律是

$$R=\dfrac{R_1R_2}{R_1+R_2}$$
$$U=U_1=U_2$$
$$I=I_1+I_2$$

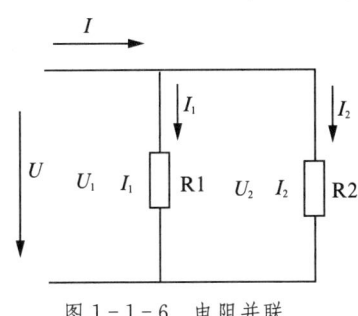

图1-1-6 电阻并联

在电阻并联形式下,每个电阻两端电压都相等,并且都等于电源电压。工作的负载越多(即负载增加),总电阻越小,电路电流越大。并联具有分流功能,直流电流表扩大量程(采用分流器)就是利用分流原理。电阻的分流公式如下:

$$I_1=\dfrac{R_2}{R_1+R_2}I \qquad (1-1-10)$$

$$I_2=\dfrac{R_1}{R_1+R_2}I \qquad (1-1-11)$$

从分流公式可见,并联电阻阻值越大,分流越小,阻值越小,分流越大。

〖思维点拨〗

对于电路来说,负载增加意味着什么?实际负载工作为什么都采用并联形式?

2. 基尔霍夫定律

对于多电源的复杂电路，用欧姆定律是无法求解的，必须引入新的定律和方法。基尔霍夫定律就是解决复杂电路分析计算的定律，包括第一定律(KCL)和第二定律(KVL)两个定律。这两个定律涉及电路的节点、支路和回路概念，为此，下面首先介绍节点、支路和回路概念。

1) 电路的节点、支路和回路

所谓支路就是流过同一个电流的含有电路元器件(电源或电阻)的分支电路，其复杂电路如图1-1-7所示。图中共有3个支路，包括支路AG，BF，CD，其中，AG和BF支路含有电源，称为有源支路，CD支路称为无源支路。

所谓节点就是指3个或3个以上支路的回合点，如图1-1-7中的B和F两点。

电路中任一闭合路径称为回路。图1-1-7中共有3个回路，分别为$ABFGA$，$BCDFB$，$ABCDFGA$，其中，不可再分割的回路称为网孔，如图中$ABFGA$，$BCDFB$为两个网孔回路。基尔霍夫定律往往就是采用网孔来列电压方程的。

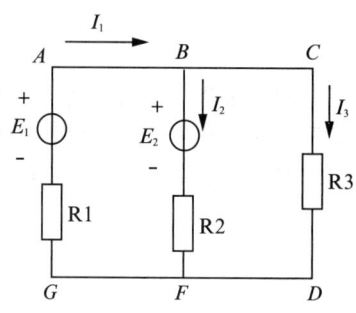

图1-1-7 复杂电路

2) 基尔霍夫电流定律

基尔霍夫电流定律表明：对于电路的任意节点，在任意时刻，流进节点的电流之和等于流出节点的电流之和。

用数学公式可表示为

$$\sum I_{\text{IN}} = \sum I_{\text{OUT}} \qquad (1-1-12)$$

式中：I_{IN}为流入节点的电流；I_{OUT}为流出节点的电流。

若规定流入节点的电流为正，流出节点的电流为负，则基尔霍夫电流定律还可表述为：对于电路的任意节点，在任意时刻，流进节点电流的代数和为零，即

$$\sum I = 0 \qquad (1-1-13)$$

式中：I为流入或流出节点的电流，A，若流入节点的电流为正，则流出节点的电流为负。

基尔霍夫电流定律还可从节点扩展到任意一个假设的封闭曲面：对于包围部分电路的任意一个假设的闭合曲面，流入曲面的电流之和等于流出曲面的电流之和；对于包围部分电路的任意一个假设的闭合曲面，穿过曲面的电流代数和为零。

如图1-1-7所示，根据式(1-1-12)对节点B和节点F可分别列方程$I_1 = I_2 + I_3$和$I_2 + I_3 = I_1$。可见，两个方程是一样的，即2个节点只能列1个独立方程，n个节点的电路，应用基尔霍夫电流定律可列出$(n-1)$个独立的节点方程。

如图1-1-7所示，根据式(1-1-13)对节点B和节点F可分别列方程$I_1 + (-I_2) + (-I_3) = 0$和$I_2 + I_3 + (-I_1) = 0$。可见，两个方程是一样的，当实际列方程时，采用式(1-1-12)比较方便。

在基尔霍夫电流定律扩展时,实际电路并不存在曲面,所谓闭合曲面只是假想的空间范围而已,在这个假想的空间范围内包含部分电路,当然也包含其中的节点。通过这样的扩展,有时可以使电路计算得到简化。

〖思维点拨〗
对于 n 个节点列电流方程,为什么只能列出 $n-1$ 个方程?

例 1-1-1 如图 1-1-8 所示,求解电阻 R3 上流过的电流 I。

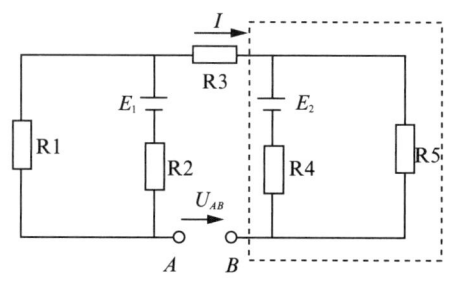

图 1-1-8 例 1-1-1 的图

解:用扩展基尔霍夫电流定律,把电路中右边部分用虚线构成一个闭合面,这样,流入闭合面的电流必然等于流出闭合面的电流。由于电路 A,B 处断开,显然此处电流为零,则 $I=0$。

例 1-1-2 如图 1-1-9 所示,求 I_4。

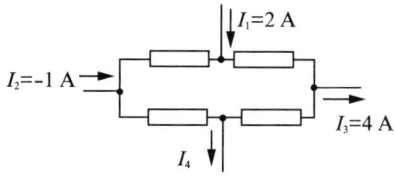

图 1-1-9 例 1-1-2 的图

解:用扩展基尔霍夫电流定律,把电路中外围用虚线构成一个闭合面,这样,流入闭合面的电流必然等于流出闭合面的电流,即

$$I_1+I_2=I_3+I_4$$

因为 $I_1=2$ A,$I_2=-1$ A,$I_3=4$ A,所以

$$I_4=-3\text{ A}$$

负号代表与图中假定方向相反,即流入。

3) 基尔霍夫电压定律

基尔霍夫电压定律是用来确定电路中各段电压之间关系的定律,其表述形式比较多,下面介绍三种比较实用的表述形式:

(1) 部分电路形式。如果所分析的电路是无源电路(即部分电路),要确定电路中各段

电压之间的关系时,基尔霍夫电压定律可以表述为:电路中任意两点之间的电压等于这两点之间各段电路的电压降之和,而与所考虑的电路路径无关。

如图 1-1-10 所示的电路,设点 $1,2,\cdots,(n-1),n$ 等为电路中的点,相邻各点之间电压分别表示为 $U_{12},U_{23},\cdots,U_{(n-1)n}$,则基尔霍夫电压定律可用下式表示:

$$U_{1n}=U_{12}+U_{23}+\cdots+U_{(n-1)n} \tag{1-1-14}$$

(2) 回路形式。若所分析电路为有源电路或构成闭合回路的电路,要确定电路中各段电压之间关系时,基尔霍夫电压定律可表述为:从回路中任意一点开始,以顺时针或逆时针方向沿着回路绕行一周,在这个方向上,电位降之和等于电位升之和,回到开始点后电位的变化量为零(图 1-1-10)。

以回路形式表述,基尔霍夫电压定律可表示为

$$\sum U = 0 \tag{1-1-15}$$

式(1-1-15)通常称为回路方程。不论电位降或电位升,正方向与回路方向相同则取正值,与回路方向相反则取负值。电压降是电位降,电源电动势是电位升,式(1-1-15)求和符号"$\sum$"内的电压降或电动势都应带符号计算。利用电位的定义,针对如图 1-1-11 所示的电路,基尔霍夫第二定律——电压定律可表示为

$$-E_1-E_2+E_3-U_{12}+U_{23}+U_{(n-1)n}=0 \tag{1-1-16}$$

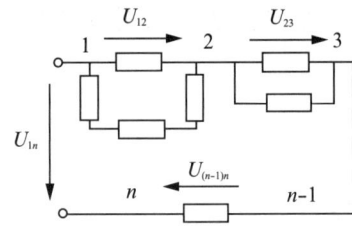
图 1-1-10 部分电路

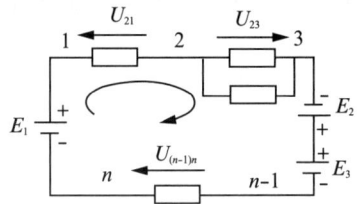
图 1-1-11 回路形式

(3) 以支路电流为参数的形式。若在回路中设定一个回路方向,根据欧姆定律,各段的电压可以表示为流过该段的电流与该段电阻的乘积。各段的电流与回路方向相同则电流取正值,否则取负值。式(1-1-15)表示的基尔霍夫电压定律可以表示为

$$\sum E = \sum (IR) \tag{1-1-17}$$

应用式(1-1-17),针对 1-1-12 所示的电路,可列出关系式:

$$E_1+E_2-E_3=-I_{21}R_{12}+I_{23}R_{23}+I_{(n-1)n}R_{(n-1)n} \tag{1-1-18}$$

若回路中没有电源,则基尔霍夫电压定律可简化为

$$\sum (IR) = 0 \quad \text{或} \quad \sum U = 0 \tag{1-1-19}$$

基尔霍夫电压定律可以由真实回路扩展到任一虚拟回路,不论回路是否闭合。

如图 1-1-13 所示中间的开口回路 $CDBAC$,假定回路的环绕方向为顺时针,则

$$E_1-E_2=IR_3-I_2R_4-U_{AB}+I_1R_2 \tag{1-1-20}$$

其他两个网孔回路的方程为

$$E_1 = I_1R_1 + I_1R_2 \quad (1-1-21)$$

$$E_2 = I_2R_4 + I_2R_5 \quad (1-1-22)$$

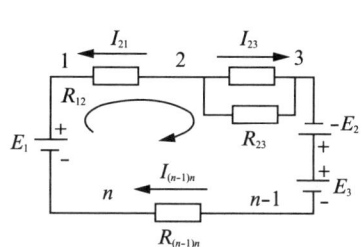

图 1-1-12 支路电流形式

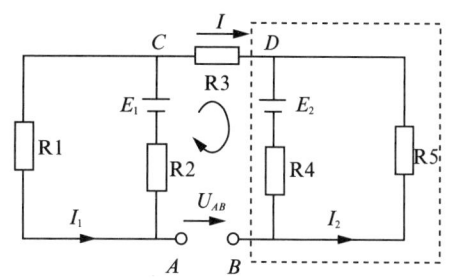

图 1-1-13 带开口电路

3. 电位的概念和计算

在分析和计算电子电路时,普遍使用电位而较少使用电压来分析电路。为确定电路中某点电位,必须首先在电路中选取一个参考点。参考点就是认为此点电位为零,但不是接地,用符号"⊥"表示。参考点在电路中的选取是任意的,一旦选定就不能交换其他点,即具有任意性和唯一性。在实际电路中,参考点为多支路的回合点,即节点。其他各点电位与它进行比较,高于此点电位的为正电位,否则为负电位,其电位的求法就是计算此点与参考点之间的电压。

电路中若参考点选取不同,其他点的电位也不同,但任意两点间的电压不变。在电子线路中,常常需要计算电子元件(如三极管)各点电位来判定该电子元件的工作状态。

例 1-1-3 如图 1-1-14 所示,参考点在 3 个图中分别选取 O 点,A 点,B 点,那么其他点的电位分别为多少?任意两点电压是否不变?

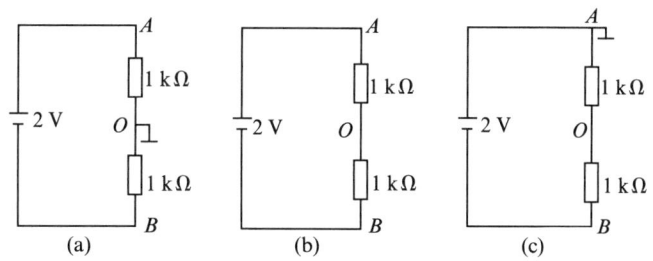

图 1-1-14 例 1-1-3 的图

解:(1) $I = 1 \text{ mA}$

$V_A = U_{AO} = IR = 1 \text{ V}$

$V_B = -U_{OB} = -IR = -1 \text{ V}$

$U_{AB} = V_A - V_B = 2 \text{ V}$

(2) $I = 1\text{ mA}$

$V_A = U_{AB} = I \cdot 2R = 2\text{ V}$ $\qquad V_O = U_{OB} = 1\text{ V} \qquad U_{AB} = 2\text{ V}$

(3) $I = 1\text{ mA}$

$V_O = -U_{AO} = -1\text{ V} \qquad V_B = -U_{AB} = -2\text{ V} \qquad U_{AB} = 2\text{ V}$

例 1-1-4 已知：如图 1-1-15 所示电路，$E = 10\text{ V}$，$R_1 = 3\text{ Ω}$，$R_2 = 2\text{ Ω}$。试计算当开关 S 闭合后，a,b,c 和 d 点的电位 V_a,V_b,V_c 和 V_d。

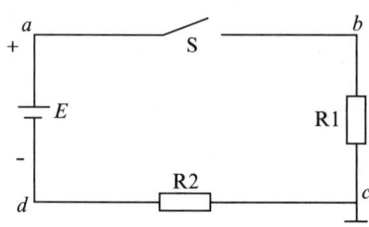

图 1-1-15 例 1-1-4 的图

解：开关 S 闭合后，电动势 E、电阻 R1 与 R2 构成闭合回路，电路中有电流流过。电流从 E 的正极点 a 流出，经过开关 S，点 b，R1 和 R2 回到 E 的负极点 d。

(1) 计算电路电流 I 和电阻 R1 和 R2 端电压 U_{R1} 和 U_{R2}。由于开关 S 闭合后，a,b 两点的电阻为 0，根据欧姆定律，得出

$$I = \frac{E}{R_1 + R_2} = \frac{10}{2+3} = 2\text{ A}$$

$$U_{R1} = U_{bc} = I \cdot R_1 = 2 \times 3 = 6\text{ V}$$

$$U_{R2} = U_{cd} = I \cdot R_2 = 2 \times 2 = 4\text{ V}$$

$$U_{ab} = 0\text{ V}$$

(2) 计算 a,b,c 和 d 点的电位 V_a,V_b,V_c 和 V_d。由于 $V_c = 0\text{ V}$，则

$$V_a = V_b = U_{bc} = V_b - V_c = 6\text{ V}$$

$$V_d = V_c - U_{cd} = 0 - 4 = -4\text{ V}$$

[思维点拨]

电路中参考点的选取有什么规定吗？电路中选取不同参考点对电路电位和电压产生什么影响？

在电子线路中，往往不再把电源画出，改用电位标出。电路的一般画法如图 1-1-16 所示，电路的习惯画法如图 1-1-17 所示。

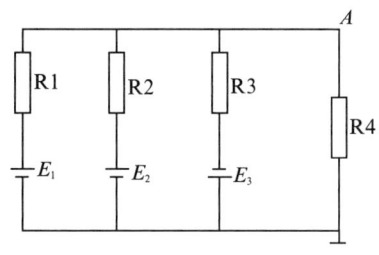

图 1-1-16 电路的一般画法

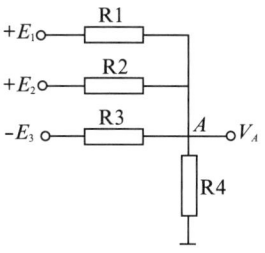

图 1-1-17 电路的习惯画法

例 1-1-5 试计算如图 1-1-18(a)所示电路中的 B 点电位 V_B。

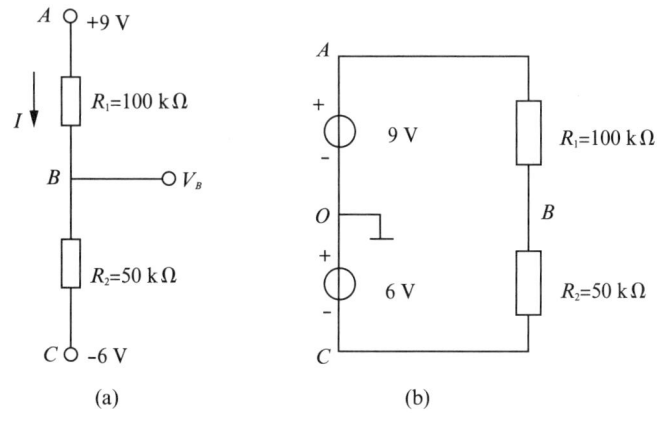

图 1-1-18 例 1-1-5 的图(1)

解：图 1-1-18(a)为电路的习惯画法，可以把图转换为如图 1-1-18(b)所示的电路一般画法。故电路中的电流

$$I = \frac{V_A - V_C}{R_1 + R_2} = 0.1 \text{ mA}$$

求 V_B 大小就是求 B 点与参考点 O 之间的电压 U_{BO}，则 B 到 O 是一段含源电路（图 1-1-19）。

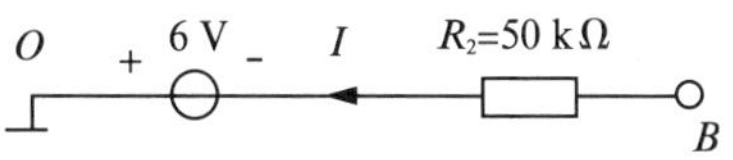

图 1-1-19 例 1-1-5 的图(2)

$$I = \frac{U_{BO} + 6}{R_2} \quad U_{BO} = -1 \text{ V} \quad V_B = U_{BO} = -1 \text{ V}$$

【任务实施】

一、任务要求

根据提供的实验线路(图 1-1-20)，在实验台上完成接线。要求一次性接线正确，接线牢靠，符合工艺要求；通电前必须进行确认，在教师指导下合上电源开关；用直流电流表测量支路电流，并记录在登记表中；用直流数字电压表测量每一回路各个元件两端电压，并

记录在登记表中;要求一组同学协同完成测量任务,并用基尔霍夫定律列出求解方程,最后进行结果对照,得出结论。

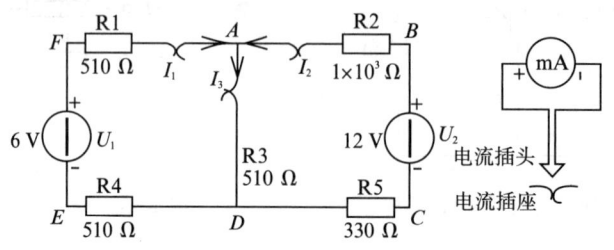

图 1-1-20 实验线路

二、任务准备

实现本任务所用测量仪器仪表见表 1-1-2。

表 1-1-2 仪器仪表清单

名称	型号规格	数量	备注
直流电压表	0～300 V	1	屏上
直流电流表	0～2 000 mA	1	屏上
直流稳压电源	0～30 V	2	屏上
直流恒流源	0～500 mA	1	屏上
基本表	MF47	1	HE-11 A
电阻箱	0～99 999.9 Ω	1	HE-19
台式万用表	CDM8045	1	自备

三、任务操作

(1) 根据提供的实验台、实验线路图、测量仪表、稳压电源、电阻箱完成接线。

(2) 实验前先任意设定 3 条支路的电流正方向。如图 1-1-20 所示的 I_1,I_2,I_3 的方向已设定,3 个闭合回路的电压环绕方向可设为 $ADEFA$,$ABCDA$ 和 $FABCDEF$。

(3) 分别将两路直流稳压电源接入电路,令 $U_1=6$ V,$U_2=12$ V。

(4) 熟悉电流表插头的结构,将电流表插头的两端接至数字毫安表的"+""-"两端。

(5) 将电流插头分别插入 3 条支路的 3 个电流插座中,读出并记录电流值。

(6) 用直流数字电压表分别测量两路电源及电阻元件上的电压,并填写在表 1-1-3 中。

表 1-1-3 测量数据记录

被测量	I_1/mA	I_2/mA	I_3/mA	U_1/V	U_2/V	U_{FA}/V	U_{AB}/V	U_{AD}/V	U_{CD}/V	U_{DE}/V
计算值										
测量值										

(7) 用基尔霍夫定律计算。基尔霍夫定律是电路的基本定律。测量某电路的各支路电流及每个元件两端的电压,应能分别满足基尔霍夫电流定律(KCL)和电压定律(KVL)。这表明:对电路中的任意一个节点而言,应有 $\sum I=0$;对任何一个闭合回路而言,应有 $\sum U=0$。运用该定律时必须注意各支路或闭合回路中电流的正方向,此方向可预先任意设定。根据 KCL 和 KVL 列方程:

$$I_1+I_2=I_3$$
$$U_1=I_1R_1+I_1R_4+I_3R_3$$
$$U_2=I_2R_2+I_2R_5+I_3R_3$$

把测得数据代入方程,检验其是否成立。

(8) 实操注意事项。①所有需要测量的电压值,均以电压表测量的读数为准。U_1,U_2 也需测量,不应取电源本身的显示值,因为电源本身显示值的有效位数较少。②防止稳压电源 2 个输出端碰线短路。③当用指针式电压表或电流表测量电压或电流时:如果仪表指针反偏,则必须调换仪表极性,重新测量;若指针正偏,可读得电压或电流值。若用数显示电压表或电流表测量,则可直接读出电压或电流值。(注意:所读得的电压或电流值的正、负号应根据设定的电流方向判断。)

【任务评价】

任务考核要求及评分标准见表 1-1-4。

表 1-1-4 任务考核要求及评分标准

任务 1 直流电量的计算与测量						
班级:		姓名:			组号:	
任务	配分	考核要求	评分标准	扣分	得分	备注
接线与仪表读数	40	(1) 能按原理图正确接线; (2) 能正确连接仪表和电源; (3) 能正确仪表读数	(1) 接线不牢固,每处扣 2 分; (2) 接线错误,每处扣 2 分,损坏元器件或漏装,扣 5 分; (3) 不会仪表读数扣 5 分			
故障分析	20	(1) 能正确分析故障原因; (2) 能据故障现象判定故障范围	(1) 故障分析与现象不符,扣 2 分; (2) 故障范围分析过大,扣 1 分; (3) 不会分析,扣 10 分			
故障检修	30	(1) 正确使用仪表; (2) 检修方法正确; (3) 正确排除故障	(1) 错误使用仪表,扣 2 分; (2) 排除故障方法错误,扣 2 分; (3) 重复检修一次,扣 2 分			

(续表)

任务1 直流电量的计算与测量						
班级：		姓名：		组号：		
任务	配分	考核要求	评分标准	扣分	得分	备注
安全、文明	10	(1) 安全用电，无人为损坏设备或器件现象； (2) 小组成员协同合作； (3) 遵守校纪、校规	(1) 发生安全事故，扣10分； (2) 人为损坏设备或器件，扣10分； (3) 不遵守纪律，不文明协作，扣5分			
时间			(1) 提前完成加2分； (2) 超时完成扣2分			
总分						

【任务拓展】

一、电压源和电流源及其等效变换

发电机、电池等都是实际的电源。在电路分析中常用等效电路代替实际的部件。电源的等效电路有两种表示形式：一种是电压源，另一种是电流源。

1. 电压源

一个实际电源可以用一个电动势 E 和一个内阻 R_0 相串联的理想元件表示。这种电源的电路模型称为电压源。电压源与外电路的连接电路如图1-1-21所示。

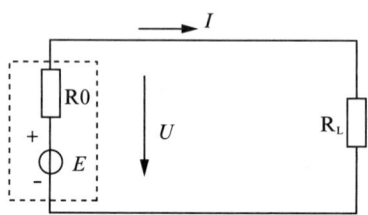

图1-1-21 实际电压源与负载的连接

电压源的端电压 $U=E-IR_0$，可见其端电压随着电路负载变化而变化，U 与 I 之间的关系是线性关系，当电流 I 增大时，端电压 U 随之下降。如果电源内阻 $R_0=0$，则此电源的端电压不随负载变化而变化，这种电压源称为理想电压源。实际电压源和理想电压源的外特性 $U=f(I)$，如图1-1-22所示。理想电压源实际不存在，如果电压源内阻远小于负载电阻，可忽略内阻的影响，则端电压基本稳定，可认为是理想电压源。

2. 电流源

由电压源的端电压 $U=E-IR_0$ 的方程可求得

$$I=\frac{E}{R_0}-\frac{U}{R_0}=I_S-\frac{U}{R_0} \qquad (1-1-23)$$

式中：$I_S=E/R_0$，是电压源的短路电流；I 是电压源的输出电流；U 是电源的端电压。这表明，一个实际电压源可用一个输出电流恒定为 I_S 的恒流源和内阻 R0 相并联的模型表示。这种电源的电路模型称为电流源(图 1-1-23)。

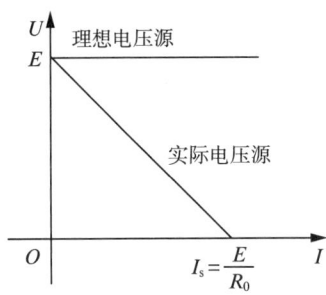

图 1-1-22 实际电压源和理想电压源的外特性

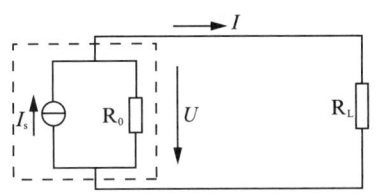

图 1-1-23 实际电流源与负载连接

如果内阻无穷大，则 $I=\dfrac{E}{R_0}-\dfrac{U}{R_0}=I_S-\dfrac{U}{R_0}=I_S$，说明不论负载怎样变，电流源输出电流不变。这种输出电流恒定、输出电流与端电压无关的电源称为理想电流源。

3. 电压源与电流源的等效变化

理想电流源与理想电压源不能等效。实际电压源与实际电流源可以等效变化，其等效是对外电路而言，对内不等效。

等效方法：实际电压源等效变化成实际电流源，其内阻 R0 相等，由原来串联改成并联，电流源的 $I_S=E/R_0$，即等于电压源的短路电流；而实际电流源变成实际电压源，其内阻 R0 相等，由原来的并联改成串联，电压源的电动势 $E=I_S R_0$。在变化时保证两种电源极性一致，即电流源流出电流和电压源的正极性端对应(图 1-1-24)。

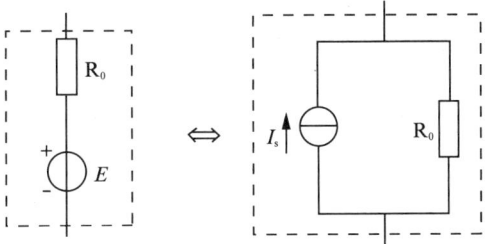

图 1-1-24 两种电源的等效转换

电源等效变换适用于多电源，且作用于一个负载，其分析计算显得非常简单、快捷。

例 1-1-6 如图 1-1-25 所示，$E_1=130$ V，$E_2=117$ V，$R_1=1$ Ω，$R_2=0.6$ Ω，$R=24$ Ω，求流过负载中的电流。

解：首先用电源等效变换，把两个电压源转变成电流源，然后相加减，若电流源方向一致，则相加，相反则相减；内阻并联，求等效总电阻。

$$I_{S1}=\dfrac{E_1}{R_1}=130 \text{ A}$$

$$I_{S2}=\dfrac{E_2}{R_2}=195 \text{ A}$$

$$I_S=I_{S1}+I_{S2}=130+195=325 \text{ A}$$

$$R_0=\dfrac{R_1 R_2}{R_1+R_2}=0.375 \text{ Ω}$$

负载电流变成负载电阻与内阻并联分流,则

$$I = \frac{R_0}{R+R_0} I_s = \frac{0.375}{0.375+24} \times 325 = 5 \text{ A}$$

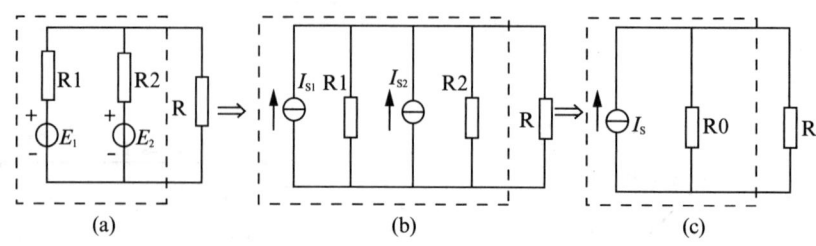

图 1-1-25　例 1-1-6 的图

【思维点拨】
电压源与电流源等效变换指的是对内等效还是对外等效?

二、叠加原理

在一个含有多电源的线性电路中,任一支路电流等于电路中各个电源单独作用时在该线路中产生的电流代数和,这个原理称为叠加原理。叠加原理仅适用于线性电路,其把多个电源分解成多个单电源,使电路简单化,从而可以用欧姆定律求解。

当使用叠加原理求解时,只能求解电路中的电流和电压,不适用于求解功率或电能。

用叠加原理求解方法:

(1) 因为每次只有一个电源作用,要去除其他电源,所以,遇到实际电压源,仅把理想电压源作短路处理,其内阻保留;遇到实际电流源,仅把理想电流源作开路处理,保留其内阻。

(2) 叠加时要注意原电路图和各分电路图中各电压和电流的参考方向。以原电路图中电压和电流参考方向为准,分电路图中分电压和分电流的参考方向与其一致时取正号,不一致时取负号。然后将各个分电路图中的电压和电流求代数和。

例 1-1-7　如图 1-1-26(a)所示,$E_1=130$ V,$E_2=117$ V,$R_1=1\ \Omega$,$R_2=0.6\ \Omega$,$R=24\ \Omega$,求每条支路中流过的电流。

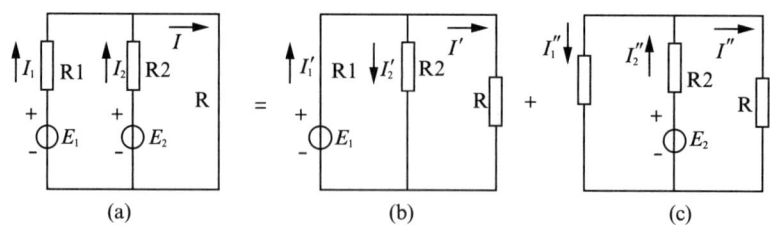

图 1-1-26　例 1-1-7 的图

解:由图 1-1-26(b)可得

$$I_1' = \frac{E_1}{[R_1+R_2R/(R_2+R)]} = 82 \text{ A}$$

$$I_2' = I_1' \times \left[\frac{R}{R+R_2}\right] = 80 \text{ A}$$

$$I' = I_1' - I_2' = 2 \text{ A}$$

由图 1-1-26(c)可得

$$I_2'' = \frac{E_2}{[R_2 + R_1R/(R_1+R)]} = 75 \text{ A}$$

$$I_1'' = I_2'' \times \left[\frac{R}{R+R_1}\right] = 72 \text{ A}$$

$$I'' = I_2'' - I_1'' = 3 \text{ A}$$

各支路的电流为上列两组电流代数和,以图 1-1-26(a)电流方向为准,分电路图中各电流的参考方向,考虑正负号的关系可得

$$I_1 = I_1' - I_1'' = 82 - 72 = 10 \text{ A}$$

$$I_2 = I_2'' - I_2' = 75 - 80 = -5 \text{ A}$$

$$I = I' + I'' = 2 + 3 = 5 \text{ A}$$

可见,流过电阻 R 的电流值和前面的计算结果是一样的。

例 1-1-8 试用叠加原理求解图 1-1-27(a)所示电路中的电流 I 和电压 U。

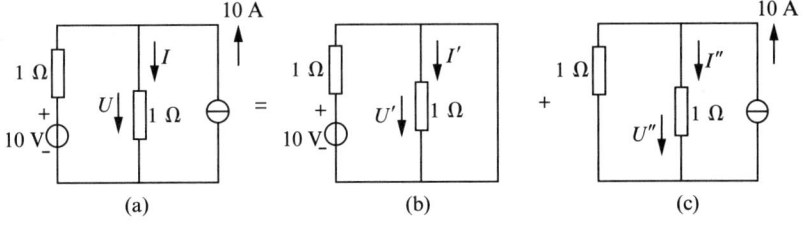

图 1-1-27 例 1-1-8 的图

解:由图 1-1-25(b)可得

$$I' = \frac{10}{1+1} = 5 \text{ A}$$

$$U' = 1 \times 5 = 5 \text{ V}$$

由图 1-1-25(c)可得

$$I'' = \frac{10}{1+1} = 5 \text{ A}$$

$$U'' = 1 \times 5 = 5 \text{ V}$$

则叠加可得

$$I = I' + I'' = 10 \text{ A}$$

$$U = U' + U'' = 10 \text{ V}$$

【思维点拨】 采用叠加原理的条件是什么？叠加原理适应求解什么类型题目？

三、戴维南定理

如果在实际求解中仅仅求解某条特定支路的电流,则采用戴维南定理较为方便。任何网络,无论多么复杂,只要具有两个出线端,则称为二端网络。按二端网络内部有无电源又分为有源二端网络和无源二端网络。有源二端网路和无源二端网络如图1-1-28所示。

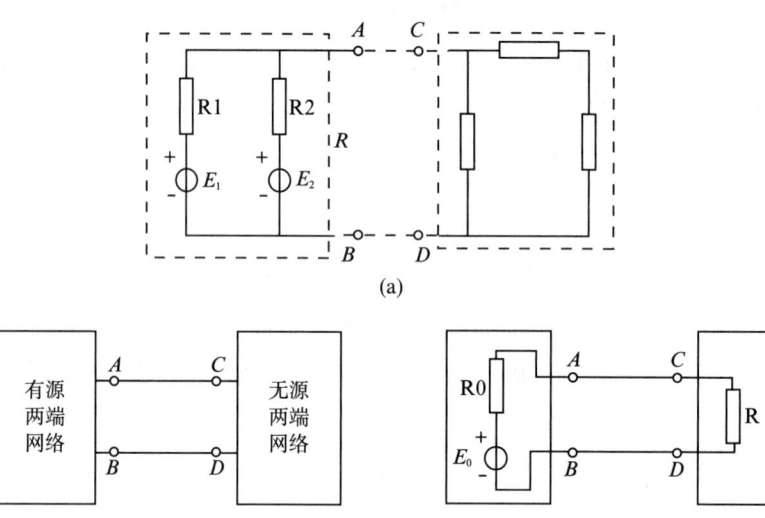

图1-1-28 有源二端网路和无源二端网路

图1-1-28(a)左边是有源二端网络,右边是无源二端网络;图1-1-28(b)为一般网络情况;图1-1-28(c)表示任意一个二端有源网络总可以转换为一个电压源(E_0,R_0)。

戴维南定理又称等效电压源定理,内容为:对于任意一个二端有源网络总可以转换为一个电压源(E_0,R_0)。其中E_0为该有源网络开路时的开路电压U_{OC},内阻等于该有源网络除去电源后成相应无源二端网络的等效电阻,遇到理想电压源用短路线代替,遇到理想电流源用开路代替。

某一特定支路电流或电压用戴维南定理来求解非常简单。具体做法:首先,把待求特定支路从电路中去除,即从电路中断开,剩下的为一个有源二端网络;然后,按照戴维南定理求解等效电动势E_0和等效电阻R_0;最后,把复杂电路转换为一个电压源和一个负载电阻,用欧姆定律可求得负载电流

$$I=\frac{E_0}{R+R_0}$$

式中:R为待求支路电阻。

例1-1-9 试用戴维南定理求解例1-1-7负载电阻中的电流。

解: 把如图1-1-29(a)所示的电路化成等效电路,如图1-1-29(b)所示,把待求支

路从原电路中断开,如图 1-1-29(c)所示,可求开路电压 $U_{OC}=E_0$;开口二端网络去除电源后,可以求等效电阻 R_0,如图 1-1-29(d)所示。

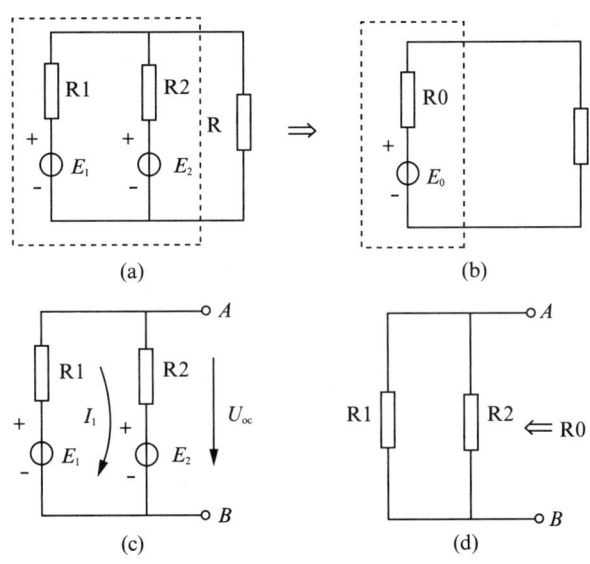

图 1-1-29 例 1-1-9 的图

由图 1-1-29(c)得

$$I_1=\frac{E_1-E_2}{R_1+R_2}=\frac{130-117}{1+0.6}=8.13 \text{ A}$$

$$E_0=U_{OC}=R_2I_1+E_2=0.6\times 8.13+117=122 \text{ V}$$

由图 1-1-29(d)得

$$R_0=\frac{R_1R_2}{R_1+R_2}=\frac{1\times 0.6}{1+0.6}=0.375 \text{ }\Omega$$

所以,待求支路电流

$$I=\frac{E_0}{R_0+R}=\frac{122}{0.375+24}=5 \text{ A}$$

可见,该方法与其他方法的求解结果相同。

四、典型例题讲解

例 1-1-10 如图 1-1-30(a)所示混联电路,已知电源电压 $U=12$ V,$R_1=2$ Ω,R_2,R_3,R_4,R_5 都为 4 Ω,$R_6=3$ Ω,求 I_1,I_2,I_3,I_4,I_5,I_6 和 I 的值。

解:(1) 将图 1-1-30(a)化简为如图 1-1-30(c)所示电路。图 1-1-30(a)的最小连接形式电路为 R2 与 R3 及 R4 与 R5 的并联电路块,经过一次化简后得到的如图 1-1-30(b)所示串并联等效电路;将两个串联支路再次等效化简,最终得到如图 1-1-30(c)所示并联电路。

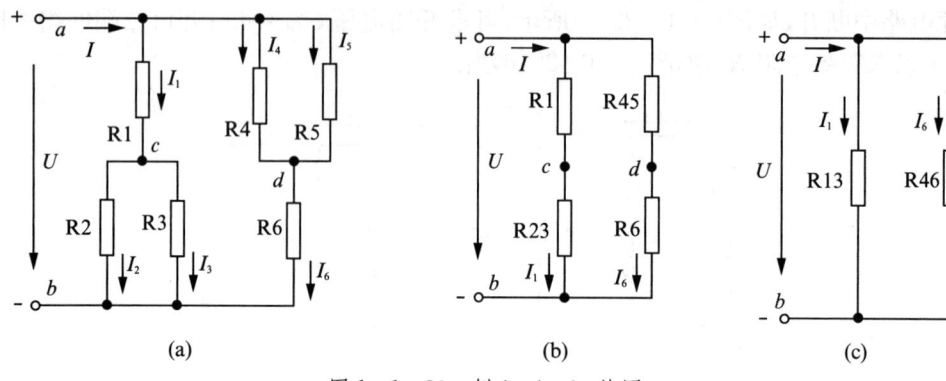

图 1-1-30 例 1-1-10 的图

在简化过程中,各等效电阻的计算为

$$R_{23}=R_2R_3/(R_2+R_3)=4\times4/(4+4)=2\ \Omega$$

$$R_{45}=R_4R_5/(R_4+R_5)=4\times4/(4+4)=2\ \Omega$$

$$R_{13}=R_1+R_{23}=2+2=4\ \Omega$$

$$R_{46}=R_{45}+R_6=2+3=5\ \Omega$$

(2) 计算最终化简后等效电路的电流 I_1,I_6 和电路总电流 I:

$$I_1=U/R_{13}=12/4=3\ \text{A}$$

$$I_6=U/R_{46}=12/5=2.4\ \text{A}$$

$$I=I_1+I_6=3+2.4=5.4\ \text{A}$$

(3) 利用求出的电阻、电流,根据欧姆定律或其他有关电路定律,求在化简过程中等效电路的电压 U_{ac},U_{ad},U_{cb} 和 U_{db}:

$$U_{ac}=I_1R_1=3\times2=6\ \text{V}$$

$$U_{ad}=I_6R_{45}=2.4\times2=4.8\ \text{V}$$

$$U_{cb}=I_1R_{23}=3\times2=6\ \text{V}$$

$$U_{db}=I_6R_6=2.4\times3=7.2\ \text{V}$$

(4) 根据欧姆定律求电流 I_2,I_3,I_4 和 I_5:

$$I_2=U_{cb}/R_2=6/4=1.5\ \text{A}$$

$$I_3=U_{cb}/R_3=6/4=1.5\ \text{A}$$

$$I_4=U_{ad}/R_4=4.8/4=1.2\ \text{A}$$

$$I_5=U_{ad}/R_5=4.8/4=1.2\ \text{A}$$

答:I_1,I_2,I_3,I_4,I_5,I_6 和 I 分别等于 3 A,1.5 A,1.5 A,1.2 A,1.2 A,2.4 A 和 5.4 A。

例 1-1-11 某具有内阻的直流电源与负载电阻构成的简单供电网络如图 1-1-31 所示。当开关 SA 打开及闭合时,电压表的读数分别为 12 V 和 10 V,$R_L=2\ \Omega$;若在 SA 闭合时,电路中 M,N 两点间发生短路,则该短路电流为_____。

A. 30 A   B. 3 A   C. 25 A   D. 无法计算

解:开关 SA 打开及闭合时,电压表的读数分别为 12 V 和 10 V。则

$$E=12\ \text{V} \qquad U_L=IR_L=10\ \text{V}$$

那么 $I=\dfrac{U_L}{R_L}=\dfrac{10}{2}=5\ \text{A}$

又因为 $R_{\text{int}}I=12-10=2\ \text{V}$

所以 $R_{\text{int}}=0.4\ \Omega$

$$I_s=\dfrac{E}{R_{\text{int}}}=\dfrac{12}{0.4}=30\ \text{A}$$

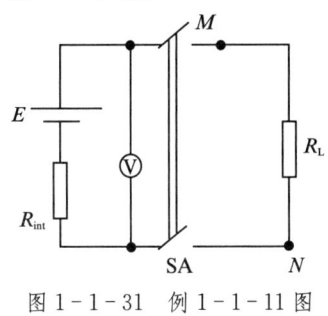

图 1-1-31 例 1-1-11 图

例 1-1-12 截取局部某直流电阻电路如图 1-1-32 所示,已知 $I_1=2\ \text{A},I_2=3\ \text{A},I_3=3\ \text{A},I_4=-1\ \text{A},R=6\ \Omega$,则 $U=$_____。

A. 6 V   B. 12 V   C. -18 V   D. 18 V

解:因为 KCL 定律适应一个假想的闭合面,因此作一个闭合面(图 1-1-33),则

$$I_1+I_3+I_X=I_4$$

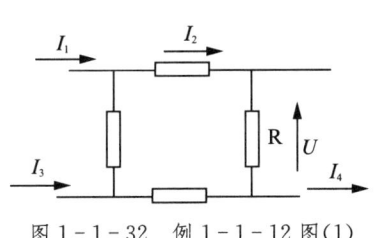

图 1-1-32 例 1-1-12 图(1)

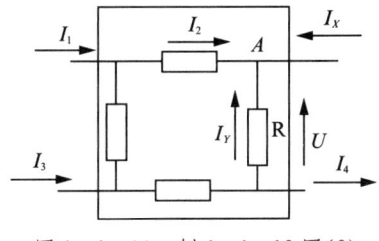

图 1-1-33 例 1-1-12 图(2)

$$I_X=-6$$

据节点 A 列电流方程为

$$I_2+I_X+I_Y=0$$

$$I_Y=3\ \text{A}$$

求得 $U=I_Y\times R=3\times 6=18\ \text{V}$

【课后练习】

(1) 用基尔霍夫定律计算直流复杂电路时,为什么要先假定电流、电压方向?在假定方向时有什么要求吗?对计算结果有影响吗?

(2) 直流负载在电路中工作时,为让额定电压相同的负载在同一电压下正常工作,应采用什么接法?当负荷增加时表示什么意思?电路中的物理量怎样变化?

(3) 在进行电路的电位分析时,选择电位参考点有什么要求?一般选择什么点为参考点?选择不同参考点对什么有影响,对什么无影响?

(4) 对于多电源复杂电路,如果仅要求求解某一支路中的电流,最合适的方法是什么?怎样求解?

任务2 单相交流电量的计算与测量

【任务描述】

本任务包括单相交流电路的分析、计算和测量。首先,从单相正弦交流电的产生及交流电的三要素出发,重点理解交流电有效值、频率、初相位的概念和实质;学会用旋转相量法分析单相交流负载工作,计算负载电流和电压有效值及功率;判定负载是否正常工作,理解有功功率、无功功率、视在功率的含义;从电源利用率和电感性负载工作引出交流电路功率因数,从提高交流电路功率因数的意义引出提高交流电路功率因数的方法;理解和掌握并联合适大小电容器的含义。在能力层面上,要求掌握用交流仪表实际测量电路物理量,以及电路接线、仪表选择、仪表接线和仪表读数等。

【学习目标】

(1) 了解单相交流电源供电形式通常是一火一零两线供电及一火一零一地三线供电,电源电压为 220 V,频率为 50 Hz。

(2) 掌握交流电的三要素,懂得有效值的含义和实质,学会运用相量分析法计算单相交流电路的负载电流、电压有效值和功率。

(3) 掌握提高功率因数的原因及提高功率因数的方法和原理。

(4) 掌握电路接线、仪表选择、仪表接线和仪表读数,掌握用交流仪表来实际测量电路物理量。

【相关知识】

一、单相正弦交流电路的基本概念

1. 单相正弦交流电的产生

所谓交流电,指大小和方向随时间作周期性变化的电量,包括交流电压、交流电流、交流电动势等。正弦交流电指大小和方向随时间按正弦规律变化的电量。

正弦交流电可由交流发电机产生,其工作原理可由如图 1-2-1(a)所示的模型说明,线圈 $abcdef$ 固定在可旋转的转轴上。工作时 bc 和 de 不断交替地切割 N 极和 S 极的磁场,并感应相应电动势,通过滑环和电刷,分别与端子 A 和 B 连接,接上负载后即可向外部电路提供交流电。

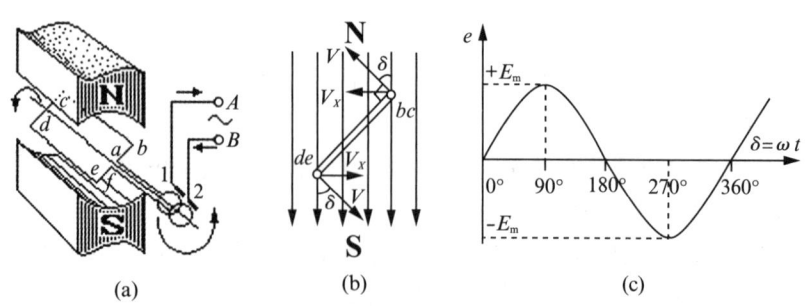

图 1-2-1 交流电动势的产生

当线圈处于如图 1-2-1(a)所示位置时,bc 边切割 N 极磁场,滑环 1 和 A 点电位为正,滑环 2 和 B 点电位为负,此时 bc 和 de 边切割磁场的速度如图 1-2-1(b)所示,都为 V_X,$V_X=V\sin\delta$。其中,δ 为线圈边移动速度 V 所对应的方向与磁场方向的夹角。bc 边感应电动势 $e_{bc}=BL_XV\sin\delta$,de 边感应电动势 $e_{de}=-BL_XV\sin\delta$,因此,感应电动势 e_{AB} 为

$$e_{AB}=-BLV\sin\delta \qquad (1-2-1)$$

式中:L_X 和 $L=2L_X$ 分别为线圈一个边和整个线圈切割磁场导体的长度。若设线圈转动角速度为 ω,$\delta=\omega t$,将 δ 带入式(1-2-1)可得线圈 AB 感应电动势为

$$e_{AB}=BLV\sin(\omega t+\Phi_0) \qquad (1-2-2)$$

式中:e_{AB} 是一个随时间按正弦规律变化的交流电动势,其波形如图 1-2-1(c)所示,称正弦交流电动势,简称正弦电动势。同样,按正弦规律变化的电压或电流,称正弦电压和正弦电流。

2. 正弦交流电的三要素及其表示法

1) 正弦交流电的三要素

一个正弦交流电量,一般可由大小、变化快慢和初始状态(初始值)等三个方面确定。正弦交流电的大小由其幅值反映,变化快慢由其频率反映,初始值由其初相位反映。因此,幅值、频率和初相位又称为正弦交流电的三要素。下面分别进行说明。

(1) 正弦电量的大小。正弦电量的大小和方向随时间按正弦规律变化,每一时刻其具体值都在变,每一时刻的具体值称为瞬时值。正弦电量的瞬时值一般用小写字母表示,e,u,i 可分别表示正弦电动势、正弦电压和正弦电流的瞬时值。由如图 1-2-1(c)所示正弦电动势波形可见,在 $\omega t=90°$ 和 $\omega t=270°$ 这两个时刻,正弦电动势分别达到正最大值 $+E_m$ 和负最大值 $-E_m$,这两个值大小一样,极性相反。

正弦电量的最大值又称为幅值,是特定时刻的瞬时值,一般取正最大值作为幅值,用大写字母加下标"m"表示。例如,E_m,U_m,I_m 分别表示正弦电动势、正弦电压和正弦电流的最大值。正弦量的幅值反映的是其变化过程中可能变化的最大值。

交流电是电能的形式之一,也可通过各种方法将其转换为热能或机械能。为了说明交流电的热效应或机械效应等与做功能力有关,规定:当交流电流产生的热效应与同样大小的直流电流产生的热效应相同时,该直流电流的大小称为该交流电流的有效值。所谓有效值,可以理解为从做功的角度看与直流电量是等效的,有效值用大写字母表示。正弦量的有效值与最大值之间存在的关系可通过数学推导得到,以电流为例,二者的关系为

$$I=\frac{I_m}{\sqrt{2}} \qquad (1-2-3)$$

根据正弦电流有效值的定义,同样也可定义电动势、电压的有效值,均为其最大值的 $1/\sqrt{2}$,电动势、电压有效值分别用字母 U 和 I 表示。

在电气工程中,有时需要知道平均作用的结果,即要求确定平均值。正弦交流电量平均值规定为半个周期的平均值,一般用大写字母加下标"av"表示,例如,E_{av},U_{av},I_{av} 分别表示正弦电动势、正弦电压和正弦电流的平均值。正弦交流电量平均值是其最大值的 $2/\pi$ 倍:

$$I_{av} = \frac{2I_m}{\pi} \qquad (1-2-4)$$

应该说明的是,如果交流电量的波形不是正弦波,则其有效值和平均值的计算公式就不是式(1-2-3)与式(1-2-4)的关系。

综上所述,正弦电量大小可用幅值、有效值和平均值等三种不同形式之一表示。正弦电量幅值、有效值和平均值存在特定的关系:平均值表示正弦电量的平均作用,幅值表示正弦电量在两个特殊时刻的瞬时值,两者均不能完全反映正弦电量做功大小,要反映正弦电量做功能力,应采用正弦电量有效值。在正弦电量三种表示形式中,有效值使用最多。

(2) 正弦电量的变化速度。正弦电量变化速度有三种表示形式:周期、频率和角频率。周期就是正弦电量完整地、没有重复地变化一次所需要的时间,用字母 T 表示,单位为秒(s)。在如图 1-2-1 所示发电机模型中,线圈转过一圈,正弦电动势波形从 0°变化到 360°所需的时间,即 T。

衡量正弦电量变化速度常采用的是频率。频率是周期的倒数,频率的含义是:在单位时间(1 s)内正弦量完整变化的次数。频率用小写字母 f 表示,单位是赫兹(Hz),赫兹数(周波数)即为每秒钟变化的周期数。工业上电量使用的频率称为工业频率,简称工频,我国工业上使用的正弦交流电量每秒钟变化 50 个周期,所以我国的工频为 50 Hz。

由交流发电机结构(图 1-2-1)可见,若磁场由两个磁极(一对磁极)提供,每秒钟变化 50 个周期相当于线圈导体每秒钟转动 50 圈,而一圈对应圆周为 2π 弧度(rad),因此,频率也常用每秒变化的弧度数作为单位。以每秒变化的弧度表示的频率称为角频率,角频率用希腊字母 ω 表示,单位是弧度/秒(rad/s)。角频率与频率的关系为:$\omega = 2\pi f = 2\pi/T$。

(3) 正弦电量的初始值。由如图 1-2-2 所示正弦波 1 和正弦波 2 可见:正弦波 u_2 与正弦波 u_1 比较,虽然其最大值、频率都相等,但其是两个不同的正弦波。当 $\omega t = 0$ 时,u_2 的瞬时值相当于 u_1 在 $\omega t = \varphi_0$ 时的瞬时值,整个 u_2 的波形就好像 u_1 在 $\omega t + \varphi_0$ 的波形,即在横轴方向平移 φ_0 的距离。

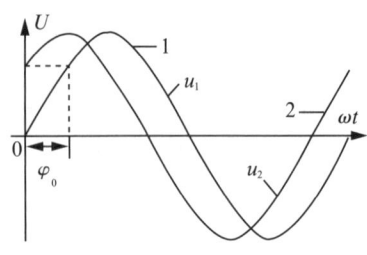

图 1-2-2 正弦量的初始值

这是因为 u_2 和 u_1 的初始值不同。正弦波 1 相当于线圈 $abcdef$ 从与磁场垂直的水平面开始转动(图 1-2-1),在 AB 两端得到的电压。正弦波 2 相当于线圈 $abcdef$ 转过 φ_0 角度后,开始转动得到的电压。因此,从图 1-2-2 可知,u_1 的初始值从零点开始,而 u_2 的初始值则是从 $\omega t = \varphi_0$ 开始的。这里的 φ_0 称为初相位或初相角,简称初相,单位为弧度(rad)或度(°)。由于初相与正弦交流电量的初始值对应,因此可被用来表示正弦交流电量的初始值。

〖思维点拨〗

正弦交流电的三要素是什么?通常讲的交流电 220 V 指的是什么值?

2) 交流电的表示方法

根据正弦交流电的三要素,可唯一地确定一个正弦交流电。抓住正弦交流电三要素,就能进行分析、比较和计算。正弦交流电表示方法一般有解析法、波形法和旋转相量法。不管采用什么方法表示,都离不开对正弦交流电三要素的描述,因此,在学习时应注意各种方法对正弦交流电三要素的表示。

(1) 正弦交流电的解析表示法。正弦交流电的解析表示法简称解析法,又称函数法,是将正弦交流电量用数学表达式表示的方法。正弦交流电量三角函数解析式直接采用最大值、角频率(或频率)和初相角来表示,实际正弦交流电量任意时刻的瞬时值可通过表达式求得,因此称为解析式,又因为式中的字母代表实际的参数,所以也称为代数式。正弦交流电动势 e、电压 u 和电流 i 可用下列三角函数解析式表示:

$$\left.\begin{array}{l} e = E_m \sin(\omega t + \varphi_e) \\ u = U_m \sin(\omega t + \varphi_u) \\ i = I_m \sin(\omega t + \varphi_i) \end{array}\right\} \quad (1-2-5)$$

式中: E_m, U_m 和 I_m 分别是电动势 e、电压 u 和电流 i 最大值; ω 是角频率; φ_e, φ_u 和 φ_i 分别是电动势 e、电压 u 和电流 i 的初相位; t 为时间变量(变化的量)。当三要素已知时,只要将具体时间代入,就可求出某个时刻电动势 e、电压 u 和电流 i 的具体瞬时值。

利用解析法表示正弦交流电量的特点是:可以严密、精确地对电量进行分析和计算,但是在实际使用时,需要进行大量三角函数计算,较为繁琐和复杂。由于利用解析法表示正弦交流电量的计算工作量较大,往往容易造成计算错误,因此实际应用不多。

(2) 正弦交流电的波形表示法。正弦交流电量的波形表示法简称波形法,是根据正弦交流电量解析式,给出一个时间 t 的值,计算出对应的瞬时值,然后再采用坐标图,画出正弦电量随时间变化的曲线波形。波形法即把正弦电量随时间变化的规律用坐标曲线图的形式表示的方法,因此又称为波形图法或曲线法。

采用波形法表示交流电量的特点是:可以直接观察到该电量的变化规律,但是很难用于实际分析和计算,且作图既麻烦又很难精确。

(3) 正弦交流电的旋转相量表示法。所谓相量,又称矢量,就是一个带方向的量。在平面坐标上,相量用一个带箭头的线段表示。线段长度称为幅值或模,表示相量大小;相量方向用幅角表示。所谓幅角,就是相量箭头所指方向与 x 轴正方向之间的夹角。幅值不变而幅角随时间变化的相量称为旋转相量。采用旋转相量表示时,旋转相量角频率标注在相量旁边,旋转相量用大写字母上加一小点"·"表示,如图 1-2-3(a)所示。

由图 1-2-3(a)可见,正弦电压相量 $\dot{U}_m$ 用带箭头线段表示,线段长度是正弦电压幅值 U_m;正弦电压初相角为 φ_0,是相量线段与 x 轴的夹角;正弦电压角频率 ωt 标在相量旁边。任何时刻,相量纵坐标的值表示该时刻电压所对应的瞬时值。$t=0$ 时,相量端点纵坐标的值就是正弦电压初始值 u_0: $u_0 = U_m \sin\varphi_0$。旋转相量表示法与波形法之间的对应关系如图 1-2-3(b)所示。采用旋转相量表示几个同频相量关系时,可不标出旋转相量角频率。尤其在电气工程中,正弦交流电均为工频交流电,可省略角工频角频率 $\omega = 2\pi f = 100\pi \approx 314$。

若采用旋转相量表示,正弦交流电可以采用相量进行计算。不过相量的计算方法比较复杂,且同一个问题可以有多种计算方法。例如,两个相量相加,既可以采用三角形法计算,又可采用平行四边形法(或称对角线法)计算。因此,其实际应用还是有一定的难度的。

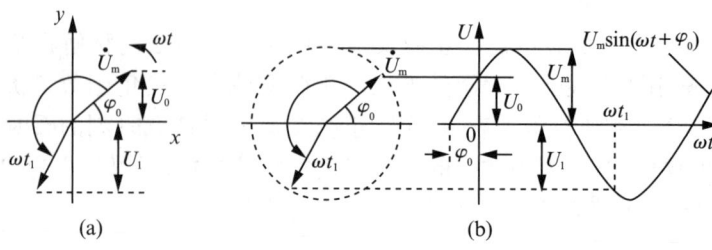

图1-2-3 旋转相量表示法

(4)正弦交流电的符号法表示。为了简化相量的计算,在实际工程中,相量通常采用复数表示,正弦交流电也采用复数表示,这就是正弦交流电的符号表示法。所谓复数,就是一个复合的数,是实数与虚数复合的数。其中,虚数的单位为$\sqrt{-1}$,在数学中用符号j表示。虚数$j=\sqrt{-1}$,$j^2=-1$,$j^3=-j$,$j^4=j^0=1$,$j^5=j^1=\sqrt{-1}$等。

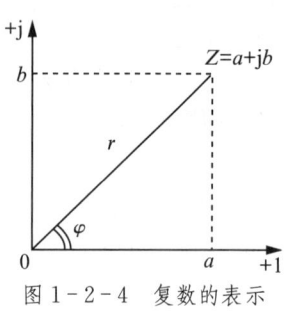

图1-2-4 复数的表示

复数有直角坐标和极坐标两种基本表示形式。由复数构成的平面称为复平面,用直角坐标表示时:纵坐标标记虚数,单位是j;横坐标标记实数,单位是1。复平面上的点都是复数,Z点的坐标为(a,b),复数Z的表示形式是$a+bj$,记作$Z=a+bj=a+jb$(如图1-2-4所示)。其中,a称为复数的实部,b称为复数的虚部(a和b都是实数,b加虚数单位j,变成虚数bj)。若$a=0$,则复数$a+bj=bj$为纯虚数;若$b=0$,则$a+bj=a$为纯实数。

Z点与原点的距离r称为复数Z的模,用$|Z|$表示。模与x轴的夹角φ称为复数的幅角。复数的极坐标表示形式就是采用模和幅角进行表示的:

$$Z=|Z|e^{j\varphi}=|Z|(\sin\varphi+j\cos\varphi) \qquad (1-2-6)$$

式中:$e^{j\varphi}=\sin\varphi+j\cos\varphi$,用符号简记为$\angle\varphi$,于是复数极坐标形式就可表示为$Z=|Z|\angle\varphi$。

两种坐标之间,复数各数的关系为

$$|Z|=r=\sqrt{a^2+b^2}$$

$$\varphi=\arctan(b/a)$$

$$a=|Z|\cos\varphi$$

$$b=|Z|\sin\varphi$$

式中:$\arctan(b/a)$表示反正切函数,用于求角的数值。例如,某角φ的正切为$\tan\varphi=X/R$,则该角的数值可通过反正切函数$\varphi=\arctan(X/R)$求得。

复数的直角坐标形式便于进行加减计算,复数的极坐标形式便于进行乘除计算。正弦交流电可根据计算需要选择一种坐标表示,并且其角频率一般不表示,认为是默认角频率。

例如,电压相量 $\dot{U}$ 采用直角坐标时可表示为

$$\dot{U}=U_x+\mathrm{j}U_y \qquad (1-2-7)$$

式中:U_x 为电压相量的实部,$U_x=U\cos\varphi_0$;U_y 为电压相量的虚部,$U_x=U\sin\varphi_0$。采用极坐标时,电压相量 $\dot{U}$ 可表示为

$$\dot{U}=Ue^{\mathrm{j}\varphi_0}=U\angle\varphi_0 \qquad (1-2-8)$$

式(1-2-7)和式(1-2-8)为电压有效值相量表示形式,当然复相量也可用最大值电压相量表示,此时复相量模为电压最大值,复相量幅角仍然是电压初相位角。电压最大值相量的直角坐标形式为 $\dot{U}_\mathrm{m}=U_{\mathrm{m}x}+\mathrm{j}U_{\mathrm{m}y}$,或用极坐标表示为 $\dot{U}_\mathrm{m}=U_\mathrm{m}e^{\mathrm{j}\varphi_0}$。与正弦交流电压相似,正弦交流电动势和电流也有最大值复相量和有效值复相量两种表示形式。不过实际使用时,多采用有效值复相量表示形式。

正弦交流电采用符号法表示形式有利于计算,具体计算规则如下。

当进行加减计算时:先将复数变换成直角坐标形式;将两个数的实部直接相加(或相减),结果为复数和(或差)的实部;将两个数的虚部直接相加(或相减),结果为复数和(或差)的虚部。例如,复数 $z_1=a_1\pm\mathrm{j}b_1$ 和 $z_2=a_2\pm\mathrm{j}b_2$ 相加(或相减),其结果为 $z=z_1\pm z_2=(a_1\pm a_2)+\mathrm{j}(b_1\pm b_2)$。

当进行乘除计算时:先将复数变换成极坐标形式;将两个数的幅值相乘(或除),结果为复数积(或商)的幅值;将两个数的幅角相加(或减),结果为复数积(或商)的幅角。例如,复数 $z_1=|Z_1|\angle\varphi_1$ 和 $z_2=|Z_2|\angle\varphi_2$ 相乘的结果为 $z_1\times z_2=(|Z_1|\times|Z_2|)\angle(\varphi_1+\varphi_2)$,相除的结果为 $z_1\div z_2=(|Z_1|\div|Z_2|)\angle(\varphi_1-\varphi_2)$。

【思维点拨】

正弦交流电有哪三种表示方法?

用旋转相量法表示正弦交流电的好处是什么?

例 1-2-1 已知两个正弦交流电流,$i_1=8\sqrt{2}\sin(\omega t+60°)\mathrm{A}$,$i_2=6\sqrt{2}\sin(\omega t-30°)\mathrm{A}$,求表示 i_1 和 i_2 的相量及其和的瞬时值表达式。

解:表示 i_1 和 i_2 的相量分别为

$$\dot{I}_1=8\angle 60°\mathrm{A}$$

$$\dot{I}_2=6\angle-30°\mathrm{A}$$

而其和 $i=i_1+i_2$ 可用相量表示为

$$\begin{aligned}\dot{I}&=\dot{I}_1+\dot{I}_2=8\angle 60°+6\angle-30°\\&=8(\cos 60°+\mathrm{j}\sin 60°)+6(\cos(-30°)+\mathrm{j}\sin(-30°))\\&=(4+3\sqrt{3})+\mathrm{j}(4\sqrt{3}-3)\\&=10\angle 23.1°\mathrm{A}\end{aligned}$$

则 i 的瞬时值表达式为

$$i = 10\sqrt{2}\sin(\omega t + 23.1°)$$

由此可见，正弦交流电采用复数（旋转相量）表示形式便于进行计算：根据两种坐标间的相互转换关系和加减乘除规则，就可用三角函数的各种公式，较方便地对正弦交流电进行精确计算；因此，该表示形式是电气工程中广泛应用的一种实用表示法。

应该说明的是，不管正弦交流电采用哪种复数坐标表示形式，都是采用复数符号表示正弦交流电所对应的复数"相量"，目的只是方便计算，复数"相量"并不等于正弦交流电。例如，$\dot{U} = U_x + jU_y$ 或 $\dot{U} = Ue^{j\varphi_0} = U\angle\varphi_0$，仅仅表示 $u = U_m\sin(\omega t + \varphi_0)$ 所对应的有效值相量 $\dot{U}$，因为 $\dot{U} = U_x + jU_y \neq U_m\sin(\omega t + \varphi_0)$，同样 $\dot{U} = Ue^{j\varphi_0} = U\angle\varphi_0$ 也不等于 $u = U_m\sin(\omega t + \varphi_0)$。对于 $u = U_m\sin(\omega t + \varphi_0)$ 而言，有效值相量 $\dot{U}$ 只是一个"符号"，这就是这种表示法之所以称为符号法的原因。

3. 交流电的参考方向

与直流电量相同，交流电量也有正方向（即参考方向）与实际方向的问题。不过交流电量的大小和方向随时间而不断变化；随着时间的变化，电量的方向不断变化；不同的时间，电量的实际方向可能完全相反。例如，两个幅值和频率都一样而初相位相差180°的正弦交流电量，其瞬时值大小相等，但方向却相反。因此，交流电一般不讨论实际方向，而是考虑其正方向或瞬时方向。

在同一电路中，不同交流电量的初相位通常也是不一样的。因此，确定交流电量之前，通常应先确定以什么作为多个电量的参考。如正弦交流量 $i = 10\sqrt{2}\sin\omega t$，其初相位为 0。初相位为 0 的正弦交流量所对应的相量称为参考相量，是多个正弦交流相量的参考。当某个交流电量对应的相量被选作参考相量时，其初相位被定义为 0。或者说，把该电量瞬时值等于 0 的时刻定义为 $t=0$ 的时刻，当 $t>0$ 后，它的第一个半波定义为正半波。在正半波范围内，其瞬时值的方向定义为该电量的正方向。

$t=0$ 的时刻一旦确定，同一电路上与参考电量有关的其他交流电量的初相位也就确定。其他交流电量的参考方向定义为电量本身正半波时其瞬时值的方向。采用相量在复平面上表示时，幅角就是该电量对应的相量与横坐标之间的夹角。

在电路分析计算时，如果计算结果显示某交流电量的幅值为负值，说明对该交流电量假设的参考方向设定反了。也就是说，在某一瞬间，该电量瞬时值的方向与该瞬间实际瞬时值的方向相反。

二、交流电路的基本元件及其电路

1. 纯电阻电路

在交流电路中，由交流电源和电阻组成的电路称为纯电阻电路。由于普通电阻元件的电阻值不随其两端所加的电压或流过它的电流而变化（这种电阻称为线性电阻），所以，在正弦 50 Hz 的交流电路中，欧姆定律、基尔霍夫电压和电流定律仍然适用纯电阻电路。也就是说，在交流电路中，电阻对电荷移动阻碍作用仍然不变。

电阻两端电压与流过电阻电流波形如图 1-2-5 所示。可见，虽然流过电阻的交流电流相位与电阻两端电压的幅值大小不同，但电压相量与电流相量的相位相同，即幅角相同。

因此,在正弦交流电路中,对于电阻元件,欧姆定律有四种表示形式。对于交流电路中阻值为 R 的电阻,若设电阻两端所加的电压为 $u=U_m\sin(\omega t+\varphi)$,采用瞬时值、最大值、有效值和有效值相量表示的欧姆定律为

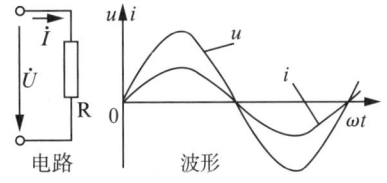

图 1-2-5 电阻的电压与电流的关系

$$i=\frac{u}{R}=\frac{U_m}{R}\sin(\omega t+\varphi) \quad (1-2-9)$$

$$I_m=U_m/R \quad\quad\quad\quad (1-2-10)$$

$$I=U/R \quad\quad\quad\quad (1-2-11)$$

$$\dot{I}=\dot{U}/R \quad\quad\quad\quad (1-2-12)$$

虽然在正弦交流电路中,对于电阻元件,欧姆定律有四种表示形式,但实际上式(1-2-11)的有效值相量表示形式应用最多。同样,基尔霍夫电压和电流定律也多采用有效值相量表示。对于电阻元件,欧姆定律、基尔霍夫电压定律和电流定律的有效值相量表示形式为

$$\left.\begin{array}{l}\dot{I}=\dot{U}/R\\ \sum\dot{E}=\sum\dot{I}R\\ \sum\dot{I}=0\end{array}\right\} \quad (1-2-13)$$

式(1-2-13)与直流电路的欧姆定律和基尔霍夫定律的形式完全一样,式中的电量都是交流电量,是用有效值相量表示的交流电量的关系。

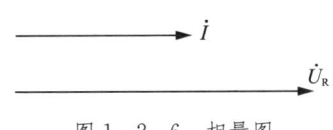

图 1-2-6 相量图

由式(1-2-9)可知流过电阻中电流和电压同相位,相位差为零。相量图如图 1-2-6 所示。

与直流电路相似,在交流电路中,电阻消耗瞬时电功率为电阻两端瞬时电压与通过电阻的瞬时电流的乘积:

$$p=ui=U_m\sin(\omega t+\varphi)I_m\sin(\omega t+\varphi)=UI(1-\cos 2(\omega t+\varphi)) \quad (1-2-14)$$

由式(1-2-14)可知,在交流正弦电路中,电阻所消耗的瞬时电功率已经不是频率相同的正弦量,其瞬时功率的波形如图 1-2-7 所示。根据式(1-2-14),ωt 在 $0\sim 180°$ 之间的半个周期内,$\cos 2(\omega t+\varphi)$ 的平均值为零,因此,式(1-2-14)中电阻消耗的平均功率为

$$p=UI(1-\cos 2(\omega t+\varphi))=UI \quad (1-2-15)$$

式(1-2-15)与直流电路在形式上完全相同,说明在交流正弦电路中,虽然电阻消耗的功率已经不是同频率的正弦相量,不能采用正弦相量对其进行计算,但是电阻所消耗的平均功率等于电压的有效值与电流的有效值的乘积。

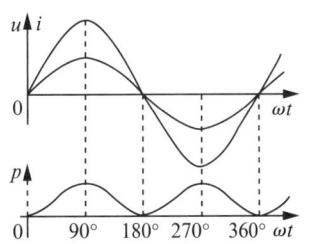

图 1-2-7 电阻消耗的电功率

2. 纯电感电路

线圈如果通过直流电,忽略电阻值,则线圈相当于短路;

如果通过交流电,则线圈对电流就有阻碍作用,因此线圈中流过大小变化的电流时就存在阻碍作用。对于交流电路,其电流时刻都在变化,因此,分析时必须考虑电感对电路的影响。

仅由电感组成的交流电路称为纯电感电路。由于线圈电流变化时线圈电感将产生自感电动势,抵抗电流变化。这个自感电动势不仅与线圈电感量有关,还与电流变化率有关。因此,在交流电路中线圈电感对电流的影响引入感抗来描述电感对交流电流的抵抗作用。

纯电感电路如图1-2-8(a)所示,交流电压 u 加在电感 L 两端,交流电流 i 流过电感时,其两端感应电动势 e 平衡电压 $u=-e$。若设 $i=I_m\sin\omega t$,各电量的正方向如图1-2-8(b)所示,将电流代入后,可得

$$u=-e=L\frac{di}{dt}=\omega L I_m\cos\omega t=U_m\sin(\omega t+90°) \tag{1-2-16}$$

式中:$U_m=\omega L I_m$,ωL 为电感元件的感抗,用符号 X_L 表示,单位为欧姆(Ω),大小为

$$X_L=\omega L=2\pi f L \tag{1-2-17}$$

式中:f 为电源的频率,Hz。于是,$U_m=\omega L I_m=X_L I_m$。根据式(1-2-16),在纯电感的正弦交流电路中,加在电感两端电压 u 波形与流过电感电流 i 的波形如图1-2-9所示。

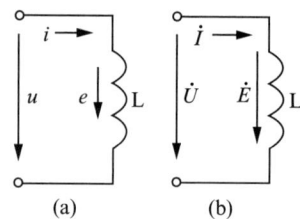

图1-2-8 纯电感电路

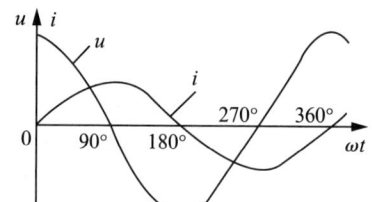

图1-2-9 电感元件的电压与电流的关系

图1-2-8电路中电流有效值的计算公式为

$$I=\frac{U_L}{X_L} \tag{1-2-18}$$

式中:U_L 为线圈两端电压有效值。

由图1-2-9可见,在交流电路中电感两端电压与流过的电流不同相位,因此,在交流电路中欧姆定律不能用瞬时值表示,只能采用有效值、最大值或其相量表示。例如,用有效值相量表示欧姆定律,其表达式可写成:

$$\begin{cases}\dot{U}=jX_L\dot{I}\\\dot{I}=\dfrac{\dot{U}}{jX_L}\end{cases} \tag{1-2-19}$$

由式(1-2-16)及如图1-2-9所示的波形可知,在交流正弦电路中,流过电感的电流滞后于电压90°,或者说电感两端电压超前流过电感的电流90°。若取 $i=I_m\sin\omega t$,则 $u=X_L I_m\sin(\omega t+90°)$,与电阻瞬时功率关系相似,电感消耗的瞬时功率为

$$p_L = iu = I_m\sin\omega t \times U_m\sin(\omega t + 90°) = X_L I^2 \sin 2\omega t \quad (1-2-20)$$

式(1-2-20)说明,在正弦交流电路中电感消耗的瞬时电功率已不是同频率的正弦量,其瞬时功率波形如图1-2-10所示。由图1-2-10可知,在电源电压的半个周期内,如0~180°(或180°~360°)之间,$\sin 2(\omega t + \varphi)$的平均值为零,因此电感消耗的平均电功率 p 为零。

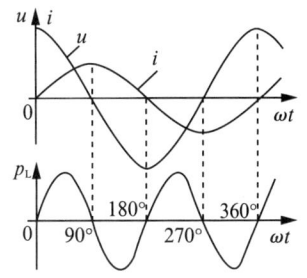

图1-2-10 电感消耗的电功率

怎么理解"电感消耗平均电功率 p 为零"呢?在第二节已讲过,自感电动势对电流起阻碍(抵抗)作用,这种阻碍作用与电阻对电流的阻碍作用不同。电阻对电流的阻碍作用是阻止电荷移动,是吸收、消耗电荷能量,并转换成热量。而自感电动势对电流的阻碍只是抵抗电流变化,或者说阻止通过电感电流大小的变化,而不是转换消耗能量。当电流增加时,自感电动势抵抗电流的增加(将电能转换成磁场能量储存起来,$p_L > 0$);当电流减少时,自感电动势抵抗电流的减少(将磁场能转换成电能送还给电路,$p_L < 0$),其能量转换是反复可逆的。因此,电感消耗的电功率平均值 $p_L = 0$。

纯电感消耗平均功率 $p_L = 0$,并不能说不消耗功率。因为电感与电源之间存在着功率交换:当电源提供的电流增加时,电感储存能量;当电源提供的电流减少时,电感将储存的能量返还给电源。既接受电源提供的电功率,又返还电源电功率,这种功率交换称为"无功功率",单位为"乏"(var)或"千乏"(kvar),纯电感消耗的无功功率用字母 Q_L 表示,其大小可通过电压与电流有效值的乘积计算:

$$Q_L = U_L I_L = X_L I_L^2 \quad (1-2-21)$$

所谓无功功率,是与电阻所消耗的有功功率相对的。电阻所消耗的电功率是有功功率,其将电源提供的能量用于做功,并转换成其他能量形式消耗掉。无功功率则将电源提供的功率暂时储存起来,然后再返还给电源(或提供给电路的其他部分),只是交换功率,没有消耗功率。

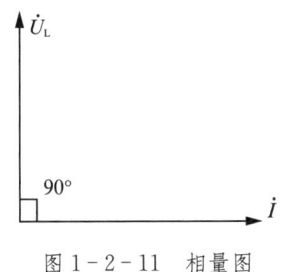

图1-2-11 相量图

综上所述,电感在正弦交流电路中以感抗为参数,流过电感的电流滞后于其两端的电压90°。电流与电压的相量图如图1-2-11所示。

此时,电流、电压的有效值(或最大值)与感抗数值之间的关系仍然符合欧姆定律。纯电感仅消耗无功功率,不消耗有功功率。

例1-2-2 在电压为 $\dot{U} = 220$ V,频率为50 Hz的电源上,电感 $L = 127$ mH 的线圈,直流电阻不计,求 $X_L, \dot{I}, Q_L$。如果把线圈接于220 V,1 000 Hz的电源上,通过线圈的电流为多大?无功功率又为多大?

解: $X_L = 2\pi f L = 2\pi \times 50 \times 127 \times 10^{-3} = 40$ Ω

$$\dot{I} = \frac{\dot{U}_L}{jX_L} = \frac{220}{40j} = -5.5j \text{ A}$$

$$Q_L = U_L I_L = 220 \times 5.5 = 1\,210 \text{ var}$$

若接在 1 000 Hz 电源上,则

$$X_L = 2\pi f L = 2\pi \times 1\,000 \times 127 \times 10^{-3} = 800\ \Omega$$

$$I = \frac{U_L}{X_L} = \frac{220}{800} = 0.275\ A$$

$$Q_L = U_L I_L = 220 \times 0.275 = 60.5\ \text{var}$$

【思维点拨】
电感线圈的感抗与哪些因数有关？由电感线圈构成的负载（如电机等）接入交流电源应注意什么？

3. 电容元件及其在交流电路中的特性

1) 电容的基本概念

将电介质（即电绝缘的隔离物质）把两个任何形状（如极板）的导体分开,并在两导体上分别引出两个电极与外电路相连,就构成一个电容器,如图 1-2-12(a)所示。电容器简称电容,在电路图中其文字符号为 C,图形符号如图 1-2-12(b)所示。在普通电容连接时一般没有极性要求,哪个极接正或接负都可以。有一种电容器称电解电容器,使用时对其两个电极连接的极性有明确要求,标有"+"的极应接电源正极,若将其错接到负极,则流过电容的漏电流将急剧增加,电解电容很容易爆炸或损坏。

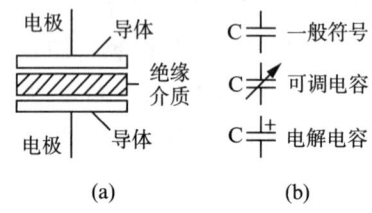

图 1-2-12 电容器结构与符号

普通电容两极分别与电源正、负极连接,在电场力的作用下,负极自由电子将移向与之相连的电容极板,电容另一极板的自由电子（负电荷）将移向电源正极（相当于正极的正电荷移向另一极板）,使电容两个极板上出现等量的异性电荷,如图 1-2-13(a)所示。电容两个极板累积异性电荷后,电容端电压将升高,直到等于电源端电压,此过程即为电容储存电荷的过程。

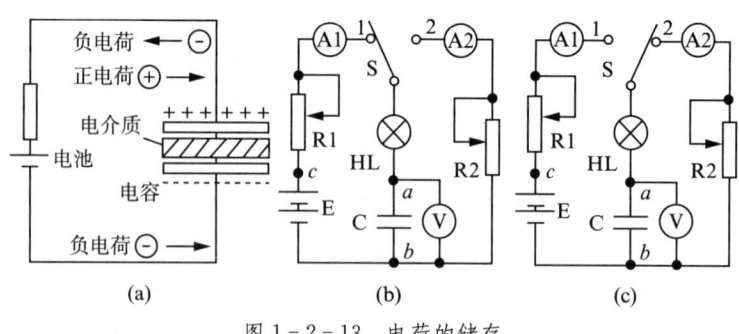

图 1-2-13 电荷的储存

电荷的定向移动可形成电流,当电容储存电荷时,虽然没有电流穿过两极板间的绝缘介质,但电源两端却有电荷定向移动出来。这种电流称为迁移电流或移动电流,电容储存电荷的过程称为电容的充电过程。

【思维点拨】

通过电容的充电过程分析,电容两端的电压能突变吗?电容器的电容量与什么有关?

电容的充电过程可依据图 1-2-13(b)进行说明。设图 1-2-13(b)中电容 C 两个极板间原来储存的异性电荷量为 0。当开关 S 向左扳到 1 时,可以观察到:开始时,C 两端的电压表 V 指示的电压值为 0,灯 HL 发亮,此时电容开始充电;随着充电过程的延续,C 两端电压值逐渐增加,灯的亮度减小;最后,电压表的指示值等于电源电动势 E 的值,灯 HL 熄灭,充电过程结束。同时还可观察到:电流表 A1 有电流流过,且逐渐减小,直到最后为 0;改变 R1 可以改变电容充电的快慢,R1 越大,充电电流越小,充电过程越慢。

当充电结束后,将 S 向右扳到 2 时,可以观察到:电压表的指示值逐渐减小,电容向灯 HL 和电阻 R2 放电,灯 HL 再次发亮,其亮度逐渐降低;放电过程结束时,电容两端电压为 0,灯 HL 灭。同时,还可观察到:电流表 A2 的电流逐渐减小到 0;改变 R2 可以改变电容放电的快慢,R2 越大,放电电流越小,放电过程也越慢。

电容的充、放电过程实际是电容储存电能的过程,因此,电容与电感一样,也是储能元件;不同的是,电感以磁场的形式储存能量,而电容则以电场的形式储存能量。不同的电容,其存储电荷的能力不同,表征电容存储电荷能力的参数是电容量,也简称为电容。实验证明,电容量 C、存储的电荷量 Q 和端电压 U 之间满足下面的关系式:

$$U=Q/C \quad 或 \quad C=Q/U \quad 或 \quad Q=UC \tag{1-2-22}$$

式中:C 为电容量,F;U 为电容端电压,V;Q 为电容储存的电荷量,C。法拉(F)是个很大的单位,在工程计算时一般采用较小的单位微法(μF)或皮法(pF),其关系为 $1F=10^6 \mu F=10^{12} pF$。

应该说明的是,虽然由式(1-2-22)有 $C=Q/U$,但实际的 C 仅与电容本身形状、尺寸和介质有关,与电容是否通电或所加电压大小无关。C 表示的是一个电容器所具有的储存电荷的能力,C 越大,在相同的电压 U 时,储存电荷的能力越强,充放电过程时间也越长。电容器结构和介质决定后,C 是一个定值。若平板电容极板间距离远小于极板长度和宽度,则可认为极板间的电场为均匀的,此时电容器的电容量 C 可用式(1-2-23)计算:

$$C=\varepsilon S/d=\varepsilon_0 \varepsilon_r S/d \tag{1-2-23}$$

式中:ε 为电介质的介电系数,F/m;S 为每块相对极板的面积,m^2;d 为两极板间距离,m;ε_0 为真空介电系数,其值为 8.9×10^{-12} F/m;ε_r 为电介质相对介电系数,$\varepsilon_r=\varepsilon/\varepsilon_0$,是个无量纲的系数,不同的介质,$\varepsilon_r$ 大小也不同。

对于已制好的电容,其绝缘介质所能承受的电压一定。有时为了得到更高的耐压值,就得将电容进行串、并联使用。三个电容器 C1,C2 和 C3 的串联如图 1-2-14(a)所示,如果 a,b 两端所加的直流电压为 U,与电压正端相连的电容器极板上将出现一定数量的正电荷,另一个极板也将感应出等量的负电荷,与其相接的第二个电容器的极板上会出现等量的正电荷,而另一个极板上则出现等量的负电荷。依此类推,串联电容的每一个电容器所储存的电荷是相等的。若设电源给电容器提供的电荷量为 Q,则

$$Q = Q_1 = Q_2 = Q_3 \tag{1-2-24}$$

根据基尔霍夫电压定律,连接成串联支路电容器的总电压等于各个电容器两端的电压之和,即

$$U = U_1 + U_2 + U_3 \tag{1-2-25}$$

$$U_1 = \frac{Q}{C_1}; U_2 = \frac{Q}{C_2}; U_3 = \frac{Q}{C_3} \tag{1-2-26}$$

每个串联电容所承受的电压与其电容量成反比。电容串联后,可用一个等效电容表示(如图1-2-14(b)所示)。将式(1-2-26)和$U=Q/C$代入式(1-2-25)可得

$$\frac{Q}{C} = \frac{Q}{C_1} + \frac{Q}{C_2} + \frac{Q}{C_3} = \frac{Q}{\left(\frac{1}{C_1} + \frac{1}{C_2} + \frac{1}{C_3}\right)} \tag{1-2-27}$$

式(1-2-27)两边同时消去Q,可得总等效电容的电容量为

$$C = \frac{C_1 C_2 C_3}{C_1 C_2 + C_2 C_3 + C_1 C_3} \tag{1-2-28}$$

电容器串联的结论:①总等效电容量减小,等于各串联电容倒数和的倒数;②电容器串联可提高总承受电压的值,每个电容所承受的电压与其电容量成反比。

三个电容器并联的电路如图1-2-15(a)所示,与电阻并联时相似,可以求出其等效电容,如图1-2-15(b)所示。若设a,b两端加的直流电压为U,那么每个电容上的电压均为U,其极板上的电荷之和就是并联等效电容器上的总电荷。根据式(1-2-26),三个电容器的电容量分别为:$C_1=Q_1/U, C_2=Q_2/U$和$C_3=Q_3/U$。电源电压U提供的总电荷量,就是三个电容器极板上储存的总电荷量Q,等于各个电容器极板上各自储存的电荷量之和,即

$$Q = Q_1 + Q_2 + Q_3 = C_1 U + C_2 U + C_3 U = (C_1 + C_2 + C_3)U \tag{1-2-29}$$

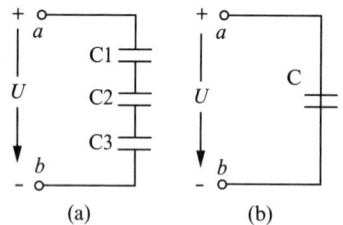

图1-2-14 电容器的串联

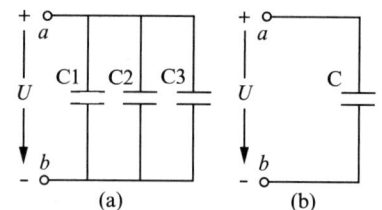

图1-2-15 电容器的并联

而总的等效电容的电容量为

$$C = \frac{Q}{U} = \frac{(Q_1 + Q_2 + Q_3)}{U} = C_1 + C_2 + C_3 \tag{1-2-30}$$

由式(1-2-30)可知,电容并联后,总等效电容等于各电容之和。

电容器并联的结论:①总等效电容量增大,等于各并联电容的电容量之和;②电容器并联后,总承受电压和每个电容所能承受的电压都保持不变。

2) 纯电容交流电路

仅由电容组成的电路称为纯电容交流电路。在交流电路中,电容的迁移电流始终存在,对于电容以外的电路,这相当于电流通过电容。因此,在交流电路中通常直接将迁移电流称为"流过电容器的电流"。若设加在电容器两端的正弦交流电压为 $u=U_m\sin\omega t$,根据电流的定义(电流是单位时间内流过的电荷,$i=\mathrm{d}Q/\mathrm{d}t$),则流过电容器的电流(迁移电流)为

$$i=\frac{C\mathrm{d}u}{\mathrm{d}t}=\frac{C\mathrm{d}(U_m\sin\omega t)}{\mathrm{d}t}=\omega CU_m\cos\omega t=I_m\sin(\omega t+90°) \quad (1-2-31)$$

式中:$I_m=\omega CU_m$,为流过电容的电流的幅值。

由 $u=U_m\sin\omega t$ 和式(1-2-31)可知,流过电容的电流和加在电容两端电压不同相位,电流超前电压 90°,相量图如图 1-2-16 所示。

与电感的感抗一样,可定义电容的容抗为

$$X_c=\frac{1}{\omega C} \quad (1-2-32)$$

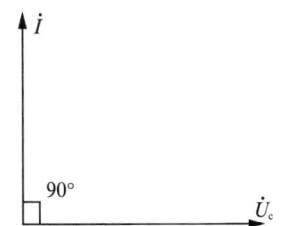

图 1-2-16 电容电压、电流相量图

式中:X_c 为电容的容抗,Ω。因此,$I_m=\omega CU_m=\dfrac{U_m}{X_c}$,即流过电容的电流有效值 I_c 与电容的端电压有效值 U_c 的关系为

$$I_c=U_c/X_c \quad (1-2-33)$$

式(1-2-33)就是纯电容正弦交流电路的欧姆定律,说明当交流电路电源电压一定时,流过电容的电流与其容抗成反比,采用有效值相量可表示为

$$\dot{I}_c=\mathrm{j}\omega C\dot{U}_c=\mathrm{j}\frac{\dot{U}_c}{X_c}=\frac{\dot{U}_c}{-\mathrm{j}X_c} \quad (1-2-34)$$

式(1-2-33)和式(1-2-34)都说明在纯电容正弦交流电路中,电流与电压有效值关系同样满足欧姆定律,而流过电容的电流相量超前电压相量 90°(或电容两端电压滞后电流 90°)。当然,基尔霍夫电压和电流定律在纯电容正弦交流电路中仍然适用;不过,因为流过容抗电流相量超前容抗电压相量 90°,这些定律只有最大值、有效值和相量形式,不满足瞬时值形式。在纯电容正弦交流电路中,电容端电压与电流的波形如图 1-2-17 所示。

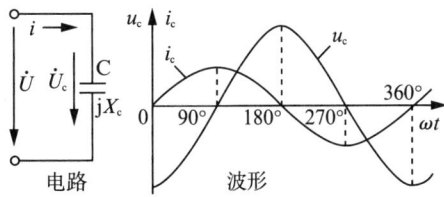

图 1-2-17 电容器的电压与电流的关系

在交流电路中,电容消耗的电功率 $p_c=u_c i_c$。由于电容端电压 $\dot U_c$ 滞后电流 $\dot I_c$ 90°,由图 1-2-17 可见:ωt 在 0°~90°时,$u_c<0, i_c>0, p_c=u_c i_c<0$;$\omega t$ 在 90°~180°时,$u_c>0, i_c>0, p_c=u_c i_c>0$;$\omega t$ 在 180°~270°时,$p_c<0$;ωt 在 270°~360°时,$p_c>0$。若取 $i_c=I_{cm}\sin\omega t$,并考虑关系 $I_{cm}X_c=U_{cm}$, $u_c=U_{cm}\sin(\omega t-90°)$,电容消耗的瞬时功率为

$$p_c=i_c u_c=U_{cm}\sin(\omega t-90°)\times I_{cm}\sin\omega t=-U_c^2\sin 2\omega t/X_c \quad (1-2-35)$$

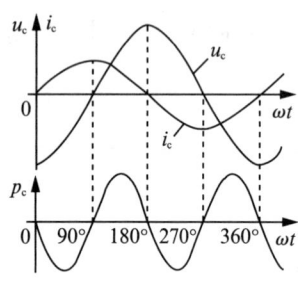

图 1-2-18 电容的电功率

交流正弦电路中电容所消耗瞬时电功率波形如图 1-2-18 所示。由式(1-2-35)可知,在 0~180°半个周期内,$\sin 2\omega t$ 的平均值为零,因此电容消耗的平均电功率 p 为零。与电感电路相似,充电(u_c, i_c 同向)时,电容将电能以电场形式储存起来,放电(u_c, i_c 反向)时,电容又将电场储存能量释放出来。因此,电容在正弦交流电路中也是"储能元件"。

当 $p_c>0$ 时,电容吸收电源提供的电能,以电场形式储存在其极板之间;当 $p_c<0$ 时,电容将其极板之间储存的电场能量释放出来,送还给电源或电路的其他部分。在 0~180°,电容消耗的电功率的平均值 $p_c=0$。同样可以得到结论:在正弦交流电路中,电容器也不消耗有功功率,只消耗无功功率。电容消耗的无功功率称为容性无功功率,简称容性无功。对比图 1-2-10 和图 1-2-18 可知,电容与电感消耗电源的瞬时功率正好相反:以电压正半周为例,电感电流由正最大值变化到负最大值,电容电流则从负最大值变化到正最大值。容性无功的作用与感性无功的作用相反,纯容性无功用字母 Q_c 表示,可按下式计算:

$$Q_c=U_c I_c=X_c I_c^2=U_c^2/X_c \quad (1-2-36)$$

综上所述,在正弦交流电路中,电容器的电路参数是容抗,电容 C 越大,其容抗越小,流过电容的电流超前于电容两端电压 90°。欧姆定律、基尔霍夫定律仍然适用于纯电容交流电路,但只有最大值、有效值及其相量形式,瞬时值形式不成立。在正弦交流电路中,纯电容不消耗有功功率,而消耗容性无功。电容器具有隔直流、通交流的特点。当接通直流电源时,电容器只在短暂的充电过程中出现移动电流,当充电过程结束后,电容器端电压等于电源电压,直流电路电流为零,相当于开路。电容器的这种作用简称为"隔直"。在交流电路中,由于交流电压不断变化,电容器与电源之间的电路总是存在移动电流,相当于允许电流"通过"电容器(实际理想电容是没有电流通过的)。这种"移动电流"流通的现象通常简称为"通交"。

例 1-2-3 在电压为 $\dot U=220$ V,频率为 50 Hz 的电路中,接入电容 $C=38.5$ μF 的电容器,求 $X_c, \dot I$。若把电容接入 220 V,1000 Hz 的电路中,求 I 为多少?

解:$X_c=\dfrac{1}{\omega\cdot C}=\dfrac{1}{2\pi f\cdot C}=\dfrac{1}{2\pi\times 50\times 38.5\times 10^{-6}}=82.7\ \Omega$

$$\dot I=\dfrac{\dot U_c}{-jX_c}=\dfrac{220}{-82.7}j=2.66j\ A$$

若接在 1 000 Hz 的电路中,则

$$X_c = \frac{1}{\omega C} = \frac{1}{2\pi f C} = \frac{1}{2\pi \times 1\,000 \times 38.5 \times 10^{-6}} = 4.1\ \Omega$$

$$I = \frac{U_c}{X_c} = \frac{220}{4.1} = 53.2\ \text{A}$$

三、交流串联电路

1. 电阻、电感串联电路

大多数电气设备既含有电阻又含有电感,所以分析 R 与 L 串联的电路具有代表性。在一个实际线圈中既含有电阻又含有电感,虽然 R 与 L 不可分离,但为了分析电路的方便,可以用一个纯电阻和一个纯电感串联的形式来代替(图 1-2-19)。

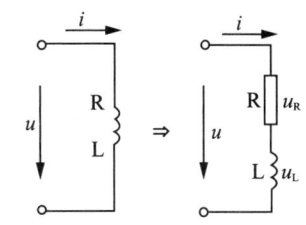

图 1-2-19 线圈的电路模型

由图 1-2-19 所设定的电压、电流正方向,可得到 R,L 串联电路的电压相量关系为

$$\dot{U} = \dot{U}_R + \dot{U}_L$$

串联电路选择电流为参考方向,即 $i = I_m \sin \omega t$,用相量表示为 $\dot{I} = I \angle 0°$,则应用纯电阻、纯电感的结论可得

$$\dot{U}_R = \dot{I} R \qquad \dot{U}_L = \mathrm{j} \dot{I} X_L$$

则
$$\dot{U} = \dot{U}_R + \dot{U}_L = \dot{I} R + \mathrm{j} \dot{I} X_L$$

$$\dot{U} = \dot{I}(R + \mathrm{j} X_L) = \dot{I} Z \tag{1-2-37}$$

$$Z = R + \mathrm{j} X_L = |Z| \angle \alpha$$

式中:Z 为 R,L 串联电路的复阻抗,Ω;$|Z|$ 为复阻抗的模,其大小为 $|Z| = \sqrt{R^2 + X_L^2}$;α 为复阻抗的阻抗角,$\alpha = \arctan \frac{X_L}{R}$。式(1-2-37)是复数形式的欧姆定律。电压的数值可利用复数的计算获得,也可以利用画相量图的方法求得。

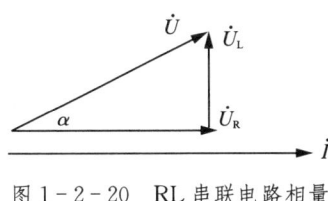

图 1-2-20 RL 串联电路相量

先画好电流参考相量,再画 $\dot{I}$ 和 $\dot{U}_R$ 相量,因为电阻电流与电压同相位,且电感的电压相位超前电流相位 90°,故 RL 串联电路相量如图 1-2-20 所示。

可见,三个电压相量组成一个直角三角形,称为电压三角形。从这个三角形可求得总电压 U 和分电压 U_R 及 U_L 有效值间的关系:

$$U = \sqrt{U_R^2 + U_L^2} = I \cdot \sqrt{R^2 + X_L^2} = I \cdot |Z| \tag{1-2-38}$$

$|Z|,R,X_L$ 三者之间的关系也是一个直角三角形,如图 1-2-21 所示,电流电压的相位差为

$$\alpha = \arctan \frac{X_L}{R}$$

可见 $U \neq U_R + U_L$，$|Z| \neq R + X_L$。这方面与直流电路显然不同。

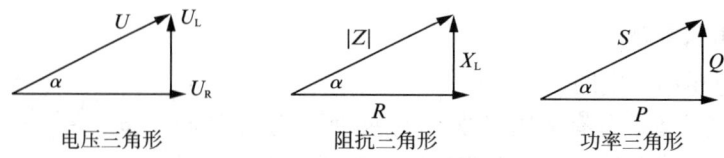

图 1-2-21　电压、阻抗、功率三角形

在交流电路中，电阻是消耗有功功率 P，电感是消耗无功功率 Q，那么，R,L 串联电路中有功功率

$$P = RI^2 = U_R I$$

由电压三角形可知 $U_R = U\cos\alpha$，故上式变为

$$P = UI\cos\alpha \tag{1-2-39}$$

在电感上的无功功率

$$Q = U_L I = UI\sin\alpha \tag{1-2-40}$$

乘积 UI 称为视在功率，用大写字母 S 表示，单位是伏安（VA）。

从 P,Q,S 的计算公式可知

$$S = \sqrt{P^2 + Q^2} \tag{1-2-41}$$

即 P,Q,S 组成功率三角形，如图 1-2-21 所示。

在同一电路中，电压三角形、阻抗三角形与功率三角形是相似的，其中，电压三角形是相量三角形，阻抗三角形和功率三角形是标量三角形。

有功功率与视在功率之比称为功率因数，用 λ 表示，即

$$\lambda = \frac{P}{S} = \cos\alpha \tag{1-2-42}$$

即功率因数是总电压与电流之间的相位差的余弦。根据电压三角形、阻抗三角形，功率因数也可用下列式子求得，即

$$\lambda = \cos\alpha = \frac{R}{|Z|} = \frac{U_R}{U} \tag{1-2-43}$$

功率因数是表征交流电路状况的重要参数之一，它由电气设备的参数确定。

例 1-2-4　把电阻 $R=6\ \Omega$，$L=25.5\ \text{mH}$ 的线圈接在频率为 50 Hz、电压为 220 V 的电源上，分别求 $X_L, I, U_R, U_L, \lambda, P, Q, S$。

解：
$$X_L = 2\pi f L = 2\pi \times 50 \times 25.5 \times 10^{-3} = 8\ \Omega$$

$$|Z| = \sqrt{R^2 + X_L^2} = \sqrt{6^2 + 8^2} = 10\ \Omega$$

$$I = \frac{U}{|Z|} = \frac{220}{10} = 22 \text{ A}$$

$$U_R = IR = 22 \times 6 = 132 \text{ V}$$

$$U_L = IX_L = 22 \times 8 = 176 \text{ V}$$

$$\lambda = \frac{R}{|Z|} = 0.6$$

$$P = UI\cos\alpha = 220 \times 22 \times 0.6 = 2\,904 \text{ W}$$

因为 $\cos\alpha = 0.6$,所以 $\sin\alpha = 0.8$

$$Q = UI\sin\alpha = 220 \times 22 \times 0.8 = 3\,872 \text{ var}$$

$$S = UI = 220 \times 22 = 4\,840 \text{ VA}$$

2. 电阻、电感、电容串联电路

如果电路中同时存在电阻、电感元件和电容元件相串联的交流电路,称之为 RLC 交流电路。RLC 电路是交流电路的一般形式。在一般 RLC 电路中,具体某个元件两端的电压和流过该元件电流的关系与前面介绍的单一参数电路的关系对应相同。

在 RLC 电路中,电源提供的功率为视在功率,电阻消耗的是有功功率,电抗(感抗和容抗)消耗的是无功功率。电阻只消耗有功功率,不消耗无功功率;电抗只消耗无功功率,不消耗有功功率。

在如图 1-2-22 所示的 RLC 电路中:电源提供的视在功率 $\dot{S} = I\dot{U}_{ab}$,单位是 VA 或 kVA;电阻消耗的有功功率 $P = U_R I$,单位是 W 或 kW;感抗消耗的无功功率(感性无功功率,也称感性无功)$Q_L = U_L I$,单位为 var 或 kvar;容抗消耗的无功功率(容性无功功率,也称容性无功)$Q_C = U_C I$,单位也是 var 或 kvar。由于如图 1-2-22 所示的 RLC 电路为串联电路,流过各元件的电流相同,而感抗两端电压与容抗两端电压相位相反,因此,感性无功和容性无功是性质相反的两种无功,计算电抗消耗的总无功功率 Q 时,有 $Q = Q_L - Q_C$。

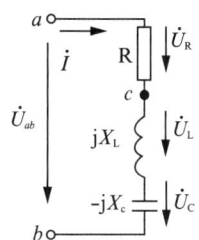

图 1-2-22 RLC 串联

根据基尔霍夫电压定律,如图 1-2-22 所示 RLC 串联交流电路的电压平衡方程式为

$$\begin{aligned}\dot{U}_{ab} &= \dot{U}_R + \dot{U}_L + \dot{U}_C = R\dot{I} + jX_L\dot{I} - jX_C\dot{I} = R\dot{I} + j(X_L - X_C)\dot{I} \\ &= \dot{I}[R + j(X_L - X_C)] = \dot{I}(R + jX) = \dot{I}Z\end{aligned} \quad (1\text{-}2\text{-}44)$$

上式中的 $Z = R + j(X_L - X_C)$ 称为 RLC 串联电路的复阻抗 Z,其中 $X = X_L - X_C$ 称为电抗,单位是 Ω。分析此电路也采用相量图。

根据式(1-2-44),当感抗的数值大于容抗的数值时,可画出相量图,如图 1-2-23(a)所示。由相量图可知,此时流过该电路的电流 $\dot{I}$ 滞后于总电压 $\dot{U}_{ab}$ 一个角度,称为功率因数角。由于感抗数值大于容抗数值,电路呈电感性,感性功率因数角用希腊字母 α 加下标 L 表示：$α_L$，$0<α_L<90°$。当感抗数值小于容抗数值时，电路呈电容性，电流超前电压一个功率因数角，容性功率因数角加下标 C 表示：$α_C$，$0°<α_C<90°$，其相量如图 1-2-23(b)所示。

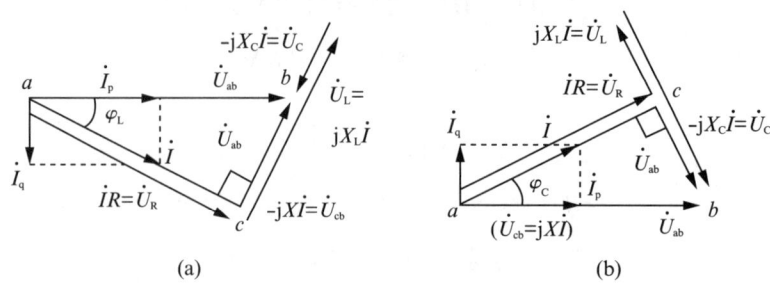

图 1-2-23　RLC 串联电路及相量

由图 1-2-23 可知，该电路不管呈感性还是呈容性，都存在一个直角三角形，即

$$\dot{U}_{ab}=\dot{U}_R+\dot{U}_X \tag{1-2-45}$$

式中：U_R 和 $U_X=|U_L-U_C|$ 分别是电阻两端电压和总等效电抗两端电压，作为三角形的两个直角边，电路的总电压 U_{ab} 是三角形的斜边。若设该电路的阻抗为 $Z=R+jX=R+j(X_L-X_C)$，则电压三角形各边同时除电流，可得交流电路的阻抗三角形。同样，在将电压三角形各边同时乘以流过电路的电流，即可得到交流电路的功率三角形，如图 1-2-24 所示。

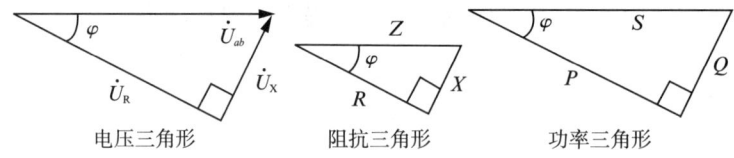

图 1-2-24　电压、阻抗和功率三角形

RLC 电路消耗的总有功功率等于电源提供的总视在功率 S 与功率因数角余弦 $\cos α$ 的乘积，RLC 电路消耗的总无功功率等于电源提供的总视在功率 S 与功率因数角正弦 $\sin α$ 的乘积。功率因数角就是电源端电压与电流之间的夹角，即

$$α=\arctan\frac{U_X}{U_R}=\arctan\frac{X}{R}=\arctan\frac{Q}{P} \tag{1-2-46}$$

$$P=U_{ab}I\cos α=S\cos α \tag{1-2-47}$$

$$Q=U_{ab}I\sin α=S\sin α \tag{1-2-48}$$

根据功率三角形各边的关系，可得到在 RLC 串联的交流电路中，有功功率和无功功率的关系为

$$S=\sqrt{P^2+Q^2}=\sqrt{P^2+(Q_L-Q_C)^2} \tag{1-2-49}$$

在 RLC 串联电路中，当 $X_L=X_C$ 时，$X=X_L-X_C=0$，则电路总阻抗 $Z=R$，即电路中的总电流和总电压同相位，电路呈现纯阻性，称电路发生串联谐振。因此，电路发生串联谐

振的条件是 $X_L = X_C$，即

$$2\pi fL = \frac{1}{2\pi fC}$$

谐振时的频率为

$$f_0 = \frac{1}{2\pi\sqrt{LC}} \qquad (1-2-50)$$

可见电路谐振频率仅由电路参数 L,C 确定。当电源频率与电路的固有频率相等时，即满足 $X_L = X_C$ 的条件，电路发生谐振。反之，如果电源频率为一定值，要想让电路发生谐振，通过改变电路中的参数 L,C 值，可实现电路的串联谐振。

电路发生谐振后，有这些特点：
(1) 电路阻抗变得最小，并且呈现纯阻性。
(2) 电路中的电流最大，并且

$$I_0 = \frac{U}{|Z|} = \frac{U}{R}$$

(3) 由于电路中电流最大，L,C 上的电压都很大，分别为

$$U_L = IX_L = \frac{U}{R}X_L = \frac{\omega_0 L}{R}U$$

$$U_C = IX_C = \frac{U}{R}X_C = \frac{1}{\omega_0 CR}U$$

用 Q 表示谐振电路的品质因数，其值为

$$Q = \frac{1}{\omega_0 CR} = \frac{\omega_0 L}{R}$$

因此

$$U_L = U_C = QU$$

当 R 比 X_L 或 X_C 小很多时，谐振回路的品质因数就很大，则电感、电容上的电压可以比总电压大很多，因此串联谐振又称电压谐振。

在电信工程中往往利用串联谐振，例如，无线信号接收机的接收回路就是利用谐振把外面某一信号提升十几倍甚至几百倍而接收下来。电力工程如果发生串联谐振，产生的高压有时会把电容器和电感线圈的绝缘击穿。

四、电感性负载与电容器并联

电感性负载与电容器的并联电路如图 1-2-25 所示。因为是并联电路，选用电压为参考相量，即画出此电路的相量，如图 1-2-26 所示。

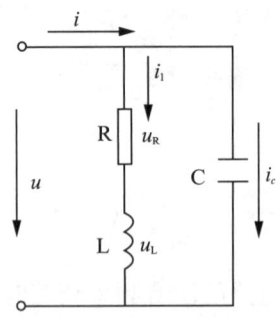
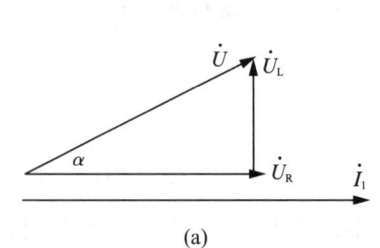
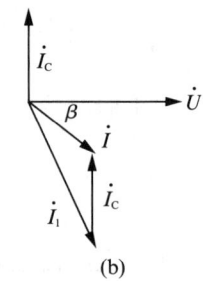

图 1-2-25 电感性负载与电容器的并联电路

图 1-2-26 RL 负载与 RL 和 C 并联相量

从图 1-2-26(a)可以看出,流过负载的电流与电源电压之间的相位差为 α 要减小 α,只有通过减小电感电压的大小。考虑电感与电容是性质正好相反的负载,采用并联电容器的方法,如图 1-2-26(b)所示,发现电容电流方向与负载电流在竖直 Y 方向分量相反,则

$$I_Y = I_1\sin\alpha - I_C \qquad I_X = I_1\cos\alpha$$

$$I = \sqrt{I_Y^2 + I_X^2} = \sqrt{(I_1\sin\alpha - I_C)^2 + (I_1\cos\alpha)^2} \qquad (1-2-51)$$

从如图 1-2-26(b)所示的相量图可以看见,原先线路(未并联电容器之前)总电流与电源电压之间夹角 α,后来变成线路总电流 $\dot{I}$ 与电源电压 $\dot{U}$ 之间夹角 β,其大小为

$$\beta = \arctan\frac{I_1\sin\alpha - I_C}{I_1\cos\alpha} \qquad (1-2-52)$$

式(1-2-51)和式(1-2-52)分别是总电流的有效值计算公式及总电压与总电流相位差计算公式。

当 $I_1\sin\alpha > I_C$ 时,线路总电流仍然落后于电压 β,整个电路呈现感性。

当 $I_1\sin\alpha < I_C$ 时,线路总电流超前于电压,整个电路呈现容性。

可见,并联电容器一定要适当:并联电容器过大,出现过补偿现象,这样功率因数无法提高,并且使得电路为容性,线路总电流也无法减小。

当 $I_1\sin\alpha = I_C$ 时,这样线路总电流和电源电压同相位,整个电路呈现纯阻性,阻抗得到最大值,总电流为最小,此时发生并联谐振。

到底并联补偿电容器选择多大,可以根据规定或需求确定。若原来功率因数为 $\cos\alpha$,按需求应提升为 $\cos\beta$,则求解步骤如下:

因为 $I_C = I_1\sin\alpha - I\sin\beta$; $I_1 = \dfrac{P}{U\cos\alpha}$; $I = \dfrac{P}{U\cos\beta}$; $I_C = U\omega C$

所以 $U\omega C = \dfrac{P}{U\cos\alpha}\sin\alpha - \dfrac{P}{U\cos\beta}\sin\beta$

即 $C = \dfrac{P}{U^2\omega}(\tan\alpha - \tan\beta)$

从前面的分析可知,在电感性负载两端并联电容器后,可以起到两方面的作用。

(1) 使得供电线路上的总电流减小,而负载的电流并没有变,线路中的电流反而比负载中的电流要小。在保证输送电能一定的情况下,能够带更多的负载,即提高电源的利用率。

(2) 使得总电流与电压间的相位差小于负载的电流与电压间的相位差,这就提高线路中的功率因数,而负载功率因数并没变。功率因数越高,则线路中的电流减小,供电线路上的损耗随之减小。

【任务实施】

一、任务要求

学会日光灯的接线,通过用仪表测量,验证 RL 负载(日光灯)灯管两端电压、整流器两端电压与电源电压的数值关系;在日光灯电源两端并上电容器,通过开关选择接入和切除电容,由电流表读数检测电容器不断投入时,观察线路电流的变化情况;理解并联适当容量电容器能提高线路功率因数,减小线路电流,降低损耗,提高电源利用率。

二、任务准备

实现本任务测量所用仪器仪表清单见表 1-2-1。

表 1-2-1 仪器仪表清单

名称	型号与规格	数量	备注
交流电压表	0～500 V	1	
交流电流表	0～5 A	1	
功率表		1	
自耦调压器		1	
镇流器、启辉器	与 30 W 灯管配用	各1	HE-16
日光灯灯管	30 W	1	屏内
电容器	1 μF,2.2 μF,4.7 μF/500 V	各1	HE-16
白炽灯及灯座	220 V,15 W	1～3	HE-17
电流插座		3	屏上
万用表	MF47	10	

三、任务操作

1. 日光灯安装与调试

1) 日光灯线路接线

(1) 两种镇流器的日光灯线路原理分别如图 1-2-27 和图 1-2-28 所示。

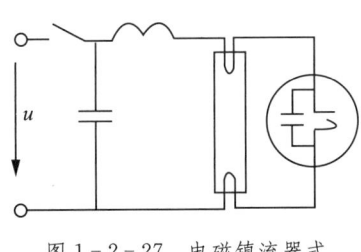

图 1-2-27 电磁镇流器式

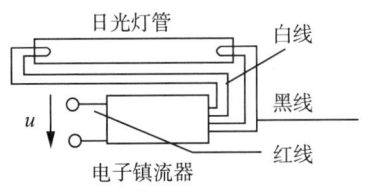

图 1-2-28 电子镇流器式

(2) 弄清原理图中符号与电器实物的对应关系。
(3) 电器及元件的检查,用万用表检查日光灯管、镇流器、开关是否正常。
(4) 按示教板合理布置各电器的安装位置并安装固定。
(5) 接线(注意导线长度、导线端部长度,保证导线导体压实在螺钉下)。
(6) 检查线路。

2) 日光灯线路故障分析及查找

(1) 灯管不亮:用万用表电压挡(～250 V)测量电源和启辉两端电压,若电压正常,则故障发生在启辉器,若没有电压表明线路松脱,则进一步查找故障。
(2) 启辉困难:启辉器不配套或电压太低。
(3) 灯管两端亮,中间不亮:启辉器没有断开或电容击穿短路。
(4) 镇流器有异声:铁芯叠片松动,绕组内部短路,电源电压太高。
(5) 灯管两端发黑:灯管老化、镇流器不配套等。
(6) 镇流器过热:镇流器质量不佳,电压过高等。

3) 日光灯灯具检修

(1) 查看接线是否接错,是否牢靠。
(2) 检查启辉器,查看接触是否良好,通电检查电源、启辉器两端有无电压,是否启辉。若有电压,检查启辉器内部电容器和动静触点;若无电压,表明线路不通,检查灯脚接线是否正确,转动灯管使灯座与灯脚接触。检查日光灯的两端灯丝阻值。
(3) 检查镇流器,查看接线是否牢靠,测其两端电阻。

2. 日光灯线路测量与功率因数提高

1) 日光灯工作参数测量

利用 HE-16 实验箱中"30 W 日光灯实验器件"、屏上与 30 W 日光灯管连通的插孔及相关器件,按图 1-2-29 接线。经指导教师检查后接通实验台电源,调节自耦调压器的输出,使其输出电压缓慢增大,直到日光灯启辉点亮为止,并记下三表的指示值。然后将电压调至 220 V,测量功率 P,电流 I 及电压 U,U_L,U_A 等值,验证电压、电流相量关系。日光灯组件电压测量计算记录于表 1-2-2。

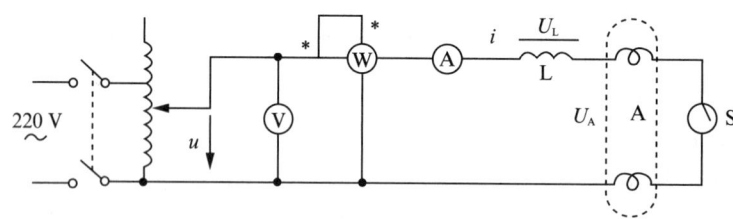

图 1-2-29 日光灯实操接线图

表 1-2-2 日光灯组件电压测量计算

测 量 值			计 算 值	
U/V	U_A/V	U_L/V	U'(与 U_A,U_L 组成 $Rt\triangle$)($U'=\sqrt{U_A^2+U_L^2}$)	$\Delta U=U'-U$

2) 并联电容——电路功率因数的改善

利用主屏上的电流插座,按图1-2-30组成实验线路。经指导教师检查后,接通实验台电源,将自耦调压器的输出调至220 V,记录功率表、电压表读数。通过一只电流表和三个电流插座分别测得三条支路的电流,改变电容值,进行三次重复测量,功率因数补偿数据记录于表1-2-3。

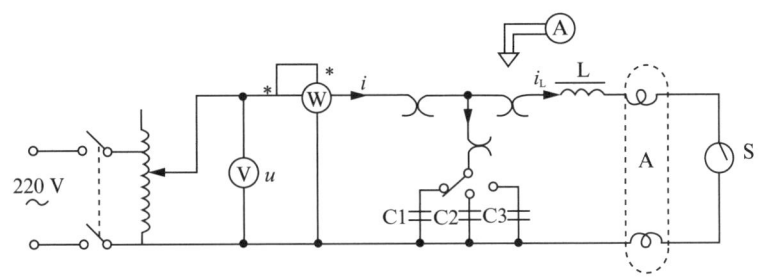

图1-2-30　日光灯提高功率因数

表1-2-3　功率因数补偿数据记录

电容值/μF	测量数值					
	I_C/A	P/W	$\cos\varphi$	U/V	I/A	I_L/A
0						
1						
2.2						
4.7						

【任务评价】

任务考核要求及评分标准见表1-2-4。

表1-2-4　任务考核要求及评分标准

任务2　交流电量的计算与测量					
班级:		姓名:		组号:	
任务	配分	考核要求	评分标准	扣分	得分	备注
接线与仪表读数	40	(1) 能按原理图正确接线; (2) 能正确连接仪表和电源; (3) 能正确仪表读数	(1) 接线不牢固,每处扣2分; (2) 接线错误,每处扣2分;损坏元器件或漏装,扣5分; (3) 不会仪表读数扣5分			
故障分析	20	(1) 能正确分析故障原因; (2) 能据故障现象判定故障范围	(1) 故障分析与现象不符,扣2分; (2) 故障范围分析过大,扣1分; (3) 不会分析,扣10分			

(续表)

任务	配分	考核要求	评分标准	扣分	得分	备注
任务2 交流电量的计算与测量						
班级：		姓名：			组号：	
故障检修	30	(1) 正确使用仪表； (2) 检修方法正确； (3) 正确排除故障	(1) 错误使用仪表，扣2分； (2) 排除故障方法错误，扣2分； (3) 重复检修一次，扣2分			
安全、文明	10	(1) 安全用电，无人为损坏设备或器件现象； (2) 小组成员协同合作； (3) 遵守校纪、校规	(1) 发生安全事故，扣10分； (2) 人为损坏设备或器件，扣10分； (3) 不遵守纪律，不文明协作，扣5分			
时间			(1) 提前完成加2分； (2) 超时完成扣2分			
总分						

【课后练习】

(1) 交流电路分析计算时为什么要采用旋转相量法？采用此法时有什么条件？

(2) 在日常生活中，当日光灯上缺少启辉器时，人们常用一根导线将启辉器的两端短接一下，然后迅速断开，使日光灯点亮，请问原理是什么？

(3) 为提高电路的功率因数，通常在感性负载上并联电容器，此时增加一条电流支路，试问电路的总电流增大还是减小了，此时感性元件上的电流和功率是否改变？

(4) 提高线路功率因数为什么只采用并联电容器法，而不用串联法？所并的电容器是否越大越好？

任务3　三相交流电量的计算与测量

【任务描述】

本任务是三相交流电路的分析、计算与测量。每一相的分析与单相交流电路分析一样，采用对称电源的相电压为参考矢量，计算每相负载的相电流、电压有效值和功率。对于三相电路，根据三相负载不同的连接方法，计算线路的线电流和线电压，并指出相、线电流，电压大小与相位关系。三相电路其实就是三个单相交流电路的结合，不同点就是三相负载承受的电源电压仅仅相位彼此相差120°。计算三相负载的有功功率、无功功率、视在功率，最后归纳对称三相负载功率的计算公式。针对三相负载Y和D两种，通过测量电流和电压，归纳三相负载Y和D两种的工作特点。在能力层面上，要求掌握用交流仪表实际测量电路物理量，掌握电路接线、仪表选择、仪表接线和仪表读数。

项目一　电路电量的计算与测量

【学习目标】

(1) 明白三相交流电源的组成与单相交流电的联系;理解三相交流电的相序和物理含义。

(2) 掌握三相交流电源提供的相电压 U_P 与线电压 U_L 的含义和关系。

(3) 理解和掌握三相负载的两种基本连接方法和条件分析,掌握三相负载工作时电流、电压、功率的计算。

(4) 掌握电路接线、仪表选择、仪表接线和仪表读数,掌握用交流仪表实际测量电路物理量。

【相关知识】

一、三相交流电的基本概念

目前我国供电系统大多采用三相交流系统。所谓三相交流电路,指由三个单相交流电路组成的电路系统。每个单相交流电供电采用一根相线(火线)、一根零线的供电方式,即三个单相交流电路采用三根相线和三根零线,这三根相线并不是同一根相线,而是不同的相线,三根零线合而为一。三相交流电路供电采用三根相线、一根零线的供电方式。

采用三相交流电供电与采用单相交流电供电的优势:

(1) 在功率、电压、供电距离和线路损耗相同的条件下,采用三相制可节约输电线的用量。

(2) 三相电机和单相电机相比,具有结构简单、价格低廉、性能良好和工作可靠等优点,同时三相电机以三相交流电作为电源。

1. 三相交流电源及其连接方式

1) 三相对称电动势的产生

在三相交流电路的三个单相电路中,各有一个正弦交流电动势发挥作用,这三个电动势具有最大值相等、频率相等,但在相位上互差120°的特征,这样的三个正弦交流电动势称为三相对称正弦交流电动势。同样,如果三个正弦交流电流和电压对应最大值和频率相同,相位互差120°,就称三相对称正弦交流电流和电压。

三相电动势一般可由三相交流发电机产生,图1-3-1(a)为三相交流同步发电机的结构,其转子采用磁极(铁磁物质外绕直流励磁绕组),定子采用空间结构互差120°的三相定子绕组,这三相绕组在同一个转子旋转磁场中。

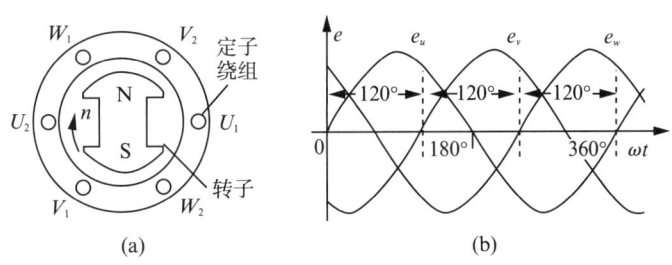

图1-3-1　三相对称电动势的产生

三相交流发电机的定子有三相电枢绕组,其连接规律完全相同,且在空间相差120°。三相交流发电机的转子为磁极。转子绕组(励磁绕组)通入直流电流为发电机提供恒定的直流工作磁场。

三相交流发电机转子由原动机拖动旋转,励磁磁场随着转子一起旋转,如图1-3-1(a)所示。若转子产生的磁场在气隙呈正弦分布,当其按顺时针方向旋转时,则转子磁极产生的磁场将轮流切割标有 $U_1W_2V_1U_2W_1V_2$ 的定子绕组的线圈边,并在每相定子绕组中感应正弦交流电动势 e_u、e_v 和 e_w,其波形如图 1-3-1(b)所示。

转子处于如图 1-3-1(a)所示位置时,U 相绕组(U_1U_2 线圈)上感应的电动势首先由零开始上升,然后达到最大值,之后再下降;当 U 相绕组电动势 e_u 的相位为 120°时,V 相绕组(V_1V_2 线圈)上感应的电动势由零上升,然后达到最大值,之后下降;接着才轮到 W 相绕组(W_1W_2 线圈)的电动势由零上升达到最大值,然后下降。发电机定子三相绕组感应电动势轮流由零上升达到最大值,把三个电动势到达正(或负的)最大值的次序称为三相交流电的相序。在图 1-3-1 中,转子按顺时针方向旋转,三相交流电动势的相序为 $U \rightarrow V \rightarrow W \rightarrow U$。若发电机的转子磁极按逆时针方向旋转,电动势出现正最大值的相绕组为 U 相→W 相→V 相→U 相,发电机的相序就变成 $U \rightarrow W \rightarrow V \rightarrow U$。由此可见,三相正弦交流电动势的相序取决于产生它的发电机的转子转向,转向确定,三相交流绕组感应三相交流电动势的相序也就确定。转向改变,相序也随之改变。

通常将 $U \rightarrow V \rightarrow W \rightarrow U$ 的相序称为正相序,将 $U \rightarrow W \rightarrow V \rightarrow U$ 的相序称为负相序(或逆相序)。正相序表示 U 相超前 V 相 120°,V 相超前 W 相 120°,W 相超前 U 相 120°。在电气工程中,若无特别说明,一般都采用正相序。此外,应该说明的是:在电气识图的相关国家标准中,不同的场合相序的代号也不一样。对于三相交流电源电路,相序的标号为 $L_1 \rightarrow L_2 \rightarrow L_3$;对于三相动力负载引出线的接线端子,采用 $U_1V_1W_1$ 分别表示三相交流绕组的三个首端,$U_2V_2W_2$ 分别表示三相交流绕组的三个尾端,相序的标号为 $U \rightarrow V \rightarrow W$。$L_1L_2L_3$ 一般都与 UVW 对应,以正相序表示。

【思维点拨】三相交流电源的相序是怎样规定的?相序的不同对负载工作有什么影响?

2)三相电源的连接形式

三相交流发电机的三相对称交流绕组产生三个对称正弦电动势,这三个绕组有两种主要的连接方式。将三相绕组三个末端 $U_2V_2W_2$ 连接成一个端子 N,作为三相绕组公共端,也称为三相交流发电机中性点。同时,将三相绕组的三个首端 U_1、V_1 和 W_1 用连接导线引出,作为三相交流发电机的三条输出线 L_1、L_2、L_3,称为相线。这种连接方式称为三相交流电源星形连接,或记为"Y 形连接",可分为带中线和不带中线,如图 1-3-2(a)和图 1-3-2(b)所示。若将三相绕组的首端分别与另一相的尾端连接,同时引出三条引线,作为电源的三条相线,如图 1-3-2(c)所示,则称为三相交流电源三角形连接,记为"D 形连接"。

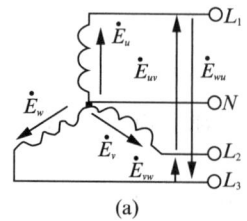 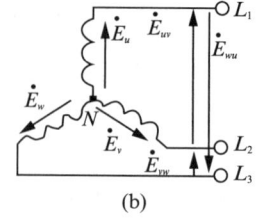 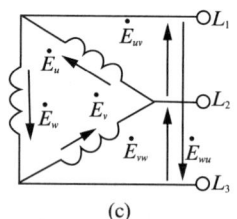

(a)　　　　　　　　(b)　　　　　　　　(c)

图 1-3-2 三相电源的连接

[思维点拨]
三相交流电源连接成三角形应当注意什么？三相交流电源连接成星形和三角形各有什么特点？

如图1-3-2(a)所示的带中线Y形连接，除了三条相线引出外，还将三相绕组公共端作为公共线引出，称为中性线(或零线)。若将中性线与大地连接，则常称之为地线。带中性线Y形连接，电源有两种电压输出：各相线与中性线间的电压称相电压，其相量分别用$\dot{U}_U$、$\dot{U}_V$和$\dot{U}_W$表示；各相线间电压称为线电压，分别用$\dot{U}_{UV}$、$\dot{U}_{VW}$和$\dot{U}_{WU}$表示。对于不带中性线Y形连接和D形连接，发电机都只有三条相线引出，只提供三相线电动势$\dot{U}_{UV}$、$\dot{U}_{VW}$和$\dot{U}_{WU}$。

当Y形连接时，三个相电压与三个线电压之间的关系是：$\dot{U}_{UV}=\dot{U}_U-\dot{U}_V$，$\dot{U}_{VW}=\dot{U}_V-\dot{U}_W$，$\dot{U}_{WU}=\dot{U}_W-\dot{U}_U$。由图1-3-3可见，线电动势$\dot{U}_{UV}$超前于相电动势$\dot{U}_U 30°$，当三相对称时，线电压是相电压的$\sqrt{3}$倍，即

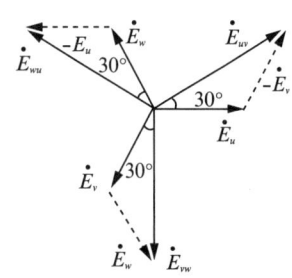

图1-3-3 相电压与线电压相量图

$$U_{UV}=U_{VW}=U_{WU}=\sqrt{3}U_U=\sqrt{3}U_V=\sqrt{3}U_W \quad (1-3-1)$$

如图1-3-2(c)所示D形连接，三个相电压就是三个线电压，即

$$U_{UV}=U_{VW}=U_{WU}=U_U=U_V=U_W \quad (1-3-2)$$

一般而言，三相电源较常采用带中线Y形连接方式，尤其是陆地低压电力供电系统，基本上采用带中线Y形连接，因为带中线Y形连接方式既可提供三相对称相电压，也可提供三相对称线电压。对于船上电力系统，为了用电安全，一般采用中性点对地绝缘的不带中线Y形连接方式。不带中线Y形连接方式只能提供三相对称线电动势，不能提供三相对称相电动势。因此，船舶照明电网一般还需采用变压器，降低供电电压，以满足照明设备使用。由于三相电源D形连接方式无中性点，而且D形连接会产生额外的(谐波)损耗，因此三相交流发电机一般不采用D形连接。

[思维点拨]
三相负载采用Y形或D形的依据是什么？接成Y形有带中线和不带中线各有什么条件？

2. 三相交流负载及其连接方式

为配合三相正弦交流电源供电，三相交流电路负载是三相连接的负载，即三相负载。所谓三相负载，就是指能够利用三相交流电源工作的电路元件。

1) 三相负载概述

与三相交流电源的连接形式相似，三相负载的连接形式也有两种：Y形连接和D形连接。三相交流电的负载是各种各样的，根据用途不同可分为动力负载、照明负载及各种小

型用电负载等。动力负载的功率通常较大,主要是用于拖动各种生产机械工作的三相交流电动机,电动机本身具有三相交流绕组,既可以作 Y 形连接也可以作 D 形连接,如图 1-3-4 所示。三相交流电动机一般没有中性线,小型三相交流电动机可以采用 Y 形连接。当容量较大的三相交流电动机正常工作时(除起动或调速外),一般采用 D 形连接。

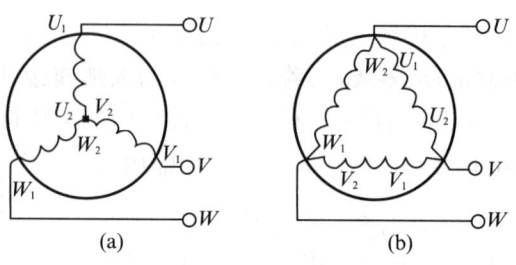

图 1-3-4 三相交流电动机负载

三相负载也可由三个单相负载组成。照明负载及各种小型用电多数属于单相负载,三个单相负载也可采用 Y 连接或 D 形连接,从而构成三相负载。每相负载的电阻相等,电抗相等,且性质也相同(要么同为电感性,要么同为电容性),即 $R_U=R_V=R_W$,$X_U=X_V=X_W$,$\varphi_U=\varphi_V=\varphi_W$,于是 $Z_U=Z_V=Z_W$,这种负载称为三相对称负载。上述条件只要有一项不满足就是三相不对称负载。三个单相负载采用的连接形式主要由其额定电压确定。额定电压与电源相电压相等时采用 Y 连接,额定电压与电源的线电压相等时则采用 D 形连接。

2) 三相负载 Y 形连接

三个单相负载各取一端连成一个负载中性点 N',另外三个端子与电源三根相线连接,称为三相负载 Y 连接,如图 1-3-5 所示。三相负载 Y 形连接时,又分为带中性线与不带中性线两种。带中性线的三相负载 Y 形连接如图 1-3-5(a)所示,这种供电方式称为三相四线制,常用于对三路单相负载组成的三相不对称负载供电方式。不带中性线的三相对称负载 Y 形连接如图 1-3-5(b)所示,这种供电方式称为三相三线制,常用于对三相交流电动机等单独构成完整三相对称负载的供电,此时三相交流电源只通过三条相线向电动机供电。三相负载工作时,三相交流电流通过三相负载。流过每相负载的电流称为相电流,用"P"作为相电流的下标;在每根相线上通过的电流称为线电流,通常用"L"作为线电流的下标。对于 Y 形连接的三相负载,相电流等于线电流,即

$$I_L = I_P \qquad (1-3-3)$$

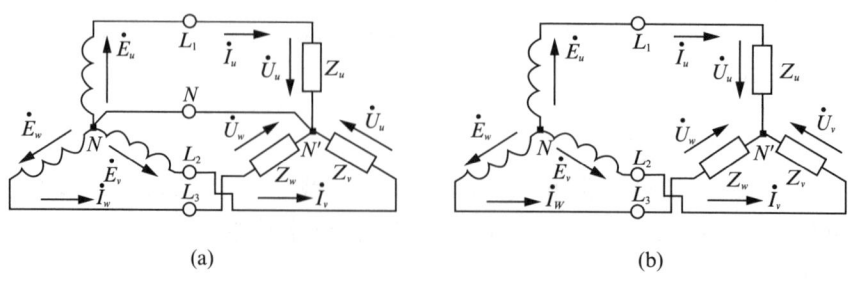

图 1-3-5 三相负载星形连接

对于不对称负载,必须带中线以保证每相负载承受电源对称相电压,即带中线后三相负载工作形成三个独立的工作回路,互不影响。

根据欧姆定律,三相 Y 形连接负载相电压与流过负载的相电流之间关系为

$$\left.\begin{array}{l} \dot{I}_U = \dot{U}_U/Z_U = U_U\angle 0°/|Z_U|\angle\varphi_U = I_U\angle -\varphi_U \\ \dot{I}_V = \dot{U}_V/Z_V = U_V\angle -120°/|Z_V|\angle\varphi_V = I_V\angle -(120°+\varphi_U) \\ \dot{I}_W = \dot{U}_W/Z_W = U_W\angle 120°/|Z_W|\angle\varphi_W = I_W\angle (120°-\varphi_W) \end{array}\right\} \quad (1-3-4)$$

用有效值表示为

$$I_U = U_U/|Z_U|, I_V = U_V/|Z_V| \text{ 和 } I_W = U_W/|Z_W| \quad (1-3-5)$$

各相负载阻抗的幅角就是各相电压与各相电流之间的相位差,分别为

$$\left.\begin{array}{l} \varphi_U = \arctan(X_U/R_U) \\ \varphi_V = \arctan(X_V/R_V) \\ \varphi_W = \arctan(X_W/R_W) \end{array}\right\} \quad (1-3-6)$$

由于三相负载不对称,三相电源电压对称,流过负载的电流的相量和不等于零,则中线中必然有电流流过。$\dot{I}_U + \dot{I}_V + \dot{I}_W \neq 0$,中线电流 $\dot{I}_{NN'} = \dot{I}_U + \dot{I}_V + \dot{I}_W$。如果此时中线断开,则三相负载不对称而三相电源对称,三相负载线电压虽然相等,但由于三相电流不相等,三相相电压将不相等,有的相其相电压低于额定电压,有的相其相电压将高于额定电压。高于额定电压的相,容易损坏负载。因此,三相负载 Y 形连接时,一般采用带中线的三相四线制,中线的作用就是保证三相相电压对称。也正因为这样,三相四线制的中线不允许接入熔断器或单独安装开关等容易引起中线断路的元件。

在三相四线制中,当三相负载作星形连接时,具有以下特点:

(1) 各相负载承受对称的电源相电压,即 $U_P = 1/\sqrt{3} U_L$。
(2) 线电流等于相电流,即 $I_P = I_L$。

若三相负载的参数完全一致(幅值与幅角分别相等),即 $Z_U = Z_V = Z_W$ 时,称为 Y 形连接三相对称负载。当电源三相对称时,三相对称负载的各相电压有效值相等,各相电流有效值也相等。此时,线电压仍为相电压的 $\sqrt{3}$ 倍。对于三相四线制,由于 $U_N = U_{N'}$,中性线中流过的电流 $I_{NN'} = 0$。三相电流满足如下关系:

$$\dot{I}_U + \dot{I}_V + \dot{I}_W = 0 \quad (1-3-7)$$

因为中线电流等于零,所以中线可省略,就成为三相三线制。由于负载对称,因此各相电流大小、每相电流与该相电压间的相位差也相同,那么三个相电流也是对称的。这样,各相电路的计算就简化为一相电路的计算。

例 1-3-1 某电阻性的三相负载采用带中线的星形连接,其各相电阻分别为 5 Ω, 10 Ω, 20 Ω。求当电源线电压为 380 V 时,各相电流、线电流和中线电流。

解:由于采用带中线的星形连接,每相负载承受对称的电源相电压为

$$U_P = U_L/\sqrt{3} = 220 \text{ V}$$

令 $\dot{U}_U = 220\angle 0°$ V 为参考相量,则 $\dot{U}_V = 220\angle -120°$ V, $\dot{U}_W = 220\angle 120°$ V

各相电流、线电流分别为

$$\dot{I}_U = \frac{\dot{U}_U}{Z_U} = \frac{220\angle 0°}{5} = 44\angle 0° \text{ A}$$

$$\dot{I}_V = \frac{\dot{U}_V}{Z_V} = \frac{220\angle -120°}{10} = 22\angle -120° \text{ A}$$

$$\dot{I}_W = \frac{\dot{U}_W}{Z_W} = \frac{220\angle 120°}{20} = 11\angle 120° \text{ A}$$

中线电流为

$$\dot{I}_N = \dot{I}_U + \dot{I}_V + \dot{I}_W = 44\angle 0° + 22\angle -120° + 11\angle 120°$$
$$= 44 + (-11 - j19.052) + (-5.5 + j9.526)$$
$$= 27.5 - j9.526 = 29.1\angle -19.1°$$

3) 三相负载三角形连接

将每相负载的一端与另一相负载的一端相连接,即可组成如图 1-3-6 所示三相负载三角形(D形)连接。由于每相负载与电源两根相线相连,因此,相电压等于线电压,即

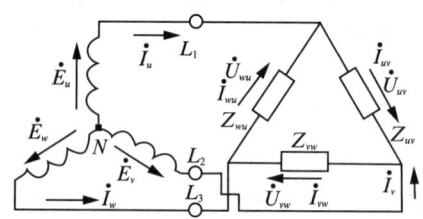

图 1-3-6 三相负载三角形连接

$$U_P = U_L \tag{1-3-8}$$

根据欧姆定律,D形连接的三相负载,各相电流有效值等于相电压有效值与各相负载阻抗幅值之比,即

$$I_{UV} = \frac{U_{UV}}{|Z_{UV}|}, \quad I_{VW} = \frac{U_{VW}}{|Z_{VW}|}, \quad I_{WU} = \frac{U_{WU}}{|Z_{WU}|} \tag{1-3-9}$$

各相电压与电流之间存在的相位差等于对应相负载阻抗的幅角,分别为

$$\left.\begin{array}{l}\varphi_{UV} = \arctan(X_{UV}/R_{UV})\\ \varphi_{VW} = \arctan(X_{VW}/R_{VW})\\ \varphi_{WU} = \arctan(X_{WU}/R_{WU})\end{array}\right\} \tag{1-3-10}$$

对于三相对称负载,$|Z_{UV}| = |Z_{VW}| = |Z_{WU}|$。若三相电源对称,则三相电流也对称,

即幅值相等,幅角互差120°,线电流有效值等于相电流有效值的$\sqrt{3}$倍,即

$$I_L = I_U = I_V = I_W = \sqrt{3}\,I_{UV} = \sqrt{3}\,I_{VW} = \sqrt{3}\,I_{WU} = \sqrt{3}\,I_P \qquad (1-3-11)$$

三相负载 D 形连接属于三相三线制供电方式,不论负载是否对称,各相负载承受的相电压均是电源提供的对称的电源线电压。实际上 D 形连接一般采用对称的负载,在此情况下,各相负载阻抗相等,性质相同,因此各相电流也是对称的(图1-3-7),可得到三相线电流之和为零:$\dot{I}_U + \dot{I}_V + \dot{I}_W = 0$。

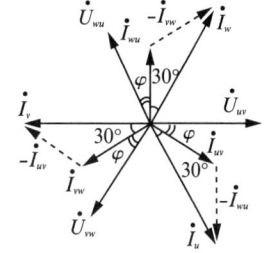

三相交流电动机正常运行时,其三相交流绕组经常采用 D 形连接。由于电动机三相绕组通常为对称绕组,所以,此时三相交流电动机就是 D 形连接的三相对称负载。应该注意的是:D 形连接时,相电压等于线电压,因此,一般照明负载若不通过变压器进行降压,不能采用 D 形接法直接与线电压为 380 V AC 电源连接。

图 1-3-7 D 形连接的电流

二、交流电路的功率与功率因数

计算三相功率时,对称的三相交流电路可以先计算任意一相的功率,然后乘以 3 就可得到三相功率:

$$\left.\begin{array}{l} S = 3I_P U_P = \sqrt{3}\,I_L U_L \\ P = 3I_P U_P \cos\varphi = \sqrt{3}\,I_L U_L \cos\varphi \\ Q = 3I_P U_P \sin\varphi = \sqrt{3}\,I_L U_L \sin\varphi \end{array}\right\} \qquad (1-3-12)$$

式中:U_P,I_P 分别是三相交流电路的相电压和相电流;U_L,I_L 分别是三相交流电路的线电压和线电流。因为 Y 形连接时 $U_P = U_L/\sqrt{3}$,$I_P = I_L$,D 连接时 $U_P = U_L$,$I_P = I_L/\sqrt{3}$,所以,为了便于计算功率,一般三相交流电路中,不论是作为电源的三相交流发电机,还是作为负载的三相交流电动机,甚至作为中间传递装置的三相变压器,其额定电压和额定电流均采用额定线电压和额定线电流表示。

对于三相不对称交流电路,一般应分开计算三相功率。首先,分别计算各相有功功率 $\sum P = P_1 + P_2 + P_3$ 和各相的无功功率 $\sum Q = Q_1 + Q_2 + Q_3$,然后,计算三相总视在功率 S:

$$S = \sqrt{(\sum P)^2 + (\sum Q)^2} \neq S_1 + S_2 + S_3 \qquad (1-3-13)$$

注意:式中 $S \neq S_1 + S_2 + S_3$,说明三相总视在功率不等于三个单相的视在功率之和,这在实际计算时是必须引起特别注意的。

例 1-3-2 有一星形连接的三相对称负载,已知其各相电阻为 $R = 6\ \Omega$,$L = 25.5\ \text{mH}$,现把其接入线电压 380 V,频率 50 Hz 的三相线路中,求通过每相负载的电流有效值及其取用的总功率、总的无功功率和视在功率。

解: $U_P = \dfrac{U_L}{\sqrt{3}} = 220\ \text{V}$

$$I_P = I_U = I_V = I_W = \dfrac{U_P}{|Z_P|} = \dfrac{220}{\sqrt{6^2 + (314 \times 25.5 \times 10^{-3})^2}} = 22\ \text{A}$$

$$\cos\varphi_P = \frac{R_P}{|Z_P|} = \frac{6}{10} = 0.6 \quad \sin\varphi = 0.8$$

$$P = \sqrt{3}U_L I_L \cos\varphi_P = \sqrt{3} \times 380 \times 22 \times 0.6 = 8.712 \text{ kW}$$

$$Q = \sqrt{3}U_L I_L \sin\varphi_P = \sqrt{3} \times 380 \times 22 \times 0.8 = 11.616 \text{ kvar}$$

$$S = \sqrt{3}U_L I_L = \sqrt{3} \times 380 \times 22 = 14.52 \text{ kVA}$$

【任务实施】

一、任务要求

学会由三相自耦变压器获得 380 V 和 220 V 两种电源,并根据负载电压和电源电压关系选择 Y 或 D 形接法;把三相对称负载接成三相三线制 Y 形接法和三相三线制 D 形接法;把三相不对称负载接成三相四线制 Y 形接法;能根据提供的器材、仪表、负载按要求正确接线,测量相电流、线电流、相电压、线电压、中线电流,并将之与相应计算值进行比较。

二、任务准备

实现本任务测量所用仪器仪表见表 1-3-1。

表 1-3-1 仪器仪表清单

名 称	型号与规格	数量	备注
交流电压表	0～450 V	1	
交流电流表	0～5 A	1	
万用表		1	自备
三相自耦调压器		1	
三相灯组负载	220 V,15 W 白炽灯	9	HE-17
仪表插座		3	屏上

三、任务操作

1. 三相负载 Y 形联接(三相四线制供电)

按图 1-3-8 线路组接实验电路,即三相灯组负载经三相自耦调压器接通三相对称电源。将三相调压器的旋柄置于输出为 0 V 的位置(即逆时针旋到底)。经指导教师检查合格后,方可开启实验台电源,然后调节调压器的输出,使输出的三相线电压为 220 V,分别测量三相负载的线电压、相电压、线电流、相电流、中线电流、电源与负载中点间的电压。将所测得的数据记入表 1-3-2 和表 1-3-3 中,并观察各相灯组亮暗的变化程度,特别要注意观察中线的作用。

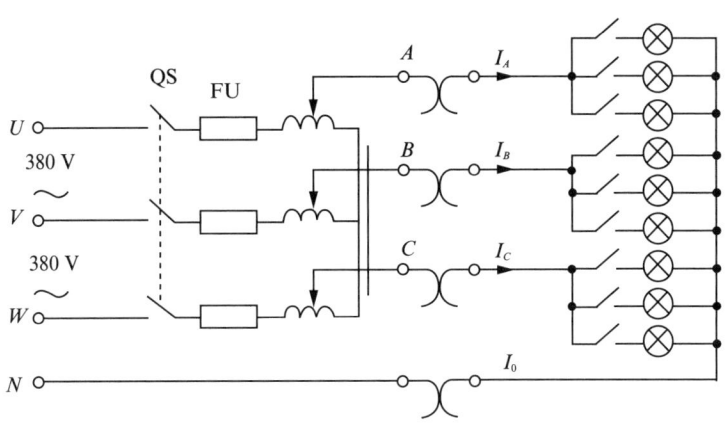

图 1-3-8 三相负载 Y 形联接

表 1-3-2 带中线的测量

测量数据实验内容(负载情况)	开灯盏数/盏			线电流/A			线电压/V			相电压/V			中线电流 I_N/A	中点电压 U_{NN}/V
	A 相	B 相	C 相	I_A	I_B	I_C	U_{AB}	U_{BC}	U_{CA}	U_{AO}	U_{BO}	U_{CO}		
三相平衡负载	3	3	3											0
三相不平衡负载	1	2	3											0
B 相断开	1		3											0

表 1-3-3 去除中线的测量

测量数据实验内容(负载情况)	开灯盏数/盏			线电流/A			线电压/V			相电压/V			中线电流 I_N/A	中点电压 U_{NN}/V
	A 相	B 相	C 相	I_A	I_B	I_C	U_{AB}	U_{BC}	U_{CA}	U_{AO}	U_{BO}	U_{CO}		
三相平衡负载	3	3	3											0
三相不平衡负载	1	2	3											0
B 相断开	1		3											0

2. 负载 D 形联接(三相三线制供电)

按图 1-3-9 改接线路,经指导教师检查合格后接通三相电源,并调节调压器,使其输出线电压为 220 V,并按表 1-3-4 的内容进行测试。

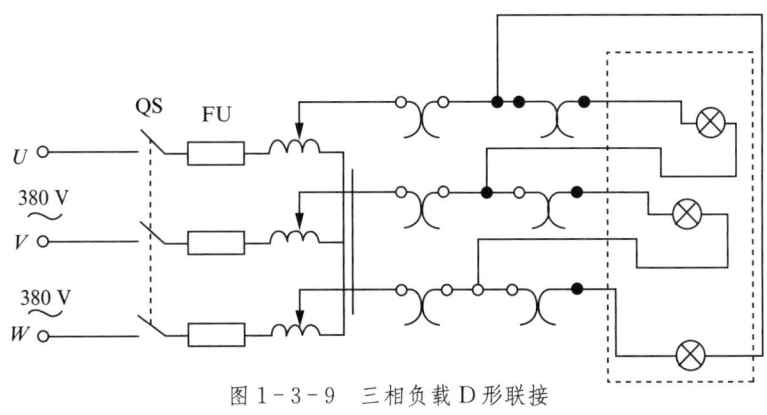

图 1-3-9 三相负载 D 形联接

表 1-3-4 负载 D 形联接测试

测量数据 负载情况	开灯盏数/盏			线电压＝ 相电压/V			线电流/A			相电流/A		
	A—B 相	B—C 相	C—A 相	U_{AB}	U_{BC}	U_{CA}	I_A	I_B	I_C	I_{AB}	I_{BC}	I_{CA}
三相平衡	3	3	3									
三相不平衡	1	2	3									

3. 实操注意事项

(1) 本实验采用三相交流市电,线电压为 380 V,应穿绝缘鞋进实验室。实验时要注意人身安全,不可触及导电部件,以防止意外事故发生。

(2) 每次接线完毕,同组同学自查一遍,然后由指导教师检查后,方可接通电源,必须严格遵守先断电、再接线、后通电,先断电、后拆线的实验操作原则。

(3) Y 形负载作短路实验时,必须首先断开中线,以免发生短路事故。

(4) 为避免烧坏灯泡,HE-17 实验箱内设有过压保护装置。当任意一相电压为 245～250 V 时,即声光报警并跳闸。因此,在做 Y 形联接不平衡负载或缺相实验时,所加线电压应以最高相电压 240 V 为宜。

【任务评价】

任务考核要求及评分标准见表 1-3-5。

表 1-3-5 任务考核要求及评分标准

任务 3 三相交流电量的计算与测量							
班级：			姓名：			组号：	
任务	配分	考核要求	评分标准	扣分	得分	备注	
接线与仪表读数	40	(1) 能按原理图正确接线； (2) 能正确连接仪表和电源； (3) 能正确仪表读数	(1) 接线不牢固,每处扣 2 分； (2) 接线错误,每处扣 2 分,损坏元器件或漏装,扣 5 分； (3) 不会仪表读数,扣 5 分				
故障分析	20	(1) 能正确分析故障原因； (2) 能据故障现象判定故障范围	(1) 故障分析与现象不符,扣 2 分； (2) 故障范围分析过大,扣 1 分； (3) 不会分析,扣 10 分				
故障检修	30	(1) 正确使用仪表； (2) 检修方法正确； (3) 正确排除故障	(1) 错误使用仪表,扣 2 分； (2) 排除故障方法错误,扣 2 分； (3) 重复检修一次,扣 2 分				

(续表)

任务 3 三相交流电量的计算与测量							
班级：		姓名：			组号：		
任务	配分	考核要求		评分标准	扣分	得分	备注
安全、文明	10	(1) 安全用电现象，无人为损坏设备或器件现象； (2) 小组成员协同合作； (3) 遵守校纪、校规		(1) 发生安全事故，扣 10 分； (2) 人为损坏设备或器件，扣 10 分； (3) 不遵守纪律，不文明协作，扣 5 分			
时间				(1) 提前完成加 2 分； (2) 超时完成扣 2 分			
总分							

【课后练习】

(1) 在楼房实际照明配电中，为什么即使能把三相负载分配对称仍然采用带中线的 Y 形接法？

(2) 三相负载根据什么条件作 Y 形或 D 形连接？

(3) 试分析三相 Y 形联接不对称负载在无中线情况下，当某相负载开路或短路时会出现什么情况？如果接上中线，情况又如何？

(4) 本次实操中为什么要通过三相调压器将 380 V 的市电线电压降为 220 V 的线电压使用？

项目二　电与磁的认识和应用

项目描述

本项目是从电磁现象认识电与磁。电流可产生磁场,磁场变化或运动又感应电动势,电与磁是紧密相连的,许多电气设备就是根据电与磁之间的作用原理而工作的。本项目有两个任务:任务一是认识电磁现象,任务二是认识和应用变压器。通过任务一的训练,可以学会根据电流人造电磁铁,通过改变线圈匝数、电流大小、加铁磁物质改变磁性大小,设计和控制磁场强弱,了解铁磁物质会带来附加铁损。学生通过任务二的训练,可以认识变压器的结构、原理、使用方法和作用,同时认识互感器的作用,掌握自耦变压器和钳形电流表的使用,学会对多绕组变压器和电机绕组同名端的判定。

任务1　电磁现象的认识

【任务描述】

本任务从磁场的基本物理量着手,研究铁磁材料的磁化产生附加磁场。由铁磁材料构成的磁路磁阻最小,能让磁力线集中通过。依据磁路欧姆定律计算磁场,铁芯能产生一个附加磁场,从而减小励磁电流。理解电磁铁的结构和原理、电流在磁场中受力、导体切割磁场和一个变化的磁场穿过线圈能感应产生电动势;了解铁芯发热是线圈电阻发热和铁磁材料的磁滞和涡流带来的铁损,从而掌握减小铁芯发热的方法。在能力层面上:要求掌握电磁铁磁性强弱与电流大小、线圈匝数、内部铁芯粗细的关系;掌握直流电动机与通电电流大小、发电机电动势与导体切割速度的关系;通过自感现象理解自感电动势的存在和作用。

【学习目标】

(1) 理解磁场的概念和描述磁场基本物理量。

(2) 理解铁磁材料的特性、分类、用途以及铁磁材料的磁化特性和发热原因。

(3) 理解电流产生磁场,分析电流在磁场中的受力;理解电磁感应现象。

(4) 理解与电磁铁磁性强弱相关的物理量。

【相关知识】

1. 磁场及其基本物理量

磁是一种物理现象,磁场是一种特殊的物质。人们在很早的时候就已经认识到自然界存在着一种能够吸引铁的磁石,其主要成分是四氧化三铁。现在使用的磁体主要是人工制造的。在铁芯上套上线圈,并给线圈通电,铁芯就有磁性。磁体具有两个不同特性的磁极。一个磁极可指向地球的北极,称为N极;另一个磁极指向地球的南极,称为S极。磁体的两个磁极具有同名磁极相互排斥、异名磁极相互吸引的特性。磁体对铁的吸引力或磁体两个磁极之间存在的作用力称为磁力。

磁体的N和S两个极总是成对出现的,不能分开的。若将磁体的两个磁极,从中间切割并分开,则分开的两个部分又各自形成新的磁体。新的磁体也具有两个磁极,而且只要能分割,所得到的每个部分都具有两个磁极,都是一个新磁体。最小的磁体称为"磁畴",当这些小磁体排列方向相同而组成物体时,其就具有磁的特征。也就是说,磁体是由排列整齐的小磁畴组成的。

对看不见摸不着的磁场可用磁力线来描述。所谓磁力线又称为磁感应线,是一种假想的用来表示磁场强弱和方向的曲线。磁场强弱的表示为:磁力线密的地方,磁力作用强;磁力线疏的地方,磁力作用弱。磁场方向的表示为:经过某点磁力线(曲线)的切线方向表示磁场的方向,就是小磁针在该点上N极所指的方向。

如图2-1-1所示的虚线就是磁力线。在磁体的外部,磁力线从磁体的N极出来,从磁体的S极进入;在磁体的内部,磁力线从磁体的S极到N极,形成闭合曲线。由图2-1-1可见,磁力线是没有头和尾的闭合曲线,而且是带方向的闭合曲线。

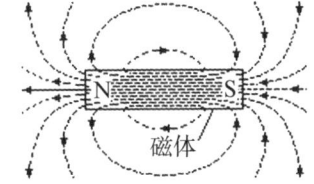

图 2-1-1 磁体的磁力线

综上所述,可得到有关磁的基本概念:①磁体是由很小的磁畴同向排列组成的;②磁体有N和S两个不同极性的磁极,N极有指北特性,S极有指南特性;③异性磁极相互吸引,同性磁极相互排斥;④磁体最显著的特征是对铁具有吸引力;⑤磁力线是用来描述磁力强弱的假想的线,磁力强的地方磁力线分布较密,磁力弱的地方磁力线分布较稀疏;⑥磁力线从磁体的N极出来,经外部空间,再从S极进入磁极内部,磁体内磁力线从S极指向N极;⑦磁场是一种可由移动电荷(电流)产生的特殊物质,存在于磁体周围的空间。

磁力线只能定性地描述磁力的强弱和方向,不能定量地表示磁场的大小。为此,可引入磁场物理量进行定量描述。磁场的主要物理量有磁感应强度、磁通、磁导率和磁场强度等。

磁感应强度是用来描述磁场内各点磁场强弱及方向的物理量,用 B 表示。磁感应强度是一个矢量,方向就是磁场中该点的磁场方向,单位为特斯拉,简称特,用字母 T 表示,也用高斯(Gs)作为磁感应强度的单位,即

$$1\,\text{Gs}=10^{-4}\,\text{T}$$

在均匀磁场中,磁感应强度与垂直于磁感应强度的某一面积 A 的乘积称为磁通,用字母 Φ 表示。在截面积 A 的均匀磁场中,其磁通大小为

$$\Phi=BA \qquad (2-1-1)$$

磁通 Φ 的单位为韦伯(Wb),也用麦克斯威(M_x)。磁通也是一个矢量,方向与该处的磁场强度方向一致。

如果把磁感应强度 B 和磁通 Φ 与上述的磁力线联系起来,则可以认为磁通 Φ 在数值上等于垂直穿过该截面积的磁力线数,磁感应强度等于垂直穿过单位面积的磁力线数。因此,磁感应强度又称为磁通密度。

根据物质导电性能好坏把物质分成导体、绝缘体和半导体。用来衡量物质导磁性能好坏的物理量称为磁导率,用 μ 表示。某物质的磁导率越大,其导磁性能越好。磁导率单位为亨利/米,简称亨/米(H/m)。

真空磁导率 $\mu_0 = 4\pi \times 10^{-7}$ H/m,是一个常数。衡量物质导磁性能往往采用相对磁导率 μ_r 表示,即用某介质的磁导率 μ 比上真空的磁导率 μ_0 的值,μ_r 没有单位,从其大小可以直接看出介质导磁性能的好坏。铁磁材料的相对磁导率 $\mu_r \gg 1$,非铁磁材料的相对磁导率 $\mu_r \approx 1$。自然界中大多数物质对磁场影响都很小,例如,铜、空气、塑料的导磁能力都很弱,称为非铁磁材料。

有些物质,如铁、镍、钴及其合金和铁氧体材料的导磁能力都很强,其在磁场中被磁化后产生附加磁场,能使原磁场增强,这些材料通常称为铁磁材料。常见铁磁材料的相对磁导率如表 2-1-1 所示。

表 2-1-1 铁磁材料的相对磁导率

物质名称	μ_r
钴	174
镍	1 120
软钢	2 180
已退火的铁	700
变压器钢片(硅钢片)	7 500
镍铁合金	60 000
"C"形坡莫合金	115 000

磁场中的磁感应强度与磁场的介质有关。不同的材料,其磁感应强度一般是不同的。由于直接求解比较困难,往往引入一个表征磁场强弱的物理量作为中间量,然后再求解磁感应强度。这个量称为磁场强度,用 H 表示。

磁场强度 H 和磁感应强度 B 都是反映磁场强弱的物理量,但两者是有区别的。磁场强度 H 反映的是电流产生的磁场本身所具有的磁作用的大小,与磁场的介质无关;磁感应强度 B 反映的是,在磁场强度 H 作用下具体某点的磁力作用大小,与磁场的介质有关。两者之间存在如下关系:

$$B = \mu H \qquad (2-1-2)$$

磁场强度 H 仅仅与励磁电流大小和磁体几何形状及位置有关。在国际单位制中,磁场强度的单位为 A/m,也常用 A/cm。磁场强度也是一个矢量,方向与该点的磁感应强度一致。

【思维点拨】
为什么引入磁场强度 H 描述磁场强弱?利用磁场强度 H 怎样计算磁感应强度?

2. 铁磁材料的性质和用途

任何电器都用铁芯来固定励磁线圈,当线圈中通入励磁电流后,铁磁材料被磁化后产生的附加磁场和电流产生的磁场叠加使电流磁场大大增强。铁磁材料本身没磁性,但置于磁场中有磁性,称为磁化。磁感应强度 B 随磁场强度 H 变化而变化的曲线,称为磁化曲线。铁磁材料的磁化曲线如图 2-1-2 所示。

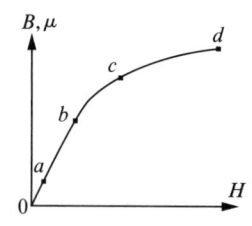
图 2-1-2 铁磁材料的磁化曲线

曲线的 $a-b$ 段几乎是直线，且 $\mu=B/H$ 最大；在 $b-c$ 段，随着 H 的增加，B 增加的量变小，$\mu=B/H$ 开始减小；在 $c-d$ 段，H 增加，B 增加不明显，$\mu=B/H$ 减小到一个很小的值。随着 H 的增加，B 增加的量变小的现象称为磁饱和。磁化曲线的 $a-b$ 段是直线段，铁磁材料处于不饱和状态，磁导率 μ 最大，B 随 H 线性增加；在 $b-c$ 段，磁化曲线开始弯曲，B 随 H 增加量减小，磁导率 μ 开始减小，铁磁材料处于半饱和状态；在 $c-d$ 段，铁磁材料逐渐进入饱和状态，磁导率 μ 逐渐减小到饱和值。可见，磁导率 μ 不是常数。

铁磁材料的剩磁和磁滞特性可用磁滞回线来说明，如图 2-1-3 所示，磁滞回线是在交流励磁电流作用下测得的（即线圈通入交流电流，产生交变的磁场强度）。由图 2-1-3 可见，当励磁电流从 0 增加到 $+I$，磁场强度为 $+H$ 时，磁路中的磁感应强度 B 从 0 变化到曲线的 1 点所对应的位置；当励磁电流从 $+I$ 减小到 0 时，B 减小，但并不为 0，而是在 2 点的位置；励磁电流从 0 到 $-I(-H)$，B 则从 2 经过 3 到 4 点；励磁电流再从 $-I$ 到 0 到 $+I$，B 则从 4 经过 5,6 再到 1 点。励磁电流反复变化，B 就从 1 经过 2,3 到 4，再由 4 经过 5,6 到 1，不断地重复变化。曲线 1234561 称为磁滞回线。由磁滞回线来看，磁感应强度 B 的变化永远滞后于磁场强度 H 的变化，这种现象称为铁磁材料的磁滞特性。

在图 2-1-3 中，点 2 和点 5 对应的磁感应强度 $+B_r$ 和 $-B_r$ 分别为铁磁材料的正向剩磁和反向剩磁。也就是说，施加正向或反向励磁电流去除后，虽然磁场强度 H 为 0，但铁芯中仍然存在磁感应强度 $+B_r$ 或 $-B_r$。为了克服剩磁，必须在线圈中通入与剩磁不同方向的励磁电流，产生相反的磁场强度。点 3 和点 6 所对应的磁场强度 $-H_c$ 和 $+H_c$ 分别是为了克服正、反向剩磁所需要的与原来作用磁场相反方向的磁场强度。也就是说，若原来作用磁场的方向为 $+H$，要消除铁芯中的剩磁，就必须施加反向磁

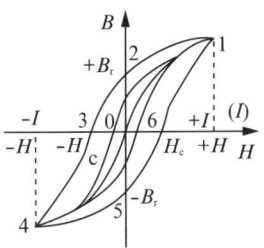

图 2-1-3　磁滞回线

场强度 $-H_c$。磁化时所施加的磁场强度 H 不同，磁滞回线的路径就不同；磁化时所施加的磁场强度 H 越大，H 去除后的剩磁 B_r 也越大，为了克服剩磁所需的 $-H_c$ 也就大。在额定运行的励磁电流作用下，克服剩磁所需的磁场强度 $-H_c$ 称为矫顽力。

铁磁材料的剩磁实际上是由于其磁滞特性引起的，不同的铁磁材料，其磁滞特性一般不一样。也就是说，材料不同，矫顽力 $-H_c$ 与剩磁 B_r 一般也不同。铁磁材料的剩磁，既有不利的一面，也有有利的一面。在交流磁路中，铁磁材料反复被不同方向的交变磁场磁化，交变磁场要反复克服剩磁作用，将额外消耗能量，产生所谓的磁滞损耗，这是剩磁不利的一面。但利用剩磁可以制造永久磁铁，船用发电机还可利用剩磁进行自励起压（靠自己励磁建立电压），这是剩磁有利的一面。

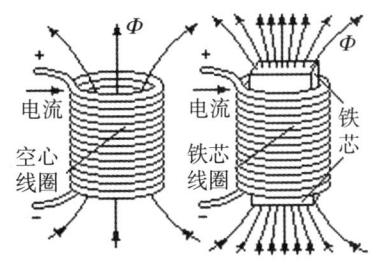

图 2-1-4　通电线圈的磁场

应该说明的是，在不施加反向磁场的条件下，剩磁也可以因振动和高温的影响而消失。船舶的机舱温度一般较高，船舶航行时又会产生一定的振动，所以船舶发电机磁路中的剩磁常常会自动消失。此时，可对发电机的磁路进行充磁以实现发电机的自励起压。

铁磁材料的磁性能主要有高磁导率、磁饱和、剩磁和磁滞性。高磁导率是铁磁材料与非铁磁材料的最主要区别。铁磁材料的磁导率通常很高，而非铁磁材料的

磁导率则与真空的磁导率差不多,真空的磁导率 $\mu_0 = 4\pi \times 10^{-7} \approx 1/800\,000$ H/m。线圈通入电流产生磁通的情况如图2-1-4所示,空心线圈的磁路由空气构成,线圈通入电流后产生的磁通或磁通密度较低(图中磁力线较少)。对于铁芯线圈,由于铁磁材料的磁导率高,线圈通入相同电流时产生的磁通或磁通密度较高(图中磁力线较多)。

【思维点拨】
为什么在通入相同电流的情况下,带铁芯的线圈比空心线圈产生的磁场强?

铁磁材料分类方法较多,按其性能不同可分为软磁材料、硬磁材料、矩磁材料三种。不同性能的铁磁材料,其磁滞回线形状是不同的,如图2-1-5所示。

软磁材料的特点:易磁化,易去磁,磁导率高,磁损耗小,剩磁很小,矫顽力很小。一般 $H_c < 10^3$ A/m 的铁磁材料可以认为是软磁材料。软磁材料磁滞回线所包围的面积小,但容易饱和,如图2-1-5(a)所示,主要用来制造电机、变压器等电器的铁芯。

硬磁材料的特点:磁导率相对较小,磁滞回线所包围的面积大,矫顽力大,剩磁大,不易磁化,不易去磁。一般 $H_c > 10^4$ A/m 的铁磁材料可以认为是硬磁材料。硬磁材料的磁滞回线所包围的面积大,如图2-1-5(b)所示,因此适用于制造用作储藏磁能和提供磁能的永久磁铁。

矩磁材料的特点与硬磁材料基本一样,其磁滞回线形状近似矩形,如图2-1-5(c)所示,称为矩磁材料。早期计算机的存储器就是利用矩磁材料的这个特性保存数据的。

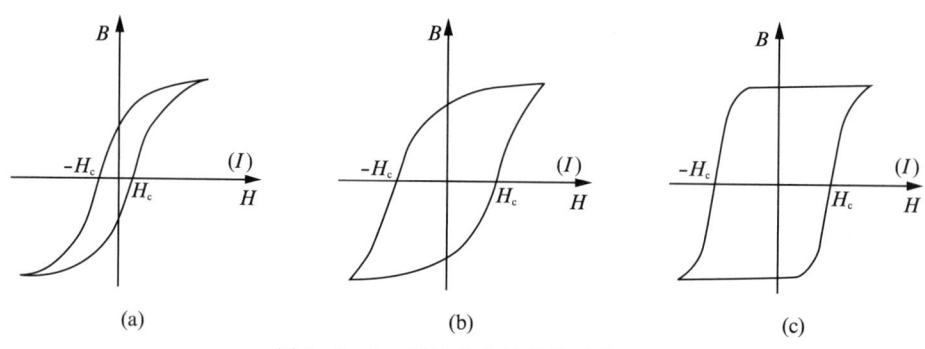

图 2-1-5 不同铁磁材料的磁滞回线

【思维点拨】
用铁磁材料作为用电器的铁芯好处是什么?电机等用电器为什么采用软磁材料?

3. 磁路及磁路欧姆定律

磁场的物理量与电场的物理量相似,实际计算相当麻烦,需要应用微积分等高等数学的知识。为简化分析,工程中往往将磁场的计算简化为磁路的计算。所谓磁路,就是由导磁材料构成的、集中通过磁通的磁闭合回路。或者说,磁路就是磁通通过的闭合回路,磁路主要由磁导能力高的材料构成。

几种常见的磁路如图 2-1-6 所示。由此可见：磁路主要由铁磁材料构成，也可以包含部分气隙；磁路应该是均匀的，或者至少是分段近似均匀的（以后若没有特别说明，都假设磁路是均匀或至少是分段均匀的）。

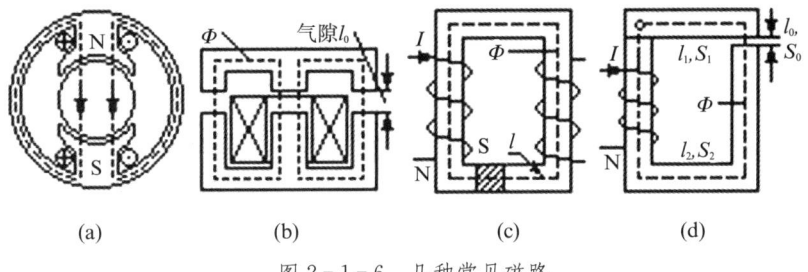

图 2-1-6 几种常见磁路

【思维点拨】
变压器采用闭合铁芯的好处是什么？电机等用电器采用带气隙的铁芯会造成什么影响？

对磁路的分析可采用与电路的类似的"磁路方法"来分析和计算。应该说明的是，磁路之所以可简化计算，是因从其工程特点出发，忽略一些次要因素。例如，磁路是由具有高导磁能力材料构成的，磁路旁边的非磁物质构成的回路的磁力作用很小，为了简化计算而被忽略。尽管进行必要的简化，在磁路中，有磁场强度 H，磁通 Φ 和磁感应强度 B 等物理量，只是其计算方法得到一定的简化。

在磁路中，由于忽略非磁物质构成的回路中的磁力作用，近似认为所有磁力作用都只存在于由具有高导磁能力材料构成的磁路中，由于磁路是均匀的，磁路的长度可采用平均长度。因此，磁路中的磁场强度 H 可以表示为

$$H = \sum I / l \qquad (2-1-3)$$

式中：l 为磁路的平均长度，单位为米（m）；$\sum I$ 为产生磁场的总电流，单位为安培（A）。对于具有 N 匝线圈的铁芯磁路，$\sum I = NI$。在磁路中，由于磁路是均匀的，各点磁感应强度 B 相同。因此根据磁通 Φ 定义有

$$\Phi = BS \qquad (2-1-4)$$

式中：B 为均匀磁路中的磁感应强度，单位为特斯拉（T）；Φ 为磁路中通过的磁通，单位为韦伯（Wb）；S 为均匀磁路的截面积，单位为平方米（m²）。式（2-1-4）还可以写成：

$$B = \Phi / S \qquad (2-1-5)$$

由式（2-1-5）可知，磁路中的磁感应强度 B 等于磁路通过的磁通 Φ 与磁路截面 S 的比值。或者说，磁路中的磁感应强度 B 是磁路中单位面积通过的磁通。单位面积通过的磁通可称为磁通密度。因此，在磁路的物理量中，通常将磁感应强度称为磁通密度。磁通密度的单位为：$1T$（特斯拉）$= Wb/m^2$（韦伯/平方米）。引入磁路的概念后，磁场的物理量仍然存在。为便于分析与计算，对照电路物理量，引入相应的磁路基本物理量：磁动势、磁

压降、磁通。

在磁路中,磁是由电流产生的,是由通电导体中流过的电流产生的。因此,产生磁的总电流称为该磁路的磁动势,用 F_m 表示,单位为 A(安培):

$$F_m = \sum I = IN \qquad (2-1-6)$$

式中:F_m 是线圈通入电流后产生的磁路磁动势;$\sum I$ 是产生磁的总电流,对于带铁芯的线圈,产生磁路磁动势的总电流就是线圈中流过的电流 I 与线圈的匝数 N 的乘积。

在磁动势的作用下,磁路有磁通通过。与电路相似,磁路具有导通磁通的能力,同时也对磁通具有一定的阻碍作用。描述磁路对磁通阻碍作用的参数是磁阻,用 R_m 表示。比照电阻的计算公式,磁阻的计算式为

$$R_m = \frac{l}{\mu S} \qquad (2-1-7)$$

式中:R_m 为磁路磁阻,单位为安培/韦伯,简称为安/韦(A/Wb);l 为磁路的总长,单位为米(m);S 为磁路横截面积,单位为平方米(m^2);μ 为磁路所用材料的磁导率,单位为亨利/米(H/m)。与电阻不同的是,磁阻一般不是常数,这是因为磁路的磁导率 μ 不是常数。

由式(2-1-2)~(2-1-4)可推导出磁路欧姆定律,即

$$\Phi = BS = \mu HS = \mu \frac{NI}{l} S = \frac{NI}{\frac{l}{\mu S}} = \frac{F_m}{R_m} \qquad (2-1-8)$$

从磁路欧姆定律可知,对某一铁芯线圈而言,若在铁芯组成的磁路中加进一小段空气隙会带来很大的磁阻,如果要保持磁路中的磁通不变,需要增加励磁电流。

必须注意磁路与电路有本质区别:①电路开路,即使有电动势,电路也不工作,无电流,而在磁路中,只要有磁动势,磁力线仍会通过空气隙,即磁路不存在开路现象;②在电路中,直流电流通过电阻要损耗能量,而在磁路中,恒定磁通通过磁阻时并不损耗能量。

4. 直流电磁铁

电磁铁由励磁线圈、带空气间隙且空气隙可变的铁芯、可动衔铁三部分组成,是常见的控制电器(继电器、接触器等)电气设备铁芯结构。在铁芯外面绕有励磁线圈,如果通入直流电就是直流电磁铁,直流电磁铁线圈中的电流仅与直流电源电压、线圈电阻有关,与铁芯空气间隙无关。只要电压稳定,线圈中的电流就稳定不变。因此,直流电磁铁线圈属于恒磁动势电器(其电流和匝数不变),线圈有了电流就产生电磁吸力,吸动可动衔铁,由可动衔铁再带动其他部件(如触点)动作。

电磁铁的可动衔铁受到的吸力 F 大小与磁极间的磁感应强度 B 的平方成正比,与磁极面积 S 也成正比。故 $F \propto B^2 S$。经过计算得

$$F = \frac{10^7}{8\pi} B^2 S \qquad (2-1-9)$$

吸力 F 的大小与铁芯空气间隙有关:当直流电磁铁线圈刚接入电源,此时空气间隙最大,磁阻最大,由于磁动势(NI)恒定,则磁通 Φ 最小,磁感应强度 B 也最小,吸力最小。这表明:刚开始吸时,空气间隙大时反而吸力小,吸合启动慢;一旦吸合后,空气间隙减小,磁

阻变小,线圈电感 L 最小,感抗最小,阻抗也最小,则流过线圈中电流最大。当吸合后,空气间隙最小,由于磁动势(NI)恒定,磁通 Φ 变大,磁感应强度 B 也变大。也就是说,吸合后,吸力反而变大,电流没必要仍维持那么大。直流电磁铁是一个恒磁动势电器(其电流与空气间隙无关),其吸力大小与空气间隙有关:间隙大,吸力小;间隙小,吸力大。

直流电磁铁常采用双线圈(一个启动线圈,一个维持线圈),两个线圈轮流工作:启动线圈保证吸合吸力大,维持线圈保证吸合后维持电流小。

> 〖思维点拨〗
> 直流电磁铁励磁线圈中电流与铁芯空气间隙无关有什么好处？它的吸力与铁芯空气间隙有什么关系？

5. 电磁效应与定律

电和磁是紧密相关的,物理学中介绍"电能生磁,磁变生电"形象地说明其间关系,这些关系体现在电磁效应及有关定律中,下面分别进行介绍。

1) 电流的磁效应

电流的磁效应是指导体通入电流,在其周围将产生磁场的现象。根据导体形状不同,通电导体产生磁场可分为:通电直导体周围产生磁场;通电螺旋状线圈产生磁场。

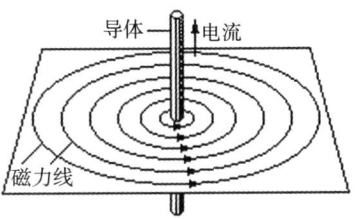

图 2-1-7 通电直导体产生磁场

通电直导体周围产生磁场情况如图 2-1-7 所示。当一根直导线通入直流电流后,在导线周围将产生磁场。这一磁场的磁力线分布为不同直径的同心圆,可以证明,当导体通过的电流增大,产生的磁场也增大。

通电直导体产生磁场的方向与电流的方向可用"右手螺旋定则"进行判断。当用右手螺旋定则判断方向时,应将右手的拇指伸出并使拇指指尖指向电流流动的方向,其他四个指头自然屈握,四个指头的方向就是电流产生的磁场的方向(即磁力线的方向)。

通电螺旋状线圈产生磁场情况如图 2-1-8 所示。当螺旋状线圈通入电流后,在螺旋状线圈导线周围将产生磁场。由于通电螺旋状线圈是一圈接一圈地紧紧靠在一起的,导线产生的磁力线发生变形,不再是同心圆,成为如图 2-1-8(a)所示的形状。通电螺旋状线圈产生的磁场方向也是用右手螺旋定则判断。不过,各手指所代表的量与直导体时不同。此时,四个指头方向与电流绕行流动方向一致,拇指指尖所指的方向为产生磁场的方向,如图 2-1-8(b)所示。

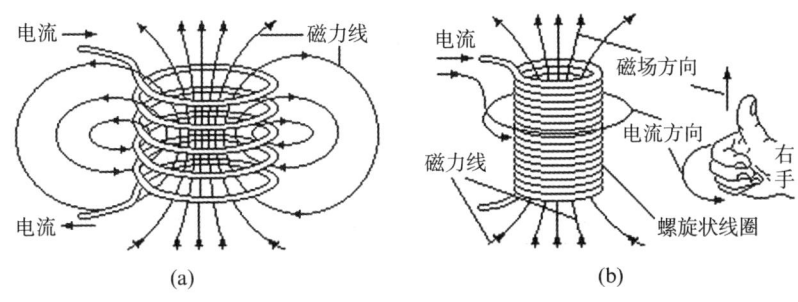

图 2-1-8 通电螺旋状线圈产生磁场

通电直导体周围产生磁场和通电螺旋状线圈产生磁场其实是一样的。图2-1-8(b)中,线圈导线中有电流通过,若从导线的截面来看,磁力线在线圈内部的方向是从下往上,磁力线在线圈外部的方向是从上往下;因此,从总体上看,就成了磁力线在线圈内部从下往上穿过,并符合"右手螺旋定则"。

2) 电流在磁场中的力效应

电流在磁场中的力效应是指处于磁场中的电流将受到电磁力的作用。电流的力效应可通过如图2-1-9所示的实验得到验证。将一根裸直导体ef放置在处于磁场中水平放置的两根导轨ac和bd上,磁场的两个磁极位置是:上面为N极,下面为S极。两根导轨与裸直导体的导电性能良好,导轨通过a,b两点用导线引出,与开关和电池相连。当开关断开时,回路中没有电流通过,裸直导体ef在磁场中不动,导体没有受到电磁力。将开关闭合回路接通,电流由电池正极经开关、a点、e点,通过直导体ef,再经过f点、b点回到电池的负极。此时,裸直导体受到自右向左的力的作用而左移。可以发现,单独改变流过导体的电流方向或单独改变磁场的方向,通电的裸直导体移动方向也随之改变,变成从左向右移动。在磁场中通电的裸直导体受力方向可通过左手定则判断:将左手自然伸直,手心向着磁场的N极(即想象磁力线从手心穿过达到手背),四个手指顺着通过裸直导体电流的方向展开,拇指自然伸直,拇指的方向就是裸直导体受力的方向。

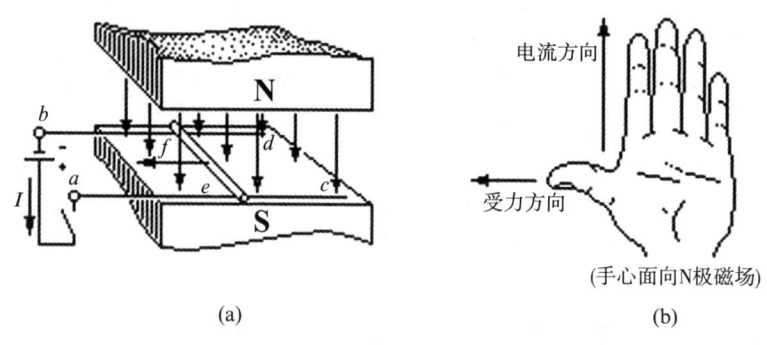

(a)   (b)

图2-1-9 磁场中的通电导体

电流在磁场中的力效应可用电磁力定律进行描述,电磁力定律就是讨论通电导体在磁场中受力情况的定律。电磁力定律可以表述为:①处于磁场中的通电导体受到力的作用,作用力的方向符合左手定则;②导体受力的大小与磁场强弱、电流大小及处于磁场中导线长度有关。受力大小,可以用数学表达式表示:

$$F=BIl \tag{2-1-10}$$

式中:F为通电导体在磁场中受到的电磁力,单位是牛顿(N);B为磁场的磁感应强度(磁通密度),单位是特斯拉(T)或韦伯/平方米(Wb/m^2);l为通电导体与磁场方向垂直的长度,单位是米(m);I为流过导体的电流,单位是安培(A)。

由式(2-1-10)可知,磁通密度越大,导体通过的电流越大,与磁场方向垂直的导体越长,其所受到的电磁力就越大。

应该注意的是:导线的长度必须是与磁场方向垂直的长度,若导线与磁场方向不垂直,如图1-2-10所示,则应用式(2-1-10)时,应先计算导线在磁场垂直方向上的长度l_x,或者直接利用下式计算:

$$F = BIl_x = BIl\sin\alpha \tag{2-1-11}$$

式中：α 是导线与磁场方向之间的夹角，$l_x = l\sin\alpha$ 为导线在磁场垂直方向上的长度。

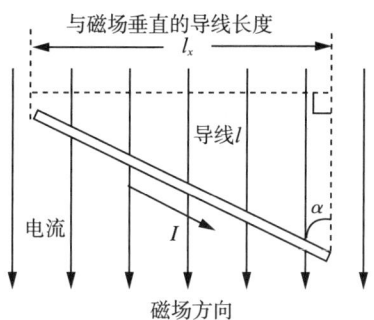

图 2-1-10　通电导体的长度

3）电磁感应现象及其定律

所谓"电磁感应"，是指处于变化磁场中的导体或线圈能够感应生成电的现象，可分别通过两种不同的情况进行说明：直导体感应电动势和线圈感应电动势。

(1) 直导体感应电动势。如图 2-1-11(a)所示，将一根裸直导体 ab 放置在磁场中，磁场的上磁极为 N 极，下磁极为 S 极，让直导体向右移动，使其切割磁场，直导体 ab 两端将感应电动势，感应电动势的方向与直导体切割磁场的方向符合右手定则，如图 2-1-11(b)所示。感应电动势的大小可用下式计算：

$$e = BlV \tag{2-1-12}$$

式中：B 为磁感应强度，单位特斯拉(T)；l 为切割磁场的导体的长度(切割导体两端点的间离)，单位米(m)；V 为导体在与磁力线垂直方向上的切割速度，单位米/秒(m/s)。

应用右手定则判断方向时，伸出右手并自然展开，手心朝向 N 极，拇指指向导体垂直切割磁力线的方向，其他四个指头所指方向就是产生电动势的方向。

注意：式(2-1-12)中 V 是指导体在磁力线垂直方向上移动的速度。若导体切割的方向与磁力线不垂直时，则应求出垂直切割方向上的速度，如图 2-1-12 所示。此时，感应电动势可采用下式计算：

$$e = BlV_x = BlV\sin\alpha \tag{2-1-13}$$

式中：α 为运动方向与磁场方向之间的夹角；$V_x = V\sin\alpha$ 为垂直切割方向上的速度。

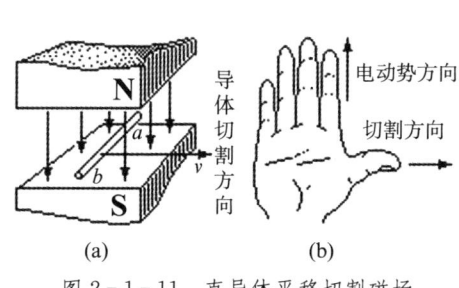

图 2-1-11　直导体平移切割磁场

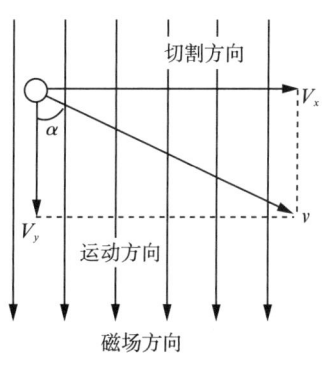

图 2-1-12　直导体切割方向

[思维点拨]
发电机就是导体切割磁力线产生电动势,那么让发电机产生高压可采取什么措施?

(2) 线圈的感应电动势。在介绍线圈感应电动势之前,首先看两个实验。第一个实验:将一个线圈 C1 和一个电流计 G 连接成如图 2-1-13(a)所示的闭合回路,电流计指针不动,表明线圈中没有感应电动势。取一根条形磁铁,N 极对准线圈,从图 2-1-13(a)所示线圈的右侧插入线圈。磁铁插入线圈瞬时,电流计指针正偏。磁铁插入线圈后保持不动,则指针逐渐回摆,并最终停下来。若此时再将磁铁从线圈中向右拔出,在磁铁拔出瞬时电流计反偏,然后回摆,最终停下来。第二个实验:取两个线圈 C1 和 C2,其中一个线圈 C1 与电流计连接,另一个经开关 S 与电池 E 连接,并将两个线圈按图 2-1-13(b)对准放置。将与线圈 C2 连接的开关 S 突然合上,可观察到,电流计在开关 S 合上的瞬时,指针正偏,然后指针逐渐回偏,最终停下来。若突然将开关 S 断开,则在开关断开瞬时,电流计指针反偏,然后指针逐渐回偏,最终也停止不动。若在图 2-1-13(b)所示的两个线圈中放入铁芯,上述现象更加明显。

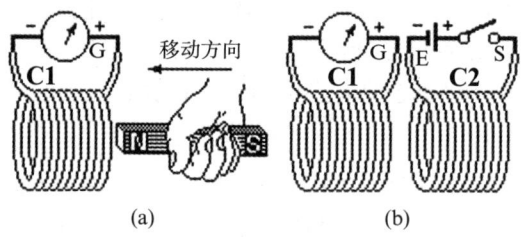

图 2-1-13 线圈感应电动势

从上面实验可见,不管是磁铁移动还是线圈 C2 通断电,穿过线圈 C1 的磁通都发生变化,线圈 C1 都将感应电动势并使电流计指针发生偏转。可以证明,线圈 C1 感应电动势大小与线圈 C1 交链的磁通变化率成正比("与线圈交链的磁通"意为"穿过线圈的磁通"),并可用下式计算:

$$e = \left| N \frac{d\Phi}{dt} \right| \qquad (2-1-14)$$

式(2-1-14)称为法拉第电磁感应定律,说明的是感应电动势大小与磁通变化大小之间的关系。法拉第电磁感应定律主要对线圈感应电动势大小进行说明,并未对感应电动势的方向进行规定。要确定感应电动势的方向与磁通变化方向之间的关系,就必须应用楞次定律。楞次定律指出:当闭合线圈回路在的磁通量发生变化时,回路中就有感生电流产生,感生电流的方向总是要使其产生的磁场阻碍闭合回路中原来磁通量的变化。将法拉第电磁感应定律与楞次定律结合,便可得到如下电磁感应定律:

$$e = -N \frac{d\Phi}{dt} \qquad (2-1-15)$$

式中:负号"一"表示感应电动势方向总是阻碍(或抵抗)磁通 Φ 的变化。

实际应用楞次定律判断线圈感应的电动势方向时,通常采用"右手螺旋定则"(如图 2-1-14所示)。在图 2-1-14(a)中:磁通增加,由感应电动势引起的电流就阻碍磁通的增加;磁通减少,引起的电流就阻碍磁通减少。图 2-1-14(b)是右手螺旋定则的说明:将右手拇指伸直,并指向阻碍磁通变化的方向,其他四指自然弯曲,四指弯曲的方向就是线圈中感应电动势(或感生电流)的方向。

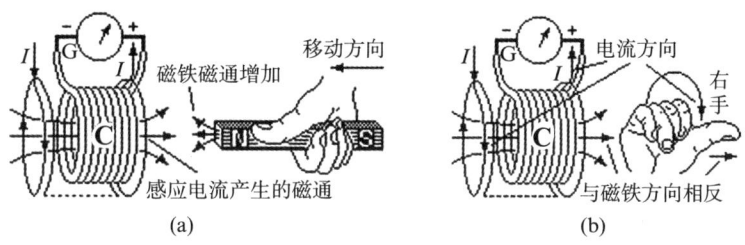

图 2-1-14 楞次定律

用楞次定律判断线圈感应的电动势方向的步骤是:第一步,判明原线圈中的磁场方向,并且判定磁场的变化趋势(增大还是减小);第二步,判明感应磁场的方向,即感应磁场的方向总是阻碍原磁场变化趋势,如果原磁场是增强的,那么感应磁场与原磁场方向相反,否则与原磁场方向相同;第三步,根据"右手螺旋定则",右手握住螺旋管,大拇指指向感应磁场方向,四指环绕方向就是感应电动势的方向,即由电源的负指向正。

(3) 磁链、自感与电感。根据电流的磁效应,当流过线圈自身的电流发生变化时,线圈的磁链将发生变化,并使线圈感应电动势。由于流过线圈自身的电流发生变化而使线圈感应电动势的现象称为自感现象。自感现象可通过如图 2-1-15 所示的实验进行说明。

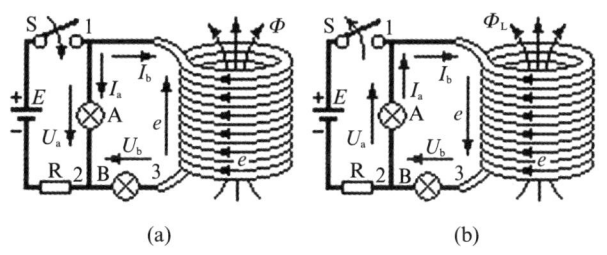

图 2-1-15 自感现象实验

假设:线圈导线电阻很小,可以忽略;小灯泡 A 和 B 完全相同。图 2-1-15(a)中的开关在闭合瞬间时,灯 A 立即点亮,灯 B 则一开始不亮,然后逐渐由暗变亮,最终与灯 A 一样亮。灯 B 的亮度之所以会发生变化,是因为线圈通电时,流过线圈的电流发生变化,线圈磁链变化,线圈感应电动势抵抗电源电压。由于感应电动势随磁链的变化而变化,因而灯 B 两端的电压和灯 B 的亮度是变化的。当最终流过线圈的电流稳定后,线圈磁链不变,感应电动势为 0,灯 B 与灯 A 一样亮。

若线圈稳定通电后,突然将开关 S 断开(如图 2-1-15(b)所示)。可以发现:虽然此时电源已经不对线圈提供电能,但线圈断开后,线圈的磁链再次变化,线圈再次感应电动势,由于线圈、灯 A 和 B 构成回路,感应电动势使灯 A 和 B 继续保持一段时间点亮。感应电动势对灯 A 和 B 供电时,线圈电流不断减小,感应电动势不断减小,灯 A 和 B 的亮度逐渐下降,直到灯 A 和 B 完全熄灭。

线圈自感现象实质是储存和释放能量的体现,当图 2-1-15(a)中的开关闭合时,线圈将电源提供的电能转换为磁能储存起来,表现为感应电动势阻止通过线圈的电流增加,因此在开关闭合瞬间灯 B 不亮。随着线圈储能结束,线圈允许电流通过,灯 B 点亮。当图 2-1-15(b)中的开关断开后,线圈储存的能量释放出来,表现为产生感应电动势提供电能,使灯 A 和 B 继续点亮。当线圈储存的能量释放完后,线圈的磁链及其变化率都为 0,线圈感应电动势也为 0,灯 A 和 B 完全熄灭。

线圈的自感现象是电磁感应的形式之一。因此,线圈感应电动势的方向仍然采用楞次定律判断,线圈感应电动势的大小也由式(2-1-15)计算。对于已经制好的线圈,其自感现象是线圈固有属性的一种体现。线圈的自感现象产生的自感电动势 e_L 为

$$e_L = -N\frac{d\Phi}{dt} = -L\frac{di}{dt} \qquad (2-1-16)$$

式(2-1-16)说明,线圈感应电动势正比于流过线圈的电流的变化率 di/dt,比例系数 L 是线圈自感系数,称为线圈的自感,简称自感或电感,单位为亨利(简称亨),用字母 H 表示。

对于已经制好的实际线圈,可以证明:线圈的自感只与线圈本身的结构尺寸有关,而与通过线圈的电流大小无关。具体地说,线圈的自感 L 与线圈产生磁通的路径的磁导率 μ、磁通路径的截面积 S 及线圈匝数 N 的平方成正比,而与磁通路径的长度 l 成反比。线圈的自感 L 可用公式表示为

$$L = \frac{\mu N^2 S}{l} \qquad (2-1-17)$$

式中:μ 为线圈产生磁通所通过的路径的磁导率;N 为线圈匝数;S 为铁芯磁路的截面积;l 为铁芯磁路的平均长度。由上述公式可知,电感 L 与磁导率 μ 有关,对于空心线圈,由于是常数,则电感 L 是常数且自感电动势 e_L 可用式(2-1-16)来计算;对于铁芯线圈,磁导率 μ 是变量,那么自感电动势 e_L 不可用式(2-1-16)来计算,只能用式(2-1-15)来计算。

综上所述,线圈具有阻碍自身变化的电流通过的特点,并以感应电动势的形式体现,这一现象称为自感现象,其是电磁感应的一种形式。自感现象的实质是能量的储存与释放:当通过线圈的电流增大时,线圈将电能转换为磁场能量进行储存;当通过的电流减小时,线圈将所储存的磁场能量转换电能释放出来。描述线圈自感现象的参数为自感系数,又称为线圈的电感。线圈的电感与通过线圈的电流无关,只与线圈自身的尺寸和磁路磁导率有关。

以上讨论可得出如下结论。①自感电动势 e_L 是由通过线圈本身的电流发生变化而产生的。②对于线性电感线圈(空心线圈)而言,自感电动势的大小等于线圈的电感与电流变化率的乘积。线圈的自感系数越大,电流变化率越快,自感电动势就越强。线圈通入直流电,自感电动势为零。③自感电动势的方向符合楞次定律,其总是阻碍线圈中电流的变化,所以电感线圈具有稳流作用。

自感对人们来说有利有弊。日光灯就是利用镇流器产生自感电动势点燃灯管的;滤波器中的扼流线圈在电路中起稳定电流的作用。含有大电感元件的电路被切断的瞬间,因电

感线圈两端产生很高的自感电动势,在开关刀口断开处产生电弧,容易烧坏刀口,或者容易击穿元器件,这都要尽量避免,一般做法为在线圈两端方向并联一个续流二极管释放电感线圈中的能量。

6. 铁芯损耗的产生及常见解决措施

铁芯损耗指在交变磁通作用下工作的铁芯产生的损耗。铁芯损耗包含两个部分:涡流损耗和磁滞损耗。

1) 涡流现象及涡流损耗

铁芯一般采用铁、镍、钴及其合金等铁磁材料制造而成。当穿过铁芯的磁通发生变化时,根据电磁感应定律,铁芯也将感应电动势,并在感应电动势的作用下产生电流。如图2-1-16所示,变化的电流 i 通过线圈,在铁芯中产生变化的磁通 Φ,这个变化的磁通在铁芯材料中也将感应电动势。由于铁芯材料是金属材料,铁芯感应电动势将引起感生电流。感生电流路径是不同直径的同心圆,因其形如旋涡而称为涡流。涡流现象的实质也是一种电磁感应现象,涡流大小与铁芯感应电动势成正比,感应电动势越大,涡流也越大。涡流大小也与铁芯导电性能有关,铁芯电阻越大,相同感应电动势下,涡流越小。

铁芯有电阻,感生的涡流在铁芯的金属材料上将产生能量损耗(I^2R),这种损耗称为涡流损耗,其与铁磁材料的磁滞损耗合而称为铁损。铁损使得电气设备的效率降低,铁芯受热,还会影响铁芯上的线圈使用寿命,使设备不能正常运行。若设铁芯的等效电阻为 R_e,感应电动势为 E_e,涡流为 I_e,则涡流产生的损耗 ΔP_e 为

$$\Delta P_e = I_e^2 R_e = E_e^2 / R_e \qquad (2-1-18)$$

由式(2-1-18)可知,当铁芯感应电动势 E_e 的值一定时,增大铁芯电阻,减小涡流,涡流损耗也将减小。具体做法是:可在钢材中加少量的硅以增加铁芯材料的电阻率;把整块硅钢做成厚度为 0.35~1 mm 的硅钢片,并且在硅钢片与硅钢片之间涂敷绝缘漆;然后把片状硅钢片叠压成铁芯。如图2-1-17所示,如果工作频率较高,常用电阻较大的铁氧体材料。用电器中的涡流损耗是有害的,但利用涡流产生的热量可以加热或冶炼金属的,如高频感应炉,机械式电度表中的铝盘转动也是利用铝盘中产生的涡流来驱动旋转的。

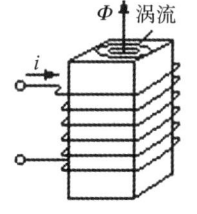
图2-1-16 铁芯涡流

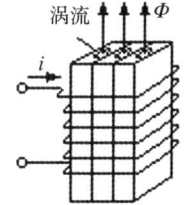
图2-1-17 硅钢片铁芯

2) 磁滞损耗

由于铁磁材料存在磁滞与剩磁现象,正如前面所说,当铁芯线圈通入交流电流时,为了克服剩磁,必须反复向磁路提供反向矫顽力,消耗电源提供的能量。铁芯所消耗的这部分能量(损耗)就称为磁滞损耗,其大小与铁磁材料的类型有关,材料的磁滞回线包围的面积反映材料的磁滞损耗大小。一般而言,软磁材料磁滞损耗较小,硬磁材料磁滞损耗较大。因此,电机和电器的铁芯通常采用软磁材料进行制造,以减少铁芯工作时产生的磁滞损耗。

【任务实施】
一、任务要求

根据提供的实验器材,能通过实验现象归纳、总结与磁体和电磁铁的磁性强弱相关的物理量、与电动机转速大小相关的物理量及与感应电流大小与速度关系,并通过自感现象理解自感电动势的存在和作用。

二、任务准备

需要准备的器材:漆包线绕制线圈,粗、细铁钉,滑动变阻器,直流电源,电流表,开关,灯泡,若干导线。

三、任务操作

1. 探究电磁铁磁性强弱与电流大小的关系

实验器材:电源、开关、滑动变阻器、电流表、一定匝数的线圈、导线、大头针。

实验步骤:(1)把电源、开关、滑动变阻器、电流表、一定匝数的线圈用导线连接起来,将滑动变阻器的滑片移置阻值最大处;

(2)闭合开关,读出电流表的示数,观察螺线管吸引大头针的个数;

(3)将滑片移置 1/2 阻值处,读出电流表的示数,观察螺线管吸引大头针的个数;

(4)将滑片移置阻值最小处,读出电流表的示数,观察螺线管吸引大头针的个数。

实验表格如下:

通过螺线管电流的大小	最小	较小	最大
吸引大头针的个数			

2. 探究电磁铁磁性强弱与线圈匝数的关系

实验器材:电源、开关、匝数较小的线圈、匝数较多的线圈、匝数最多的线圈、导线、大头针。

实验步骤:(1)把电源、开关、匝数较少的线圈用导线连接起来,闭合开关,观察螺线管吸引大头针的个数。

(2)断开开关,将匝数较少的线圈换成匝数较多的线圈,闭合开关,观察螺线管吸引大头针的个数。

(3)断开开关,将匝数较多的线圈换成匝数最多的线圈,闭合开关,观察螺线管吸引大头针的个数。

实验表格如下:

线圈匝数的多少	较少	较多	最多
吸引大头针的个数			

3. 探究电磁铁磁性强弱与铁芯粗细的关系

实验器材:电源、开关、一定匝数的线圈、导线、大头针、最细的铁钉、较细的铁钉、最粗的铁钉。

实验步骤:(1)把电源、开关、一定匝数的线圈用导线连接起来,插入最细的铁钉,闭合开关,观察螺线管吸引大头针的个数。

(2) 插入较细的铁钉,观察螺线管吸引大头针的个数。

(3) 插入最粗的铁钉,观察螺线管吸引大头针的个数。

实验表格如下:

铁钉粗细	最细	较细	最粗
吸引大头针的个数			

4. 探究直流电动机的转速与电流大小的关系(探究通电导体与电流大小的关系)

实验器材:电源、开关、滑动变阻器、电流表、直流电动机、导线。

实验步骤:(1) 把电源、开关、滑动变阻器、电流表、直流电动机用导线连接起来,将滑动变阻器的滑片移置阻值最大处。

(2) 闭合开关,读出电流表的示数,观察电动机转动的快慢。

(3) 将滑片移置1/2阻值处,读出电流表的示数,观察电动机转动的快慢。

(4) 将滑片移置阻值最小处,读出电流表的示数,观察电动机转动的快慢。

实验表格如下:

通过电动机电流的大小	最小	较小	最大
电动机转动的快慢			

5. 探究感应电流大小是否与导体运动快慢有关

实验器材:U型磁体、电流表、小灯泡、电源、开关、导体ab、导线。

实验步骤:(1) 把电流表、小灯泡、电源、导体ab、开关用导线连接起来。

(2) 闭合开关,将导体ab用最慢的速度在U型磁体磁场中向右做切割磁感线运动,观察电流表的示数。

(3) 将导体ab用较快的速度在U型磁体磁场中向右做切割磁感线运动,观察电流表的示数。

(4) 将导体ab用最快的速度在U型磁体磁场中向右做切割磁感线运动,观察电流表的示数。

实验表格如下:

导体ab运动数度的快慢	最慢	较快	最快
电流表的示数			

6. 自感实验

实验器材:漆包线绕制线圈,直流稳压电源,限流电阻,开关,两只小电泡,导线若干。

实验步骤:(1) 根据实验图(图2-1-18),将电源、限流电阻、小灯泡、开关、线圈等连接起来。

(2) 闭合开关,观察灯泡的明亮现象,关断开关,观察灯泡的明亮现象。

实验表格如下：

开关状态	灯泡 A	灯泡 B
闭合		
打开		

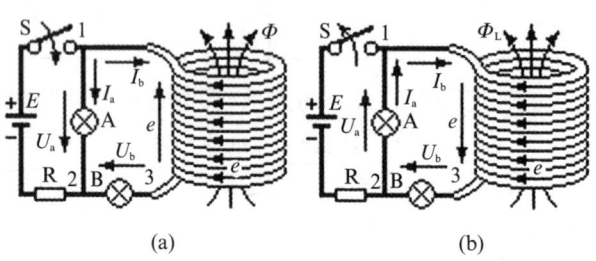

图 2-1-18 实验图

【任务评价】

任务考核要求及评分标准见表 2-1-2。

表 2-1-2 任务考核要求及评分标准

任务 1 电磁现象的认识						
班级：		姓名：			组号：	
任务	配分	考核要求	评分标准	扣分	得分	备注
接线与仪表读数	40	(1) 能按原理图正确接线； (2) 能正确连接仪表和电源； (3) 能正确仪表读数	(1) 接线不牢固，每处扣 2 分； (2) 接线错误，每处扣 2 分；损坏元器件或漏装，扣 5 分； (3) 不会仪表读数扣 5 分			
故障分析	20	(1) 能正确分析故障原因； (2) 能据故障现象判定故障范围	(1) 故障分析与现象不符，扣 2 分； (2) 故障范围分析过大，扣 1 分； (3) 不会分析，扣 10 分			
故障检修	30	(1) 正确使用仪表； (2) 检修方法正确； (3) 正确排除故障	(1) 错误使用仪表，扣 2 分； (2) 排除故障方法错误，扣 2 分； (3) 重复检修一次，扣 2 分			

(续表)

任务 1 电磁现象的认识						
班级：		姓名：			组号：	
任务	配分	考核要求	评分标准	扣分	得分	备注
安全、文明	10	(1) 安全用电,无人为损坏设备或器件现象； (2) 小组成员协同合作； (3) 遵守校纪、校规	(1) 发生安全事故,扣10分； (2) 人为损坏设备或器件,扣10分； (3) 不遵守纪律,不文明协作,扣5分			
时间			(1) 提前完成加2分； (2) 超时完成扣2分			
总分						

【任务练习】

(1) 空心线圈的电感是常数,而铁芯线圈的电感为什么不是常数？如果线圈的尺寸、形状和匝数相同,有铁芯与无铁芯时,哪个电感较大？铁芯线圈的铁芯在达到饱和与未饱和时,哪个电感较大？

(2) 电气设备为什么采用铁芯？采用铁芯有什么好处？有什么缺点？

(3) 电气设备采用闭合铁芯与开口铁芯有什么不同？为什么变压器采用闭合铁芯？

(4) 地球存在电磁场吗？指南针静止时什么极指向南极？

任务 2 变压器的认识和应用

【任务描述】

变压器是一种常见的电气设备,可用来把某种数值的交变电压变换为同频率的另一数值额定交变电压。变压器既能改变电压,又可以改变电流、变换阻抗等,是输电、配电、电工测量、电子技术等方面不可或缺的电器。通过此任务的训练,正确理解变压器的铭牌；掌握变压器一、二次侧的判定；掌握多绕组同名端判定,正确进行串、并联；掌握正确选用电流、电压互感器来扩大仪表量程的方法；掌握用钳形电流表测量交流电机起动电流和额定电流；掌握带互感器三相四线制电度表的接线和应用。

【学习目标】

(1) 能理解和应用变压器的结构和原理；学会多绕组变压器同极性端判定,进行正确的串、并连接。

(2) 学会正确使用自耦变压器、仪用互感器；掌握钳形电流表结构、原理及使用方法。

(3) 掌握正确选用互感器来扩大仪表量程的方法以及带互感器的三相四线制电度表的接线方法。

【相关知识】

1. 变压器的基本结构、作用和原理

变压器是利用电磁感应原理工作的静止电气设备(无转动部件),其主要功能:①将某一等级的交流电压变换为同频率的另一等级交流电压;②交流电流变换;③阻抗变换。双绕组变压器还具有电气隔离作用。变压器在船舶电力系统中主要用作照明变压器、电源变压器、电压互感器、电流互感器等。

1) 变压器的基本结构

变压器的种类很多,但其基本组成部分却是相同的,都是由闭合铁芯和套在铁芯外的绕组构成的。单相变压器一般情况由两个绕组构成:一个绕组接电源,称原绕组,又称一次侧绕组;另一个绕组接负载,称副绕组,又称二次侧绕组。变压器的基本结构形式如图2-2-1所示。

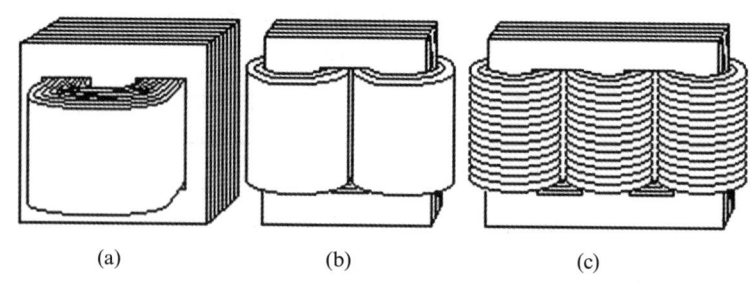

图2-2-1 变压器的基本结构形式

由图2-2-1可知,变压器有壳式和芯式两种基本结构形式。壳式变压器的两个线圈绕组都装在变压器铁芯柱上,两边未套绕组部分为变压器的铁轭(或称磁轭)。芯式单相变压器的两个铁芯柱上都套有变压器的绕组,其旁边没有铁轭保护。一般单相小容量变压器多采用壳式结构,而容量较大的单相变压器和三相变压器则多采用芯式结构(如图2-2-1(c)所示)。变压器铁芯采用相互绝缘硅钢片叠压而成,其目的是减少铁芯涡流损耗。

常见变压器冷却方式主要有:干式自冷变压器利用自身周围空气流通自行冷却的方式和浸油式变压器利用变压器油冷却的方式。为避免变压器油可能带来的火灾隐患,船上只允许使用干式变压器。由于干式变压器散热效果差,温升高,因此船用变压器要求采用B级以上绝缘。此外,船用变压器应能承受任何绕组端头短路所造成热效应和机械效应时长2 s而不损坏。

变压器铭牌参数(也就是额定值)主要有:

(1) 一次侧绕组的额定电压 U_{1N}。这是根据变压器的绝缘强度和容许发热而规定在一次侧绕组上应加的电源电压有效值大小,三相变压器指的是电源线电压的有效值。由于铁芯线圈加交流电压时的伏安特性在实际接电源时,一定不能大于一次侧绕组的额定电压。如图2-2-2所示。

铁芯线圈通交流电时,线圈中的阻抗为 $|Z|=\sqrt{R^2+X_L^2}$,线圈感抗 $X_L=2\pi fL$,由于线圈电感 L 与磁导率 μ 有关。从铁磁材料的磁化曲线可知,磁导率 μ 是一个变量,在开始磁化时,铁磁材料产生的磁感应强度 B 与外加磁场强度 H 成正比,磁导率 μ 几乎是常数,并

且最大,线圈电感 L 最大,这时线圈中的阻抗几乎为常数。所以,在所加电压较小时,如 OA 段,电流随外加电压几乎成正比增大;在 AB 段,随着磁化加强,磁导率 μ 随之减小,线圈电感 L 减小,则线圈中的阻抗减小,此时电流随着电压的增加而增加,当超过额定电压时,即使电压增加不多,线圈中的电流仍大大增加。若外加电压比额定值增加 20% 时,线圈中的电流可能达到额定电流的 2 倍以上。因此,在实际应用中必须注意,变压器、电动机等负载接电源时一定要遵照铭牌上标注的额定电压。

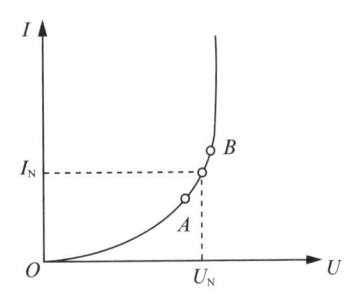

图 2-2-2 铁芯线圈的伏安特性曲线

[思维点拨]

为什么变压器一次侧绕组所加电压不能大于一次侧额定电压?在铁芯线圈被磁化过程中,磁导率 μ 怎样变?

(2) 二次侧绕组的额定电压 U_{2N}。当变压器空载(不带负载)时,一次侧绕组加额定电压时二次侧绕组感应的两端电压有效值,在三相变压器中指的是二次侧绕组的线电压的有效值。

(3) 一次侧绕组的额定电流 I_{1N}。这是指在设计时根据变压器的容许发热而规定的一次侧绕组中长期容许通过的最大电流值,在三相变压器中指的是线电流的有效值。

(4) 二次侧绕组的额定电流 I_{2N}。这是指在设计时根据变压器的容许发热而规定的二次侧绕组中长期容许通过的最大电流值,在三相变压器中指的是线电流的有效值。

(5) 额定容量 S_N。变压器的额定容量用视在功率表示。单相变压器的额定容量为二次侧绕组的额定电压 U_{2N} 与二次侧绕组的额定电流 I_{2N} 的乘积,单位为千伏安(kVA)或者伏安(VA),即

$$S_N = \frac{U_{2N} I_{2N}}{1\,000} \text{ kVA}$$

三相变压器的额定容量为

$$S_N = \frac{\sqrt{3} U_{2N} I_{2N}}{1\,000} \text{ kVA}$$

注意:不能把变压器的实际输出功率 P 与它的额定容量混为一谈。实际变压器提供的电能不仅满足有功负载,而且满足无功负载。在负载消耗功率相同的情况下,负载功率因数越高,它需要变压器的容量越小。所以提高负载功率因数对变压器的容量投资有很重要的意义。

[思维点拨]

为什么变压器的容量不用有功功率 kW 作单位,而用视在功率 kVA?

(6) 额定频率。这是外加变压器绕组上的电压容许频率。我国规定的标准频率为 50 Hz。除额定频率外,还有额定温升、油重、器身重、绝缘材料等级、连接组别等。其中,额定温升指变压器工作允许最高温度与国家规定的标准环境温度(陆地为 40 ℃,船上为 45 ℃)的温差。变压器结构和电路图形符号如图 2-2-3 所示。

2) 变压器的主要功能

变压器最基本的功能是进行电压变换,把一种等级交流电压变换为另一种等级交流电压,以适应不同用电负载对电压的要求。除电压变换外,变压器还具有电流变换、阻抗变换等功能。通过改变变压器一、二次侧绕组的连接方式,变压器还具有相位变换功能。此外,对于双绕组变压器,由于其一、二次侧绕组之间是绝缘的,它还可用作电气隔离的设备,使两部分电网相互隔开,对相互之间干扰有一定的抑制作用。下面仅就其主要功能进行说明。

(1) 空载运行和变压原理。变压器一次侧绕组接交流电源 u_1,一次侧绕组有电流 i_0 通过,建立的磁动势为 $N_1 i_0$,磁路中有两部分磁通 Φ 和 $\Phi_{\sigma 1}$,如图 2-2-4 所示。其中,Φ 与一、二次侧绕组同时交链,称为主磁通,路径是铁磁材料,磁阻较小,占一次侧绕组产生总磁通的绝大部分。

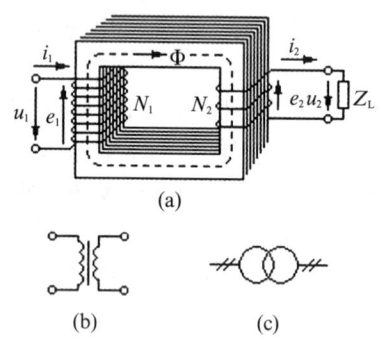

图 2-2-3 变压器的基本结构形式

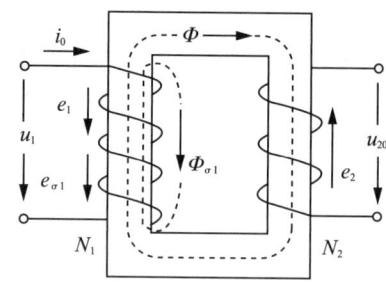

图 2-2-4 变压器的空载运行

$\Phi_{\sigma 1}$ 只与一次侧绕组交链,称为一次侧绕组的漏磁通,路径主要是空气,磁阻较大,所占比例较小。由于这些磁通都是交变磁通,因此一次侧绕组分别感应两个电动势:e_1 和 $e_{\sigma 1}$。

应用基尔霍夫 KVL 定律可得回路电压方程式为

$$u_1 = u_R + (-e_{\sigma 1}) + (-e_1)$$

式中:e_1 为主磁通感应电动势;$e_{\sigma 1}$ 为漏磁通感应电动势;u_R 为线圈电阻电压降。通常线圈电阻很小,并且漏磁通仅占主磁通的百分之几,因此,电阻电压降及漏磁通感应电动势与主磁通感应电动势比较起来可忽略不计。于是

$$u_1 \approx (-e_1)$$

主磁通与二次侧绕组交链,二次侧绕组感应电动势 e_2。若设主磁通 $\Phi = \Phi_m \sin \omega t$,根据电磁感应定律,可得

$$e_1 = -N_1 \frac{d(\Phi_m \sin \omega t)}{dt} = -N_1 \omega \Phi_m \sin(\omega t + 90°) \qquad (2-2-1)$$

其有效值为

$$E_1 = 4.44 N_1 f_1 \Phi_m, U_1 \approx E_1 = 4.44 N_1 f_1 \Phi_m \qquad (2-2-2)$$

式中：4.44 是 $\dfrac{2\pi}{\sqrt{2}}$ 的近似值；U_1 是一次侧绕组所加电源电压有效值；f_1 是电源频率；N_1 是一次侧绕组线圈匝数；Φ_m 是铁芯中的磁通最大值。

同理，二次侧绕组感应电动势有效值为

$$E_2 = 4.44 N_2 f_1 \Phi_m \qquad (2-2-3)$$

若忽略一次侧绕组漏磁电动势，一次侧绕组感应电动势约等于电源电压，即 $E_1 \approx U_1$，则一、二次侧电压之比为

$$\dfrac{U_1}{U_2} \approx \dfrac{E_1}{E_2} = \dfrac{N_1}{N_2} = K_u \qquad (2-2-4)$$

式中：K_u 为变压器的变压比，简称变比。$K_u > 1$，变压器降压；$K_u < 1$，变压器升压。变压器的升降压完全由一、二次侧绕组匝数比来确定。

由式(2-2-4)可知：只要合理选择变压器一、二次侧绕组的匝数，就可将电源电压按要求进行变换。变压器空载时，一次侧绕组的电流为空载电流 i_0，主要产生变压器主磁通，因此又称为励磁电流。因为变压器磁路无气隙，励磁电流一般很小，只为额定电流的 3%～10%。

应该说明的是，变压器铁芯尺寸一旦确定，磁路可通过的磁通和绕组所接电源电压都有一定限制。因为一般电力变压器磁路都工作在半饱和状态，由磁化曲线可知，磁路饱和时，即使大量增加励磁电流，磁通也不会有大幅增加。

(2) 有载运行与电流变换。变压器一次侧绕组接电源，二次侧绕组就可得到与电源电压等级不同的交流电压。如果在如图 2-2-4 所示的变压器二次侧接上电负载，二次侧绕组感应的交流电压 U_{20} 就可向负载供电。变压器通过二次侧绕组向负载供电，称为变压器的负载运行。

变压器一次侧绕组通电后，若二次侧绕组与负载连接，则二次侧绕组感应电动势 E_2 将向负载输出电流。由于变压器损耗较小，若设变压器从电源吸收视在功率为 S_1，输出视在功率为 S_2，忽略变压器空载损耗时有 $U_1 I_1 = S_1 \approx S_2 = U_2 I_2$，由此可得变压器一、二次侧绕组电流关系为

$$\dfrac{I_1}{I_2} \approx \dfrac{U_2}{U_1} = \dfrac{N_2}{N_1} = \dfrac{1}{K_u} \qquad (2-2-5)$$

由式(2-2-5)可知，变压器不但具有变压功能，同时也具有电流变换功能。只要适当选择变压器一、二次侧绕组匝数之比，变压器同样可实现电流变换。

〖思维点拨〗
  变压器一次侧绕组电流随着二次侧电流增加而减小吗？变压器负载增加意味着什么？

变压器空载时,一次侧电流为空载电流 i_0,当一次侧绕组与负载连接时,产生电流 i_2,此时一次侧电流由空载电流 i_0 增加为 i_1,变压器一次侧电流随着二次侧电流的增加而增加。即变压器随着负载的增加,一、二次侧绕组电流 i_1 和 i_2 也将增大。

变压器二次侧输出功率 $P_2=U_2I_2\cos\varphi_2$ 与一次侧的输入功率 $P_1=U_1I_1\cos\varphi_1$ 之比,称为变压器的效率 η,即

$$\eta=\frac{P_2}{P_1}=\frac{P_2}{P_2+p_{Fe}+p_{Cu}}\times100\% \qquad (2-2-6)$$

只要电源电压不变,变压器的铁损耗基本不变,因此又称为不变损耗;变压器铜损随负载变化而变化,因此又称为可变损耗。变压器最大效率一般发生在额定负荷的 60%~80% 之间。额定负荷时,变压器额定效率通常在 95% 以上。

此时 $P_1\approx P_2$,即

$$U_1I_1\cos\varphi_1\approx U_2I_2\cos\varphi_2$$

故

$$\cos\varphi_1\approx\cos\varphi_2$$

上式说明,在接近额定负载时,变压器的功率因数近似等于变压器的负载功率因数。即一次侧电路的性质(阻抗的性质)由二次侧的负载性质决定。

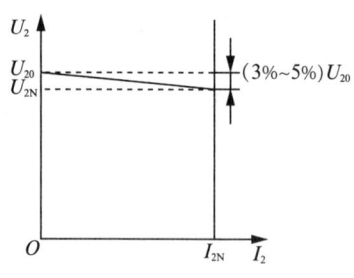

图 2-2-5 变压器外特性

变压器空载时,二次侧绕组输出电压($U_{20}=E_2$)最大;当有载时,随着二次侧绕组输出电流的增加,二次侧绕组输出电压略有变化。当电源电压 U_1 和负载的功率因数为常数时,二次侧电压 U_2 随负载电流 I_2 变化的关系 $U_2=f(I_2)$ 曲线,称为变压器外特性曲线。对电阻性和电感性负载而言,U_2 随 I_2 略有下降,如图 2-2-5 所示。

为了解二次侧电压随负载变化的情况,可通过变压器的外特性进行分析。若变压器漏阻抗不同,负载性质不同,其外特性曲线也不一样。船用变压器一般带感性负载,电压随负载电流的增加而下降。从空载到额定负载时二次侧电压变化的程度可用电压变化率 $\Delta u\%$ 来衡量,即

$$\Delta u\%=\frac{U_{20}-U_2}{U_{20}}\times100\% \qquad (2-2-7)$$

容量较大的变压器,其内阻抗很小,一般电压变化率不超过 5%,大多为 2%~3%。电压变化率是变压器的一个重要参数,如果电压变化率较大,其供电电压随负载而变化,影响负载的正常工作。

我国《钢质海船建造规范》(以下简称《规范》)对船用照明变压器的电压变化率进行规定,要求:单相额定容量大于 5 kVA 和三相大于 15 kVA 的变压器,电压变化率不超过 2.5%;单相额定容量小于或等于 5 kVA 和三相等于或小于 15 kVA 的变压器,电压变化率不超过 5%。

例 2-2-1 一台单相变压器,一次侧绕组额定电压 $U_{1N}=3\,000$ V,二次侧开路时 $U_{20}=230$ V。当二次侧接入电阻性负载并达到满载时,$I_2=40$ A,$U_2=220$ V。若变压器的效率 $\eta=95\%$,求变压器原方电流 I_1,变压器的功率损耗 ΔP,电压变化率 ΔU。

解：二次侧输出的电功率为
$$P_2 = 220 \times 40 = 8\,800 \text{ W}$$

一次侧输入的电功率为
$$P_1 = \frac{P_2}{\eta} = 9\,236 \text{ W}$$

一次侧电流为 $\quad I_1 = \dfrac{P_1}{U_1} = 3.08 \text{ A}$

变压器的功率损耗为 $\quad \Delta P = P_1 - P_2 = 463 \text{ W}$

变压器的电压变化率为
$$\Delta U = \frac{U_{20} - U_2}{U_{20}} \times 100\% = \frac{230 - 220}{230} \times 100\% = 4.34\%$$

(3) 阻抗变换。变压器除具有变化电压、变化电流的作用外，还可以用来实现阻抗的变换，从而使负载与信号源相匹配，以确保负载获得最大的功率，这在电子线路中有着广泛的应用。

所谓阻抗变换，是指选取不同的匝数比 K_u，把二次侧的负载阻抗 $|Z_L|$ 变换为另一种数值的一次侧电路的等效阻抗 $|Z_L'|$，如图 2-2-6 所示。

变压器二次侧实际连接有负载阻抗 Z_L，但对于变压器的电源而言，变压器及其负载（虚线框所包围的电路）相当于连接一个阻抗值为 $|Z_L'|$ 的阻抗：

$$|Z_L'| = \frac{U_1}{I_1} \approx \frac{K_u U_2}{I_2/K_u} = K_u^2 \frac{U_2}{I_2} = K_u^2 |Z_L| \qquad (2-2-8)$$

由式(2-2-8)可知，对于交流电压 U_1，如图 2-2-6(a) 所示的实际变压器负载 $|Z_L|$，可等效为如图 2-2-6(b) 所示的阻抗 $|Z_L'|$。变压器阻抗变换功能常用在需要阻抗匹配的场合。对于需要阻抗匹配而实际负载又不能满足要求的电路，在电路与负载之间连接变比适合的一个变压器，即可实现阻抗的匹配要求。

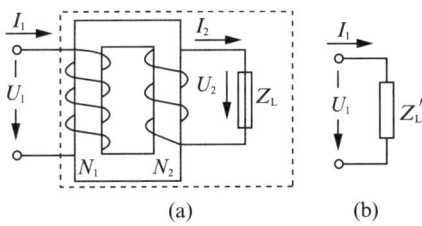

图 2-2-6 变压器阻抗变换

[思维点拨]

变压器具有阻抗变化作用，怎样用变压器实现负载阻抗的匹配？

3) 变压器绕组的同极性端及其测定

有些变压器具有几个相同的一次侧绕组和几个二次侧绕组,称为多绕组变压器。这样可适应两种不同的电源电压和提供几个不同的输出电压。在使用这种变压器时,首先需要辨别出绕组的同极性端(又称同名端),而后才能对绕组进行正确的串联和并联。

两个绕组的同极性端是指在磁心材料上绕向相同的端,绕向不同的端称为异极性端。在变压器上同极性端往往用标有圆点的记号"·"表示,为了便于区别,仅在两个绕组的一对同极性端上做记号,另两个不做记号也是同名端。

如果两个一次侧绕组相同,额定电压都是 110 V,要接在 220 V 的电源上,应把两个绕组正确串联,方法是把两个绕组的异极性端连接在一起,其他两个端接 220 V 电源。如果电源电压是 110 V,那么两个绕组要正确并联,方法是把两绕组的同极性端分别连接起来再接入电源。如果接错,两个绕组的磁通相互抵消,线圈中流过很大的电流,从而将变压器一次侧绕组烧毁。同样两个二次侧绕组进行串联和并联也必须根据同极性端进行正确连接。

只要知道绕组的绕向就可判定绕组的同极性端,但变压器、电机定子绕组等设备绕组都进行浸漆处理,且安装在封闭的铁壳中,从外观根本无法辨认绕组的绕向,必须用实验的方法测定。

(1) 直流法。需要一个直流电源(两节 1 号干电池串联获得 3 V 电压),一个直流电压表(直流毫安表),绕组接线如图 2-2-7(a) 所示。A 绕组经开关 S 与直流电源相连,B 绕组与直流电压表连接。当开关 S 闭合时,就有随时间逐渐增大的电流从电源正极流入绕组 A 的 1 端。若此时电表指针正向偏转,则绕组 A 的 1 端与绕组的 3 端是同名端。若反转,则 1 与 4 端是同名端。

(2) 交流法。需要一个低压交流电源(用自耦变压器获得 36 V 电压),一个交流电压表,如图 2-2-7(b) 所示。将两个绕组任意两个接线端(如 2 与 4 端)短接,将其中一个绕组(如 A)接低压交流电源,用交流电压表分别测量 U_{12},U_{34},U_{13}。如果 $U_{13}=U_{12}+U_{34}$,则相连接的 2 与 4 端是异名端;如果 U_{13} 是 U_{12} 与 U_{34} 之差,则 2 与 4 端是同名端。

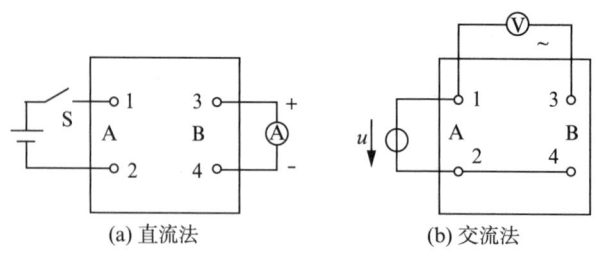

图 2-2-7 绕组同极性的测定

4) 交流电磁铁

交流电磁铁、交流接触器等电器应用很广泛。这些电器的铁芯有一个共同特点,就是中间有一段空气间隙,在铁芯外绕有交流励磁绕组,流过励磁绕组中的电流不仅与电源电压有效值有关,而且与空气间隙有关。因为空气间隙影响磁阻,而磁阻影响线圈电感 L,也就影响线圈感抗大小,从而影响线圈中的电流。

交流电磁铁线圈刚接入电源,此时空气间隙最大,磁阻最大,线圈电感 L 最小,感抗最小,阻抗也最小,则流过线圈中电流最大。当吸合后,空气间隙最小,磁阻最小,线圈电感 L 最大,感抗最大,阻抗也最大,则流过线圈中电流最小。因此,交流电磁铁线圈中的电流与空气间隙有关,如果电磁铁吸合时间长,则线圈中大电流维持时间长,线圈会发热受损,甚至烧毁。

交流电磁铁的可动衔铁受到的吸力 F 大小与磁极间的磁感应强度 B 的平方成正比,与磁极面积 S 也成正比。故 $F\propto B^2 S$。经过计算得到

$$F = \frac{10^7}{8\pi} B^2 S \qquad (2-2-9)$$

此处的吸力 F 为平均吸力。因为交流电磁铁线圈产生的磁通、磁感应强度都是随电流交替变化的,因此产生的电磁吸力 F 也是交替变化的。当磁感应强度为零时,吸力 F 也为零;当磁感应强度为正向或反向最大时,吸力也最大。这样衔铁受到的吸力在零与最大值间脉动,并以两倍频在颤动发出噪声,容易烧坏触点。为了消除这一现象,可在磁极的端面上套上短路环(由金属制作的闭合环),这样穿过短路环中的磁通发生变化时产生感应磁通阻碍原磁通的变化。当线圈中电流为零时,磁通较小,感应磁通阻碍减小,这样就保证吸力为零的现象消失,从而消除噪声。

研究平均吸力与空气间隙的关系。当交流电磁铁刚吸时,由于空气间隙最大,磁阻最大,同时此时线圈中电流也最大,这样磁通几乎不变,造成吸力几乎不变。因此,交流电磁铁是恒吸力电器。

交流电磁铁与直流电磁铁的外形、结构和基本工作原理区别并不大,但在电磁关系上却有很大的不同:

(1) 直流电磁铁的励磁电流、磁动势是恒定不变的,而在交流电磁铁中却是交替变化的。

(2) 交流电磁铁铁芯中产生铁磁损耗,为减小损耗,铁芯采用硅钢片叠加而成,而直流电磁铁采用整块软钢铁芯制成。为避免出现吸力为零,在交流电磁铁铁芯端面上安装短路环。

(3) 直流电磁铁的励磁电流仅与外加电压和线圈电阻有关,与铁芯间隙无关;交流电磁铁线圈中电流有效值大小与铁芯间隙有关,间隙大,则电流大,因此要避免长时间吸合。

(4) 交、直流电磁铁不能互换使用:交流电磁铁在交流电中有感抗的存在,而在直流电源上无感抗,如果互换使用会导致其烧毁;如果把直流电磁铁接入交流电源上,因为增加感抗,电流变小,不能正常吸合。

(5) 直流电磁铁属于恒磁动势电器,吸合过程中,电流不变,吸力增加;交流电磁铁近似属于恒吸力电器,吸合过程中,电流减小,吸力变化不大。

〖思维点拨〗
　　交流电磁铁在使用时如果吸合时间长会带来什么后果?如果不能立即吸合应怎么做?

2. 三相变压器的组成与应用

(1) 三相电压变换

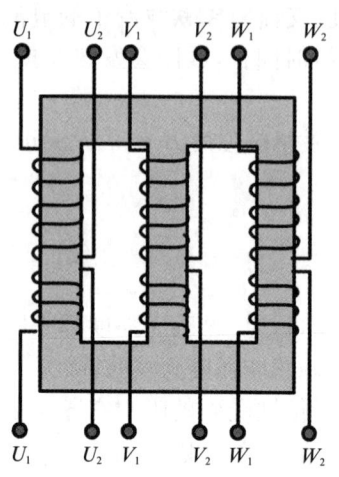

图 2-2-8 三相变压器结构

三相电压变换采用三相变压器,其一、二次侧各有三个绕组。三相变压器有组式和芯式两种结构:三相组式变压器由三个完全一样的单相变压器组合而成,三个单相变压器的铁芯磁路相互独立;三相芯式变压器采用"日"字形铁芯,每个铁芯柱上分别有一个一次侧绕组和一个二次侧绕组,三相变压器每相磁通通过的路径相互重叠影响,即每相磁通不仅以本相铁芯作为磁路,也将其他两相铁芯作为磁通通过的回路。三相芯式变压器的铁芯结构由三相组式变压器铁芯演变而来,如图 2-2-8 所示。

三相电压变压器一、二次侧绕组各有六个接线端,可连接成星形(Y形)或三角形(D形)。新的国家标准规定,星形连接用 Y 或 y 表示,三角形连接用 D 或 d 表示。大写字母表示一次侧绕组连接形式,小写字母表示二次侧绕组连接形式。因此,三相变压器有五种标准连接组:Y,y_n;Y,d;Y_N,d;Y,y;Y_N,y,其中,前三种最常用。我国一般采用 Y,y_n 和 Y,d 两种基本连接形式,其中,Y,yn 连接组的一、二次侧均采用星形接法。由于三相变压器实际是三个单相变压器的组合,设原先单相变压器的变比为 K,那么三个单相变压器接成三相变压器,由于三相变压器的变比为一、二次侧的线电压之比,一次侧线电压为一次侧相电压的 $\sqrt{3}$ 倍,二次侧线电压为二次侧相电压的 $\sqrt{3}$ 倍,因此,三相变压器的变比就等于单相变压器变比。Y,d 连接组一次侧采用星形,二次侧采用三角形,设原先单相变压器的变比为 K,那么三个单相变压器接成三相变压器,由于三相变压器的变比为一、二次侧的线电压之比,一次侧线电压为一次侧相电压的 $\sqrt{3}$ 倍,二次侧接成三角形,二次侧线电压就等于二次侧相电压,则三相变压器的变比为 $\sqrt{3}K$。

〖思维点拨〗
三相变压器采用 Y,d 连接时,它的好处是什么?又要特别注意什么?

二次侧接成三角形一定要注意,连接点一定是异名端连接,即正确串联。如果连接正确,二次侧回路无电压;只要有一相绕组头尾(同名端)端接反,二次侧三角形回路有电压,将在回路内产生很大环流而烧毁变压器。因此,二次侧接成三角形之前一定要检查回路是否有电压。

在船上,三相变压器的应用形式主要有照明变压器、电源变压器、控制变压器和电焊变压器等。控制变压器主要用于各种控制系统,其功能包括:防止触电,方便获取合适的电压,防止不同的电气回路相互干扰的电气隔离等。电源变压器的功能是功率传送、电压变换和绝缘隔离,在电源技术和电力电子技术等方面应用较广。下面主要讨论船上的照明变压器和电焊变压器。

(2) 船用照明变压器

船舶交流电网通常采用中性点对地绝缘的三相三线制,同步发电机发出的三相交流电通过三根相线向船舶 380 V 电网供电,为得到 220 V 的照明电压,需要通过照明变压器进行电压变换,如图 2-2-9 所示。

在船上,照明变压器是重要设备之一。我国规范规定,船用变压器必须采用 B 级或以上绝缘等级,其冷却方式只能采用干式,不允许采用油浸式冷却方式。作为重要设备的船用照明变压器,为保证其可靠工作及防抗故障的能力,不仅要保证其有充足的容量,配备时应保证船舶照明变压器在出现故障后可继续工作。

船舶照明变压器的配备方案通常有两种:①配备两台三相芯式变压器,一台工作,另一台备用;②配备一台三相组式变压器,即配备三台单相变压器,用这三台单相变压器组成 D 连接的三相变压器组。一旦某相变压器故障,将剩下的两台单相变压器改为 V,v(又称为开口三角形)连接,继续向重要的三相照明负载提供三相电能(如图 2-2-10 所示)。下面主要介绍 V,v 连接提供三相电能的原理。

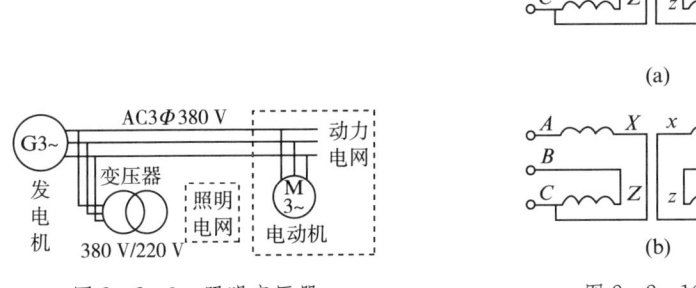

图 2-2-9 照明变压器　　　图 2-2-10 变压器 V,v 连接

三相变压器组正常工作时为 D,d 连接,如图 2-2-10(a)所示。若设 B 相故障,将 B 相单相变压器的一、二次侧绕组同时去除,接成如图 2-2-10(b)所示的 V,v 连接。需要说明的是,三相变压器组中,某相发生故障时,不管一、二次侧绕组是否都损坏,都必须将该相一、二次侧绕组同时拿掉。不允许将未损坏的一次侧绕组或二次侧绕组保持三角形连接继续使用,否则将造成新的短路故障。例如,设 B 相的一次侧绕组损坏,而二次侧绕组未损坏,若将 B 相二次侧绕组与 A,C 相的二次侧绕组保持三角形连接,而把 B 相损坏的一次侧绕组拿掉,由于 B 相已经没有一次侧绕组,其二次侧绕组感应电动势为 0,将导致 A,C 相的二次侧绕组直接短路,不仅不能正常向负载提供三相交流电压,而且将使 A,C 两相绕组损坏。

三相组式变压器采用 V,v 连接,虽然仍可提供三相交流电,但其输出容量将减少。可以证明,在保证绕组通过电流不超过其额定值时,V,v 连接所能提供给负载的三相视载功率 S_V,约为 D 连接时三相视载功率 S_V 的 58.0%。还可证明,V,v 连接时两台单相变压器的利用率 S_V/S_D 约为 86.6%。

由此可见,采用三相变压器组的主要特点是:备用容量小,发生故障时允许输出容量低,变压器的利用率低。三相芯式变压器的主要特点是:使用方便,备用替换操作简单、快速,备用容量较大,初次投资较大。

3. 特殊变压器

1) 自耦变压器

普通变压器至少有两个绕组,一、二次侧绕组相互绝缘,只有磁耦合而无直接的电联系。自耦变压器只有一个绕组,即一、二次侧公用一个绕组,整绕组作为一次侧绕组接电源,二次侧绕组通过滑动头取自一次侧整绕组的部分。这样一、二次侧绕组不仅有磁的联系,而且有电的联系。自耦变压器的结构如图 2-2-11 所示。

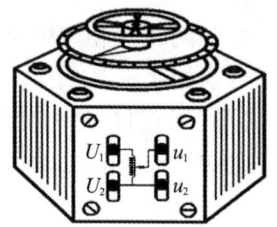 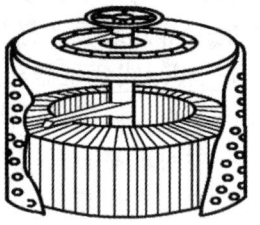

图 2-2-11 自耦变压器的结构

自耦变压器的基本工作原理与普通双绕组变压器相同,同样为一、二次侧电压比等于一、二次侧匝数比,通过改变滑动头的位置,实际改变二次侧匝数,从而改变二次侧电压的输出。自耦变压器的结构如图 2-2-12 所示。

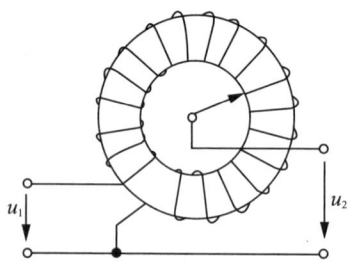 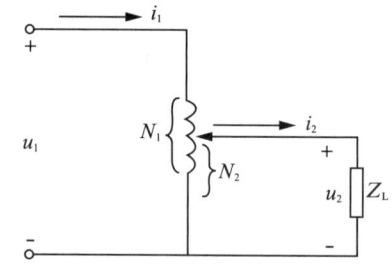

图 2-2-12 自耦变压器的结构

自耦变压器的优点是:效率高、省铜线、制造简单、价廉且体积小、质量轻。自耦变压器的缺点是:一、二次侧电路有电的直接联系,故一、二次侧电路绝缘应用同一等级,其变压比一般不超过 1.5~2.0;若线路接错会发生触电事故,因此,不能作为安全变压器使用,安全变压器一定采用一、二次侧相互绝缘的双绕组变压器。

2) 仪用互感器

在高电压、大电流的线路中,通常不能直接用仪表测量电压和电流,必须利用特制的仪表变压器将高电压降为低电压、大电流变为小电流后,再进行测量。这样可以让测量仪表与高电压电路绝缘,以保证测量人员和仪表的安全,并可扩大仪表的量程。这种专用仪表互感器称为仪用互感器。根据用途不同,互感器可分为电压互感器和电流互感器。

电压和电流互感器的基本结构及工作原理与普通双绕组变压器没有实质性区别。其都是用来测量的,都属于仪用互感器,所以要求精确度较高,因此,其在制造材料和制造工艺等方面的要求比普通电力变压器高。普通变压器的磁路一般工作在半饱和状态,而互感器的磁路则必须工作在不饱和状态,只有这样才能保证其测量精度。

(1) 电压互感器及其使用注意事项。在电压较高的场合,常采用电压互感器将高电压变换为低电压,供电压表测量指示或作为控制线路控制电压信号。有时虽然电压等级较低,但为保证不同回路的信号相互不产生干扰,通常要求采用电压互感器进行隔离。电压互感器实物如图2-2-13所示。

电压互感器的主要作用是将高电压变换成低电压,其二次侧标准额定输出电压为100 V。在测量不同等级的高压时,只要选用不同变压比的电压互感器与电压表配套使用(如10 000/100,380/100),电压表的刻度直接按高压侧的电压值标出,不需要再换算。电压互感器的典型负载是电压表,属于高阻抗测量仪表。因此,电压互感器实质是一台工作在空载状态下的降压变压器。电压互感器一次侧绕组要求承受高电压,因此匝数较多;二次侧绕组则正好相反,是一个匝数相对较少的绕组。

图2-2-13 电压互感器实物

为保证人身和设备安全,电压互感器使用时必须注意:①铁芯和二次侧绕组的一端必须可靠接地;②工作时二次侧绕组绝对不允许短路;③所带的负载阻抗不能太小。

电压互感器的铁芯和二次侧绕组的一端可靠接地,可避免由于绝缘老化或其他因素导致绝缘下降时,一次侧绕组所连接的高电压对人或设备造成威胁。使用时二次侧绕组绝对不允许短路,以保护互感器本身,一旦二次侧绕组短路,将产生很大的短路电流,损坏电压互感器的一、二次侧绕组。出于精度方面的考虑,电压互感器所带的负载阻抗不能太小。电压互感器的容量一般较小,短路阻抗较大,工作电流较小。若所连接的负载阻抗太小,则负载电流较大,短路阻抗产生的压降将较大,二次侧输出的电压将降低,影响测量精度。

(2) 电流互感器及其使用注意事项。电流互感器主要作用是将大电流变换成小电流,其二次侧标准输出电流有5 A和1 A两种。5 A互感器一般作为电流测量仪表或继电保护电路控制;1 A互感器通常用作小电流的控制系统。电流互感器一次侧匝数较少(一匝到几匝),二次侧匝数较多,使用时把一次侧串接于被测电路中,而二次侧则与电流表相连。电流互感器的典型负载是电流表,属于低阻抗测量仪表。因此电流互感器实质是一台工作在短路状态下的升压变压器。电流互感器一次侧绕组要求通过被测电路的大电流,且要求不对被测电路产生影响。因此,电流互感器一次侧绕组的匝数较少(常常只有一匝)。一次侧绕组线径很粗,一般与被测电路导线截面相同。电流互感器二次侧绕组正好相反,是一个匝数多、线径细的绕组。电流互感器实物如图2-2-14所示。

为保证人身和设备安全,电流互感器使用时应注意:①铁芯和二次侧绕组的一端必须可靠接地;②工作时二次侧回路不允许开路;③负载阻抗不能太大。

与电压互感器相同,电流互感器一次侧所接电路的一般电压等级也较高。为避免由于绝缘下降等造成对人或设备的威胁,使用时电流互感器铁芯和二次侧绕组的一端必须可靠接地。

(a) (b)

图 2-2-14 电流互感器实物

由于电流互感器的实质是工作在短路状态下的升压变压器,一旦工作时二次侧回路出现断路故障,二次侧绕组将感应高电压,危及人身或设备安全。更重要的是,正常工作时电流互感器二次侧绕组通过的短路电流对一次侧绕组电流建立的磁动势具有去磁作用。一旦工作时二次侧断路,二次侧绕组建立的去磁磁动势为零,一次侧绕组电流建立磁动势将使互感器铁芯严重饱和。由于铁磁材料具有磁滞特性,严重饱和的铁芯将直接造成电流互感器损坏。电流互感器负载是低阻抗的负载,若负载阻抗较大,将影响电流互感器的精度。

(3) 钳形电流表。直接用电流表测量电流时,如果量程足够,则串接于被测回路中,需要把被测回路断开,只能用于固定检测,但如果被测电流很大,则线路较粗,不便接线。即使使用电流互感器,也只能固定检测。如果检查电路电流是否正常,只需短时测量,就能呼唤一种新表的产生,即钳形电流表。此电流表实际是带电流互感器的电流表,其结构为一个可开合的铁芯和绕在铁芯上的二次侧绕组连接着电流表头,测量时,张开铁芯,把被测电流的一根导线放入钳形铁芯口内,然后闭合铁芯,这样电流互感器就有了一次侧。经过电流互感器的变化,在电流表中就直接指示出被测电流大小。用钳形电流表测电流时,不需要把被测电路断开,使用非常方便。钳形电流表结构如图 2-2-15 所示。

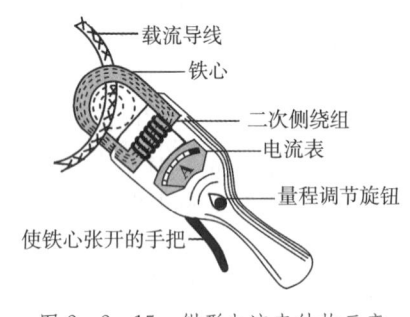

图 2-2-15 钳形电流表结构示意

使用钳形电流表的步骤和注意事项:①根据负载大小,判定负荷电流大小便于选择合适量程,如果无法判定,先把钳形表设为最大量程;②张开钳口,把被测导线放入钳口中央,立即闭合钳口,根据表中指示再确定合适量程;③更换量程时,不能带电更换,从被测回路中取出后才能更换量程;④如果最小量程也无法读出测量数值,可以把被测导线在铁芯上绕整数倍匝数,这样可以放大被测电流值,真正电流大小是测量值除以线圈匝数。

〖思维点拨〗

钳形电流表最大的优点是什么?其工作的原理是什么?

【任务实施】

一、任务要求

掌握仪用互感器的正确接线,能据提供的三相四线制电度表、电流互感器完成电度表的接线;能用钳形电流表测量电动机的起动电流、额定电流。

二、任务准备

需要准备的器材:电动机、钳形电流表、三相四线制电度表、电压和电流互感器、电压和电流表及导线若干。

三、任务操作

1. 三相四线制电度表的接线

(1) 三只电流互感器的放置和实物接线如图 2-2-16 所示,注意三相导线都从 P_1 端穿入。

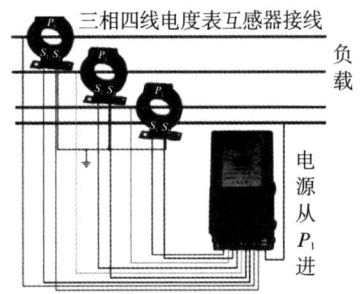

图 2-2-16 电度表接线

(2) 从电流互感器副边引出六根线,注意分别把 L_1, L_2, L_3 穿过的三个电流互感器的 S_1 端分别接入电度表的从左到右对应的第 1 号、第 4 号、第 7 号端子;S_2 端子分别接入电度表的从左到右对应的第 3 号、第 6 号、第 9 号端子并把三个端子短接接地;第 10 号和 11 号端子相连接入电源零线,接线原理如图 2-2-17 所示。

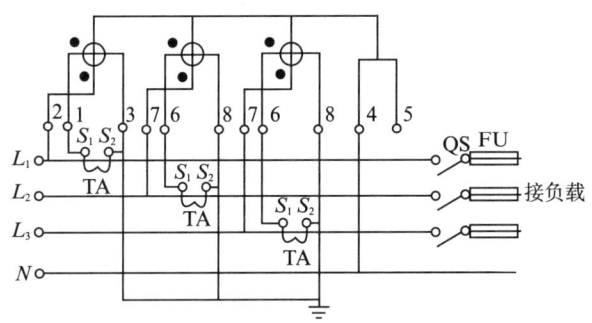

图 2-2-17 电度表接线原理

(3) 接入三相负载,检查线路通电并调试。

2. 钳形电流表测量电机电流

1) 钳形电流表测量电流的步骤

(1) 估算电机起动电流,选择合适量程或者选择最大量程。

(2) 把表钳口张开,夹入一根电源导线,起动电机,观察电流值。

(3) 根据稳定电流值选择合适量程测量三相导线电流,计算起动倍数,察看三相电流值是否相等。

(4) 如果电流最小量程测量时仍然无法准确读数,则张开钳口绕制整数匝线圈,测量后除以线圈匝数。

(5) 使用钳形表时不可带电变换量程,被测导线放置钳口中央,不可测量裸导线电流。

2) 使用钳形电流表的注意事项

(1) 进行电流测量时,被测导线的位置应放在钳口的中央,以免产生误差。

(2) 测量前应先估计被测电流的大小,选择合适的量程或选择较大的量程,再根据指针偏转的情减少量程,但不能在测量时转换量程。

(3) 为使读数准确,钳口的两个端面应很好地接合。如有杂声可将钳口重新开合一次。如果声音依然存在,可检查接合面上是否有污物,如有污垢,可用汽油擦干净后再测量。

(4) 测量小于 5 A 电流时,为保证测量的准确性,在条件许可时,可使导线多绕几圈后再放进钳口进行测量,实际电流值为读数除以放进钳口内的导线圈数。

(5) 在测量过程中,要注意内部互感器的二次侧绕组与电流表组成的串联电路不能开路。

(6) 钳形表不能测裸导线电流,以防触电和短路。

(7) 测量完毕后一定要将量程分挡旋钮放在最大量程位置上,以免再次使用时,由于疏忽未选择量程而损坏仪表。

3. 电压表、电流表量程的扩大

1) 电压表量程的扩大

交流电压表扩大量程:采用电压互感器,其实质是按一定变比将高压变为低压,然后在其二次侧连接电压表进行测量。电压表量程即副边额定电压均为 100 V,表盘刻度直接反映原边电压的数值,因此,电压表与互感器是配套的。使用时必须将互感器外壳和二次侧绕组接地,且二次侧绕组绝对不允许短路。

2) 电流表量程的扩大

交流电流表扩大量程:采用电流互感器,其基本结构与普通电力变压器一样,只是一次侧绕组只有一匝或数匝,且与负载串联;二次侧绕组匝数较多,接电流表,电流表量程即二次侧额定电流为 5 A,电流表指示的读数已按比例扩大,直接读取原(实际)电流值,因此,电流表与电流互感器是配套使用的。使用时要注意:内部二次侧绕组与电流表所组成的串联电路不能开路和接熔断器,且二次侧绕组和铁芯要可靠接地。

3) 电压表及电压互感器的选择和使用

当被测电压超过电压表最大量程时,需要电压互感器,接线如图 2-2-18 所示。

(1) 应根据被测电压额定等级选择电压表及与之配套的电压互感器(如 500/100,1 000/100 等)。

(2) 电压互感器的一次侧绕组并联在被测线路中,二次侧绕组接电压表。

(3) 电压表指示的数值就是被测线路的电压值。

(4) 在测量过程中,二次侧绕组不允许短路(使用中高压侧装熔断器),二次侧绕组和铁芯要可靠接地。

4) 电流表及电流互感器的选择和使用

当被测电流超过电流表的量程时,应使用电流互感器,接线如图 2-2-19 所示。

(1) 应根据被测电压额定等级选择电压表及与之配套的电压互感器(如 50/5,100/5 等)。

(2) 电流互感器的一次侧线圈串联在被测线路中,二次侧线圈接电流表。

(3) 电流表指示的数值就是被测线路的电流值。

(4) 应注意电流互感器的二次侧线圈电路不允许开路,二次侧绕组和铁芯要可靠接地。

(5) 在更换电流表时,应先将电流互感器的二次侧短接,更换仪表后再拆除短接线,互感器的二次侧不能接熔断器。

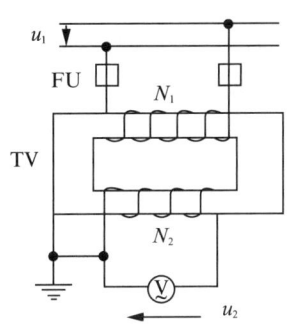

图 2-2-18 电压互感器的接线

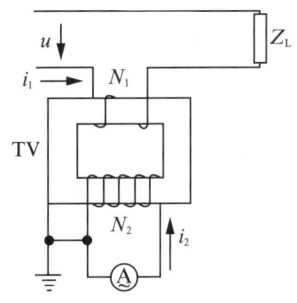

图 2-2-19 电流互感器的接线

【任务评价】

任务考核要求及评分标准见表 2-2-1。

表 2-2-1 任务考核要求及评分标准

任务 2 变压器的认识和应用						
班级：		姓名：		组号：		
任务	配分	考核要求	评分标准	扣分	得分	备注
接线与仪表读数	40	(1) 能按原理图正确接线； (2) 能正确连接仪表和电源； (3) 能正确仪表读数	(1) 接线不牢固，每处扣2分； (2) 接线错误，每处扣2分；损坏元器件或漏装，扣5分； (3) 不会仪表读数，扣5分			
故障分析	20	(1) 能正确分析故障原因； (2) 能据故障现象判定故障范围	(1) 故障分析与现象不符，扣2分； (2) 故障范围分析过大，扣1分； (3) 不会分析，扣10分			
故障检修	30	(1) 正确使用仪表； (2) 检修方法正确； (3) 正确排除故障	(1) 错误使用仪表，扣2分； (2) 排除故障方法错误，扣2分； (3) 重复检修一次，扣2分			
安全、文明	10	(1) 安全用电，无人为损坏设备或器件现象； (2) 小组成员协同合作； (3) 遵守校纪、校规	(1) 发生安全事故，扣10分； (2) 人为损坏设备或器件，扣10分； (3) 不遵守纪律，不文明协作，扣5分			
时间			(1) 提前完成加2分； (2) 超时完成扣2分			
总分						

【课后练习】

（1）变压器一次侧的电流随二次侧的电流增大而怎样变化？为什么？

（2）降压变压器能否用作升压变压器？如果能，有什么条件？

（3）变压器的铁芯有什么作用，为什么不采用整块硅钢，变压器铁芯发热的原因有哪些？可采取什么解决措施？

（4）三相变压器采用 Y/D 接法，二次侧绕组在接成 D 形前应当符合什么条件？船用照明变压器通常采用什么接法？为保证船舶照明变压器不间断连续供电，国际船级社协会（IACS）提出的措施是什么？

（5）电压互感器正常工作时二次侧处于什么状态？如果二次侧短路，有什么现象发生？

项目三　常用电机的使用与维护

> **项目描述**

本项目共有三个任务,分别是直流电机的使用与维护、交流电机的使用与维护、常用控制电机的使用与维护。此项目的训练让学生熟悉各类电机的结构、工作原理,掌握直流电机、交流电机的起动、正反转、调速和制动原理;掌握电机日常维护管理、常见故障分析排除;掌握常见控制电机和普通电机结构上的异同点和使用场合。

任务1　直流电机的使用与维护

【任务描述】

本任务是直流电机的使用与维护。要求掌握直流电机基本结构、励磁方式和铭牌,理解直流电机定、转子的作用,理解直流电机不同的励磁方式和选择使用,理解直流电机铭牌参数的含义。掌握直流发电机、电动机的工作原理和特性,掌握直流电动机的起动、调速、反转和制动,理解直流电机调速方法和优良的调速性能,掌握直流电机的日常维护方法和技能。

【学习目标】

(1) 掌握直流电机的定、转子结构和功能。
(2) 掌握直流电机不同励磁方式选择和使用。
(3) 掌握直流电机铭牌含义、工作原理、起动、调速、反转和制动原理。
(4) 掌握直流电机的日常维护保养方法和技能。

【相关知识】

一、直流电机的基本结构

直流电机所有部件可分为固定不动的定子部分和可以转动的转子部分。定子部分由基座、端盖、电刷装置、主磁极和换向磁极组成;转子部分由电枢铁芯、电枢绕组、换向器、风扇和转轴等组成。电机的基本结构如图3-1-1所示。

1. 定子部分

1) 主磁极

主磁极由主磁极铁芯和通电产生主磁场的励磁绕组组成。磁极铁芯由1.0~1.5 mm厚的钢板叠成,绕组好的励磁绕组套装在磁极外面,整个磁极固定在基座上,主磁极是成对出现的,主磁极一般有2极、4极、6极等,且相邻磁极是N极、S极交替排列。为了让主磁极磁通均匀分布,磁极下部(极靴或极掌)比极身宽,同时也能起到固定绕组作用。如图3-1-2所示。

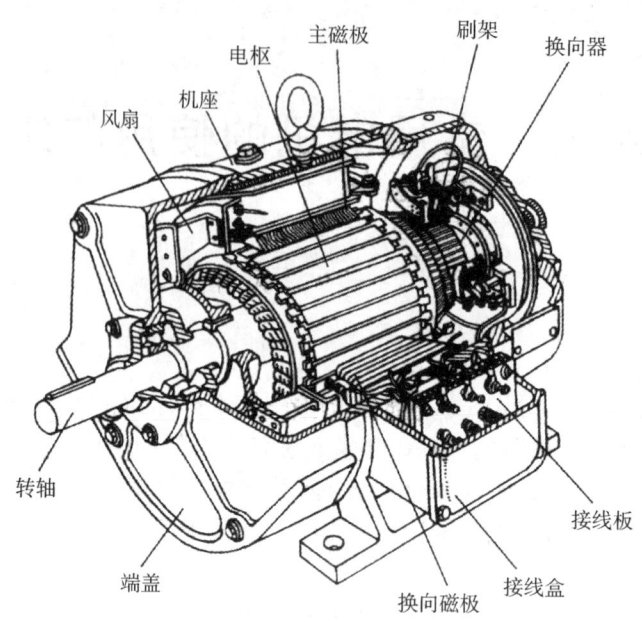

图 3-1-1　直流电机的基本结构

2）换向磁极

换向磁极也是由磁极铁芯和换向绕组组成的。磁极铁芯由整块钢板加工而成，换向极绕组和转子的电枢绕组串联，承受电枢电流因此绕组线径较粗，换向磁极和主磁极是交替排列的：对发电机来说，换向极的极性排列顺着电枢旋转方向和前方主磁极的极性相同；对电动机来说正好相反。换向磁极的作用是减小电枢绕组换向时火花，改善换向性能。如图 3-1-3 所示。

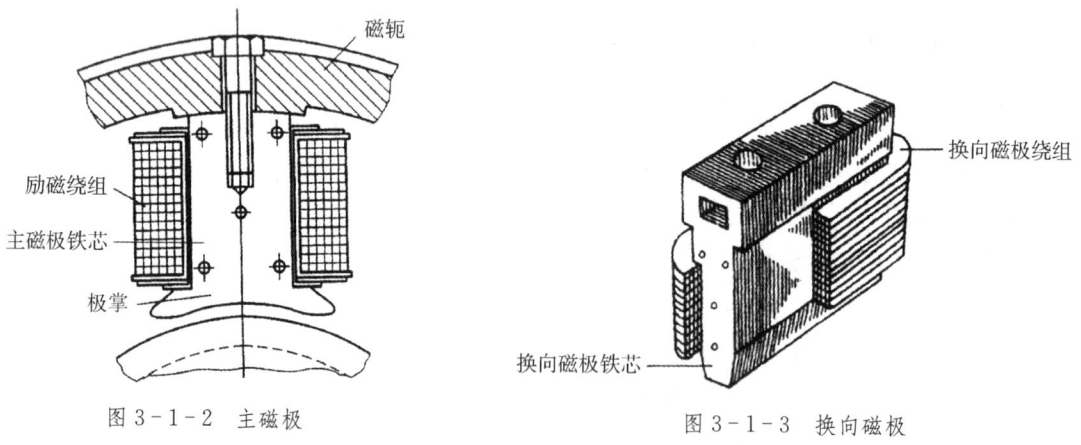

图 3-1-2　主磁极　　　　　　　　　图 3-1-3　换向磁极

3）机座

通常由铸钢或钢板焊成。它有两个作用：一是用来固定主磁极、换向极和端盖以支撑整个电机；二是作为磁路的一部分。图 3-1-4 为电机机座示意。

4）电刷装置

由电刷、刷握、刷杆座和铜丝刷辫等组成。电刷安放在刷握内，而刷握又通过电刷架固定在端盖上,刷握和电刷架是彼此绝缘的。碳质电刷借助弹簧压力保证电刷和换向器表面紧密滚动接触,通过碳刷连接电枢绕组和外电路。图3-1-5为电刷装置示意,图3-1-6为电刷装置示意。

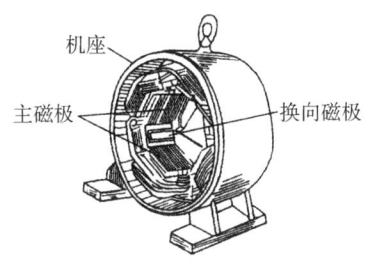
图3-1-4 电机机座示意

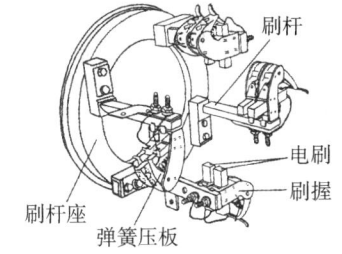
图3-1-5 电刷装置示意

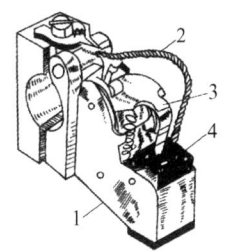
图3-1-6 电刷装置示意

2. 转子部分

1)电枢铁芯

电枢铁芯也是磁路一部分,因为电枢是转动的,因此电枢铁芯中磁通也是交替变化的,为了减小铁损,电枢铁芯通常采用0.5 mm厚的硅钢片叠压而成,固定在转子轴上。在铁芯圆周表面对内开有很多铁芯槽,目的是嵌放电枢绕组。图3-1-7为电枢铁芯和电枢绕组示意。

2)电枢绕组

电枢绕组是用漆包线或铜排绕制而成的,每个绕组有两个有效边、两个端子,两个有效边按照一定规则嵌入电枢铁芯槽中,两个端子焊接在换向片上。铁芯槽内有绝缘物把线圈和铁芯隔开,铁芯槽外用槽楔封口固定。图3-1-8为电枢绕组嵌放示意。

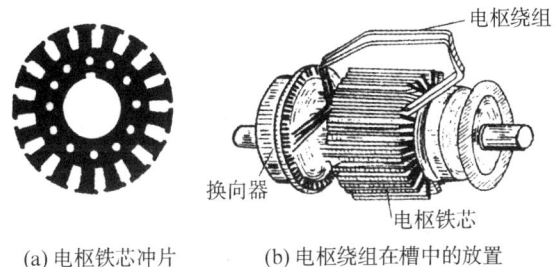
图3-1-7 电枢铁芯和电枢绕组示意

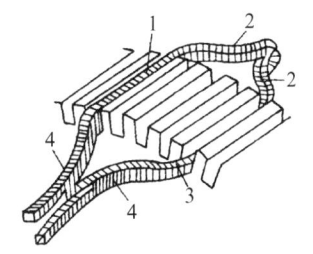
图3-1-8 电枢绕组嵌放示意

3)换向器

换向器套装在电机轴上,由很多带有鸽尾形的铜片组成。片与片之间用云母片隔开,每一片与电机轴也绝缘隔开,电枢每一个绕组两端都连接到两个换向片上。图3-1-9为换向片与换向器示意。

除此外,转子部分还有轴承、电机冷却风扇。

二、直流电机的励磁方式

直流电机工作时,励磁绕组和电枢绕组中都有电流,其中励磁绕组中电流目的建立主磁场,对电枢绕组来说:如果是发电机,正是通过它进行能量转换发出电送出去;如果是电动机,电枢绕组中必须送入电流产生电磁转矩。按照励磁绕组的供电方式不同,可以分为

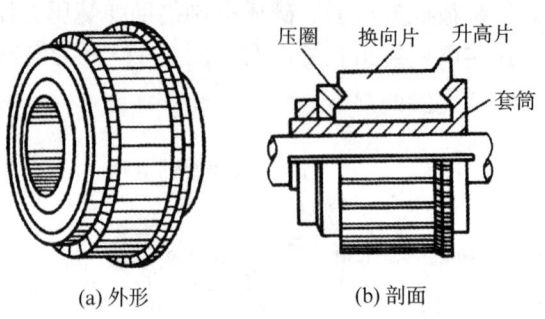

(a) 外形　　　　　　(b) 剖面

图 3-1-9　换向片与换向器

他励、自励。所谓他励,就是把励磁绕组和电枢绕组分开,用励磁电源给励磁供电,电枢电源给电枢绕组通电或者电枢绕组对外送电;所谓自励,就是把励磁绕组和电枢绕组进行适当连接,可以得到并励、串励和复励三种。

1) 他励电机

图 3-1-10 为各种励磁方式示意。他励电机的电枢绕组与励磁绕组完全分开,没有电的联系,他励电机有励磁电源和电枢电源两个电源。

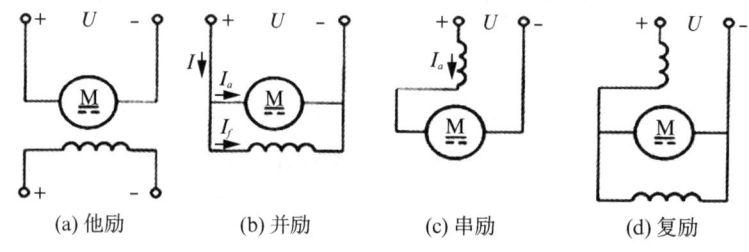

(a) 他励　　　(b) 并励　　　(c) 串励　　　(d) 复励

图 3-1-10　电机的各种励磁方式

2) 并励电机

把励磁绕组与电枢绕组并联在一起接到同一电源上或者对外供电。励磁绕组线径细,匝数很多,电阻大,而电枢绕组线径粗,电阻很小,因此电枢电流很大,而励磁电流很小。

3) 串励电机

把励磁线圈和电枢线圈串接在一起,这样励磁电流与电枢电流一样大,因此串励绕组线径粗,匝数很少,电阻也很小。

4) 复励电机

这样的电机有两个励磁绕组,一个与电枢绕组串联,另一个与电枢绕组并联。两个励磁绕组都产生励磁,如果两个绕组产生的磁通方向相同而叠加时,称为积复励电机,如果两个绕组产生的磁通方向相反同而相减时,称为差复励电机。复励发电机多以并励磁通为主,复励电动机有时以并励为主,有时以串励为主。

并励、串励和复励在作发电机时,其励磁都由发电机自身提供,故称为自励发电机。

电机定子磁场的获得也可利用永磁体获得,这种电机就不需要励磁绕组。这样的电机称为永磁电动机。开始仅在功率很小的电动机上采用,20 世纪 80 年代起由于钕铁硼永磁材料的发现,使永磁电动机的功率已从毫瓦级发展到 1 000 W 以上。目前制作永磁电动机的永磁材料主要有铝镍钴、铁氧体及稀土(如钕铁硼)等三类。永磁电动机由于其具有体积小、结构简单、质量轻、损耗低、效率高、节约能源、温升低、可靠性高、使用寿命长、适应性强等突出优点而使用越来越广泛。它在军事上的应用占绝对优势,几乎取代了绝大部分电磁电动机;其他方面的应用如汽车用永磁电动机、电动自行车用永磁电动机、直流变频空调用永磁电动机等。

三、直流电机的铭牌

每台直流电机的机座上都有一片铝质金属片,上面标有电机的型号和额定值。其型号表示电机类别、产品代号、规格代号、特殊环境代号。额定值有额定电压U_N、额定电流I_N、额定转速n_N、额定功率P_N、额定效率、励磁、励磁电压、励磁电流、绝缘等级。

(1) 额定电压U_N:对发电机来说指的是输出的允许电压值;对于电动机来说指的是输入到电动机两端的允许电压。发电机一般为230 V,而电动机一般为220 V。

(2) 额定电流I_N:对于发电机指的是长期能输出给负载的允许电流;对于电动机则由电源输入给电动机允许电流值。

(3) 额定转速n_N:指发电机或电动机在额定工作状态下的电机转速。

(4) 额定功率P_N:对于发电机来说指的是在额定状态下向负载供给的电功率。对电动机来说指的是在额定状态下电机轴上输出的机械功率。

(5) 额定效率:指的是额定功率与输入功率之比。

(6) 励磁:指的是励磁方式。

(7) 励磁电压:对于自励电机指的就是电机额定电压;对于他励电机指的是外加电源电压。

(8) 励磁电流:指的是电机产生主磁通所需的励磁电流。

(9) 绝缘等级:电机允许的最高工作温度与所选用的绝缘材料见表3-1-1。

表 3-1-1 绝缘材料耐热性能的等级

绝缘等级	A	E	B	F	H	C
极限工作温度/℃	105	120	130	155	180	>180

表3-1-1中的极限温度指的是电机运行时,绝缘材料最热点的最高容许温度。电机常用E级或B级绝缘。一般环境温度规定为40 ℃(船用为45 ℃),则可根据绝缘等级算出容许温升。

四、直流发电机的工作原理和特性

1. 工作原理

图3-1-11为最简单的直流发电机工作原理模型。具有一匝线圈的电枢绕组放置在静止的磁极之间,电枢绕组的两端焊接在两个相互绝缘的半圆环(即换向片)上,换向片与固定不动的电刷滑动接触。

当发电机转子被原动机拖动旋转,转子中电枢绕组就切割了定子产生的磁场从而产生感应电动势,由于电枢的两端固定连接两个换向片,电枢旋转和换向片同向同时旋转,电刷是不动的,实际上电枢中的感

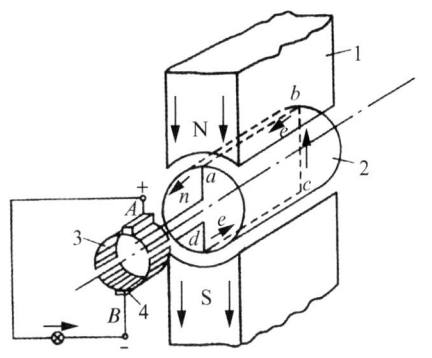

图 3-1-11 直流发电机工作原理模型

应电动势仍然是按正弦规律变化的,但由于两个彼此绝缘的换向片的旋转使得电动势输出时,电刷 A 电流始终流出,而电刷 B 始终流入,外接负载电流方向始终为向下,这种效果和全波整流一样,这种整流称为机械整流。

正是换向器的换向作用使得电枢线圈中的交变电动势在电刷输出为方向不变的电动势,但大小仍然是脉动的。如想获得方向和数值均恒定的电动势,则应增加电枢铁芯槽数及线圈匝数,当然相应增加换向片也可以达到目的。图 3-1-12 为机械整流后的电刷电动势输出波形。

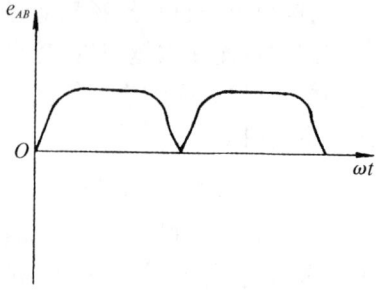

图 3-1-12　电刷电动势输出波形

两电刷间输出电动势大小为

$$E = C_E \Phi n \tag{3-1-1}$$

式中:C_E 为电机常数;Φ 为每极磁通(Wb);n 为电机的转子转速,也为原动机转速。

自励发电机起压正是依靠主磁极的剩磁产生的,如果没有剩磁就不能起压,一旦起压,发电机输出电压就给励磁回路提高励磁电源,这样产生励磁磁场和剩磁叠加,就要求励磁磁场要与剩磁磁场必须一致。如果没有剩磁或剩磁不足就要利用充磁回路对此充磁,即外接直流电源对主磁极充磁。

2. 发电机的空载特性

发电机在额定转速、不带负载的情况下,发电机端部电压 U_0 与励磁电流 I_f 的关系为 $U_0 = E = f(I_f)$。因为电机转速恒定,电机空载特性曲线相似于铁芯的磁化曲线。

3. 发电机的外特性

发电机的外特性就是在转速、励磁电流不变的情况下,发电机输出端部电压 U 和外接负载 I 之间的关系,即 $U = f(I)$。

由于电枢绕组有电阻 R_a,当电机带负载时有电流,则有压降 $I_a R_a$,其中 I_a 为电枢中流过电流,则发电机输出端口电压就有下降。

对于他励发电机,励磁回路和电枢回路独立,如果励磁电源不变,则发电机输出端口电压仅与电枢中电流有关,因为 $E = U + I_a R_a$,而 $U = E - I_a R_a$,因此端电压下降不大。

对于自励(如并励)发电机,因为励磁回路和电枢回路公用输出电压,当电枢电流增加,不仅会增加电枢压降,而且会减小励磁电流,减小主磁通,进一步减小电动势 E,因此并励发电机端电压下降稍大。

4. 发电机的调节特性

发电机带负载时要求输出电压不变,这样才能保证电源供电质量。然而,由于电枢电阻的存在,它的压降会随着电枢电流增加而变大,输出电压必然会下降,为了消除下降,只有增加励磁电流来消除。所谓的调节特性就是励磁电流和电枢电流关系,即

$$I_f = f(I)$$

五、直流电动机的工作原理和特性

1. 电动机工作原理

从结构上来说,电动机与发电机结构基本一样。电动机在工作时就是通过电刷把外加

电压送给电枢回路。如果是他励电动机,励磁回路还要增加一个励磁电源;如果是自励电动机,励磁回路与电枢回路共用一个电源。图 3-1-13 为直流电动机的工作原理。

下面研究自励电动机,即励磁回路与电枢回路共用一个电源。外加电压加到励磁回路产生励磁电流 I_f,产生主磁通,产生固定极性 N 极和 S 极;加到电枢回路产生电枢电流 I_a,电枢电流在定子磁场中受力产生电磁转矩,受力方向可以用左手定则判定,电机转子就是在电磁转矩的驱动下才旋转。由于电刷是固定的,换向片随着转子一同旋转,造成每个绕组的两个有效边在同一个磁极下受力方向相同。因此电机能一直旋转不停。

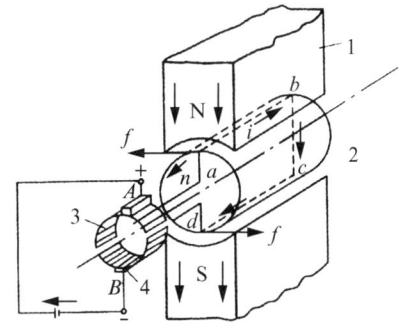

1—磁极;2—电枢;3—换向器;4—电刷

图 3-1-13　直流电动机工作原理

〖思维点拨〗

直流电动机的定子磁场是静止的,转子绕组通入直流电,为什么转子可以朝着同一个方向连续运转?

电机的电磁转矩与电枢电流及磁极磁通的关系如下:

$$T = C_T \Phi I_a \qquad (3-1-2)$$

式中:C_T 为转矩常数;Φ 为主磁极磁通;I_a 为电枢中流过电流。

电动机一旦起动,电枢绕组又切割定子主磁场产生电枢感应电动势 E_a,方向和外加电源电压方向相反,即反电动势,其大小也为 $E_a = C_E \Phi n$。这样就存在电压方程式:

$$U = E_a + I_a R_a \qquad (3-1-3)$$

$$I_a = \frac{U - E_a}{R_a} \qquad (3-1-4)$$

当电机电磁转矩和负载转矩相等时,电机匀速转动。当负载转矩突然增大,电磁转矩小于负载转矩,电机马上减速运行,在其他都不变的情况下,电机反电动势减小,电枢电流增加,电磁转矩增加,一直增大到和负载转矩重新相等,电机又获得平衡匀速转动,这个新平衡是转速下降后的新平衡,此时电机电流增大,从电源处获取电能增加。

如果负载减小,分析过程相反,电机转速升高,电枢电流减小。

〖思维点拨〗

直流电动机所带负载变化,怎样影响转子电流?能够影响定子电流吗?

2. 并励电动机的机械特性

电动机的主要特性就是机械特性。即保证电动机端电压为额定值,励磁回路电阻一定的情况下,电机转速 n 和电磁转矩 T 之间函数关系。

由式(3-1-1)、(3-1-2)、(3-1-3)可得并励电机机械特性表达式：

$$n = \frac{U - I_a R_a}{C_E \Phi} = \frac{U}{C_E \Phi} - \frac{R_a}{C_E C_T \Phi^2} T = n_0 - \Delta n \tag{3-1-5}$$

式中：n_0 为理想空载转速；而 Δn 为带负载后转速降。由于电枢电阻很小，在其他量不变情况下，随着负载转矩变化，Δn 下降很小，因此并励电动机是硬特性，即负载转矩增大时转速下降很小。图 3-1-14 为并励电动机的机械特性。

并励电动机在使用时，励磁回路一定不能开路，如果不小心开路，励磁回路只有很小的剩磁，反电动势变小，电枢电流急剧增加，在空载时电机转速会大大增加造成"飞车"。

3. 串励电动机的机械特性

串励电机的励磁线圈和电枢绕组串联，励磁电流和电枢电流始终相等，主磁极磁通随着电枢电流变化而变化。在负载小时，电枢电流小，励磁电流也一样小，则电机转速很高。随着负载增大，电枢电流和励磁电流一同增加，磁通增加，电机转速下降，机械特性很软。图 3-1-15 为机械特性。

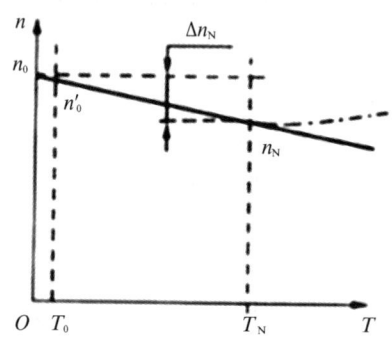

图 3-1-14 并励电动机的机械特性

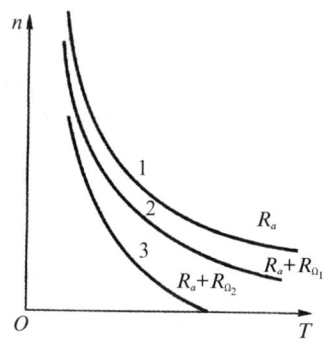

3-1-15 串励电动机的机械特性

这种特性表明，负载小时转速高，负载大时转速小。它适用于起货机等机械设备的电力拖动。由于这种电机电磁转矩与电枢电流平方成正比，因此在电流一定的情况下，可以得到较大的起动转矩。

串励电动机在使用时不允许空载或小于额定负载的 20%～30% 的情况运行，防止电机出现"飞车"现象。

4. 复励电动机的机械特性

常见复励电动机为积复励电动机。积复励电动机在空载或轻载运行时情况与并联电动机相同。随着负载增加，串励绕组的磁场也随之增大，此时电动机的运行逐渐接近于串励电动机。因此复励电动机的机械特性介于串励与并励电动机之间。

六、直流电动机的起动、调速、反转和制动

1. 电机的起动

电机接通电源后由静止到稳定运行的过程，称为起动。起动过程往往持续几秒钟。在电动机刚刚接通电源的瞬间，电机转速为零，因此在这个时刻，电机反电动势为零，此时电枢电流称为起动电流。以并励电机为说明，起动电流为

$$I_{st} = \frac{U - E_a}{R_a} = \frac{U}{R_a} \quad (3-1-6)$$

由于电枢电阻很小,因此起动电流将达到电机额定电流的10～20倍。这样大的电流将会在电刷与换向片之间形成强烈火花而烧坏电刷和换向片,同时电枢绕组也由于大电流而损坏;过大的电流也会使电机起动转矩大大增加,因而可能使电动机轴上所带负载受到很大机械冲击。

因此,直流电机不允许直接起动,要么减小电源电压,要么增加电枢回路电阻,一般情况要求在额定电压下起动电机,只有在电枢串电阻起动限制时起动电流,这样既保证较大起动转矩又使电机电流有效下降,通常把起动电流限制在额定电流的1.5～2.5倍,即

$$I_{st} = \frac{U}{R_a + R_{st}} = (1.5 \sim 2.5) I_N \quad (3-1-7)$$

式中:R_{st}为串接在电枢回路中的起动电阻。根据式(3-1-7)可以计算出所串电阻值。串接的电阻的切除一般分级切除,以保证电机转速平稳增大,同时切换过程始终保持电流小于$(1.5 \sim 2.5)I_N$。

2. 电机的调速

这里讲的调速是人为地改变电机转速以满足负载的需求。根据式(3-1-5)可以知道调速方法有三种。

1) 电枢回路串电阻

在电枢回路中串接调速变阻器R_{ac},则电机转速为

$$n = \frac{U - I_a(R_a + R_{ac})}{C_E \Phi} \quad (3-1-8)$$

由于电枢电流较大,调速电阻器要消耗大量能量,所以不经济。此外,由于电枢回路串电阻,电动机的机械特性变软。但是这种调速方法简单,因此应用仍然较多。这种调速方法只能使电动机的转速在额定值以下做调速,且使得电动机的输出功率和转速均下降,转矩基本保持不变,因此这种调速属于"恒转矩调速"。

2) 改变励磁磁通调速

如果改变励磁回路电流,即改变磁通也能调速,实际就是在励磁回路串接磁场变阻器:如果增加阻值,则励磁电流变小,磁通变小,电机转速升高;如果减小阻值,则励磁电流变大,磁通变大,电机转速下降。

由于励磁回路工作时电流较小,所以在磁场变阻器消耗能量也较小,比较经济,控制也方便,因此应用较广。

由于励磁电流不可能大于额定励磁电流,因此只能弱磁调速,这使得电机转速在额定值以上调速,但调速中电机不能过载,因此转矩下降,这种调速属于"恒功率调速"。

3) 改变电源电压调速

根据式(3-1-5)可知,如果改变电源电压也能调速,这种调速仅仅适用于他励电动机,即励磁回路独立,保持主磁通不变;同时也保持电枢回路电阻不变,只改变电枢回路电压,这样仅仅改变理想空载转速n_0,转速降Δn不变,因此在调速时,调速特性曲线是一组平行线,如果电压是连续可调,那么转速也能连续可调,这种调速只能在额定电压以下调

速,属于"恒转矩调速"。

直流电压的可变性怎样做到:一种采用 G-M 系统,一次性投资大,用一台发电机单独作为电动机提供电压,改变发电机磁通进行变压,从而使得电动机变压调速,这种调速方法只适用于他励电动机。一种采用晶闸管可控整流代替直流发电机获得连续可调直流电源,广泛应用于高性能的直流调速自控系统。

3. 电机的反转

电机的旋转依靠定子提供固定磁场,电枢提供电流,然后电流在磁场中受力产生电磁转矩,受力方向用"左手定则":如果让电机反转,要么改变磁场方向,即改变励磁电流方向,电枢电流方向不变;要么保持磁场方向不变,改变电枢电流方向。

4. 电机的制动

电机正常运转,如果使电机变加速为等速、减速或迅速停车,则称之为制动。制动分为机械制动、电气制动及两种制动配合,电机制动的实质就是让电磁驱动转矩变成和转速方向相反的制动转矩,电气制动分为三种:能耗制动、再生制动和反接制动。

1) 能耗制动

方法是:首先切断电枢电源,保证励磁回路电源不变,即保证励磁磁通不变;在电枢回路中串接限流电阻接成通路。由于电机惯性,电机转向不变,磁通不变,那么电机电枢绕组在惯性驱动下切割定子磁场产生感应电动势,感应电动势产生感应电枢电流,电枢电流方向与原来正好相反,那么受力方向相反,此时的电磁转矩和电机转速方向相反,此时电磁转矩变成阻转矩,电机转速下降,将拖动系统的机械能变成电能消耗在电枢回路电阻上。最后电机能快速停车。

2) 再生制动

这种制动不需要采取什么措施而自动实现。条件是电机拖动位能性负载的快速下放过程,并且发生在电机转速大于理想空载转速的情况。电机正常情况是理想空载转速大于电机转子转速($n_0 > n$),如果电机转速大于理想空载转速,即 $n > n_0$,那么电机反电动势大于电源电压,电枢电流方向与原来相反,即励磁磁场方向未变,而电枢电流方向发生改变,因此电磁转矩方向变反,电磁转矩性质保护了,由原来的驱动转矩变成阻转矩,那么电机转速将变小,这种制动只能将加速趋势变成匀速下降,不能停车。从能量转换角度分析,将拖动系统的机械能发电送回电源,因此成为回馈制动。

3) 反接制动

反接制动分为电源反接制动和负载倒拉反接制动。电源反接制动是:当电机正常运转时,电磁转矩充当驱动转矩,电机运转,电机转速方向与电磁转矩方向一致。如果在运转过程中保持励磁回路不变,而人为改变电枢回路电源电压极性(即正负),那么电枢电流方向随之改变,电机的电磁转矩立即变成阻转矩,由于反接制动制动力矩大,电机快速降速至零,因此这种方法实现电机快速停车。

这种方法的缺点:一是当电机转速下降快为零时要立即切断电源,否则电机会反向起动运转;二是制动力矩大对拖动系统的机械冲击也很大;三是在制动时电源反接,那么电源电压和反电动势同向,制动时电枢电流很大,因此在制动时一定在电枢回路中串接限流电阻。

负载倒拉反接制动:当电机正常运行时拖动位能性负载工作,电磁转矩和负载转矩方向相反,若在电枢回路串电阻调速时,电枢回路电阻大,电机机械特性变软,电磁转矩变小,以至于负载转矩大于电磁转矩,则电机被负载倒拉出现反转(电机改变转向),此时电机电磁转矩和转速方向相反而进入反接制动。

七、直流电动机的常见保养

直流电动机有着优良的调速性能(调速范围宽、调速平滑平稳),因此重要的拖动仍然采用直流拖动。但直流电机存在电刷和换向器的滚动摩擦,因此电刷的更换、换向器表面的保养等是常见保养内容。

1) 绝缘检查和恢复

由于电刷和换向器的滚动摩擦,电刷长度会变短,电刷变成碳粉飘散在定子腔中,附着在换向器片与片之间,电枢绕组之间的缝隙中,主磁极换向磁极表面,由于碳粉是导电的,因此电机绝缘性能下降;又因为电机受潮、电机内部灰尘等,以及定转子之间的摩擦等都会使得电机绝缘变坏,可用手摇兆欧表测量电机绝缘情况,根据绝缘实际情况,若需要电机解体,则用空压机压缩气体吹扫内部碳粉、灰尘;用电气清洗剂或者清煤油擦除积尘积碳,对于有明显擦痕的端部绕组表面要上绝缘油漆;对于受潮等要对电机定子腔进行烘干处理。最后用兆欧表检查绝缘恢复情况。

2) 电刷与刷架的检查

出厂电机的刷架位置都是调好位置的,一般用红色油漆加以标示。检查刷杆上螺丝是否松动;碳刷附件有无断裂、碳刷有无脱辫现象。在修理后或者运行中换向器表面火花过大,首先检查刷架位置是否移动,碳刷是否固定在中性线上。检查刷握的高低,刷握与换向器距离为 2~4 mm,校正刷握高低位置。检查电刷碳刷在刷盒内有无卡阻现象,有无摆动现象,间隙是否正常(碳刷侧面与刷握内壁间隙为 0.1~0.3 mm;刷握下边缘距换向器表面为 2~3 mm),检查磨损程度,磨损掉碳刷原长度的 $\frac{1}{3}$ 时要更换电刷,更换后的电刷和换向器表面有良好的接触,调整好电刷弹簧压力,检查碳刷和换向器温度是否正常。

3) 换向器的检查

检查换向器表面有无齿痕、电弧灼烧痕迹、换向片表面是否氧化变黑等,如果出现,轻者用砂纸抛光,重者上机床光车。检查换向器片与片间绝缘槽中是否有积碳、灰尘等,或者片间出现毛刺等,要拉槽处理,做好槽口清洁。检查换向器与电枢绕组的焊头是否脱焊或氧化;检查换向器磨损程度,当厚度减至原有厚度的 20% 时要更换。

4) 活动部件检查

检查冷却风扇的固定是否牢靠,扇叶是否破损;检查轴承是否走外圈现象,轴承弹珠是否磨损过度或失圆、破损等,检查轴承内部间隙,轴向和径向窜动是否超标,将会造成轴承异响,否则要更换。检查轴承内部润滑油脂是否干涸变质、润滑油脂过少或过多等。

量电压或电流时,如果仪表指针反偏,则必须调换仪表极性,重新测量。此时指针正偏,可读得电压或电流值。若用数显电压表或电流表测量,则可直接读出电压或电流值。但应注意:所读得的电压或电流值的正、负号应根据设定的电流方向来判断。

【课后练习】

(1) 直流电机中配置碳刷和换向器,这些就是电机经常保养的内容,碳刷要经常更换,那么更换碳刷要注意什么?刷架固定在什么位置?如果刷架移位怎样调整?换相器由于换向时出现火花,如果火花异常怎样操作?换向器表面如果出现划痕或灼烧痕迹怎样保养?

(2) 直流电动机的调速性能很好,调速方法有哪些?各种调速方法有什么特点?为什么说直流电机调速性能优越?可控整流的出现对直流电机有什么好处?

(3) 他励式电机的电气制动有几种?各有什么特点和使用?

(4) 直流电机的电枢电流与几个因数有关?电机带重载时为什么电枢电流变大?

任务2　交流电机的使用与维护

【任务描述】

交流电机结构简单,运行可靠,维护保养方便,因此使用十分广泛,尤其是交流变频技术的日益成熟,交流电机调速性能也日趋完善。通过本任务学习,掌握电机的结构,各部件的作用,电机运行原理,掌握电机的运行性能,能正确地起动、调速、反转和制动,能正确地进行电机的拆装和日常保养,学会分析电机的常见故障及排除,学会电机好坏的判定。

【学习目标】

(1) 能正确识别电机的结构组成和作用,能描述电机的工作原理。

(2) 掌握电机的起动、调速、反转和制动方法和原理。

(3) 掌握电机日常保养维护内容,掌握电机正确拆装和保养。

(4) 掌握电机常见故障分析及排除。

【相关知识】

一、交流电动机的分类

交流异步电机因为电机结构简单、运行可靠、维护保养方便等优点,在各行各业中使用最为广泛。但主要缺点是不能实现大范围的平滑调速,电机轻载时功率因数低,使得电源利用率低,发电机容量得不到充分发挥。目前船舶上几乎所有的辅机拖动电机都采用异步电机,家庭使用的单相电机也是异步电机。

交流电机按照供电电源可分为单相和三相异步电动机。单相电机一般功率较小,一般在家庭中使用,当然包括船员生活使用的风扇、冰箱等;而工业一般使用三相电机。

按照电机转轴安装的位置可分为卧式和立式两种。

按照电机工作方式可分为连续工作制、短时工作制和断续工作制。

按照冷却方式和保护方式的不同可以分为开启式、防护式、封闭式等,如图3-2-1所示。开启式电机价格便宜,散热好,但容易侵入灰尘、水汽、油污等。防护式电机通风条件好,可防止外界物体落入电机内部,又分为防滴、防溅等,但不能防止潮汽和灰尘。封闭式电机因为密封,水和潮气都不能侵入电机中,如潜水泵电机。还有一种是防爆型电机,其应用于有爆炸危险的环境中,外部爆炸不会损坏电机,电机内部故障也不会对外部造成不利影响。

二、三相交流异步电动机的结构

三相交流电动机有定、转子构成,图3-2-2为三相鼠笼式电机的组成部件。

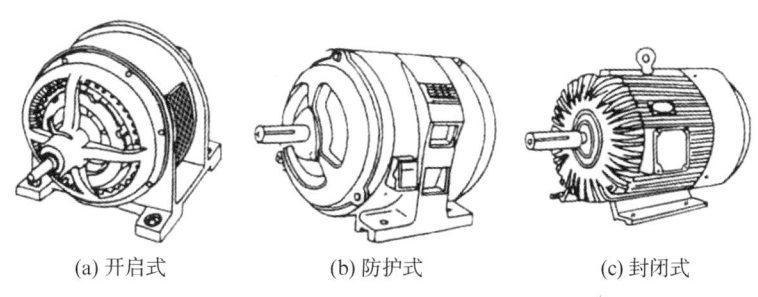

(a) 开启式　　　　　(b) 防护式　　　　　(c) 封闭式

图 3-2-1　三相异步电机

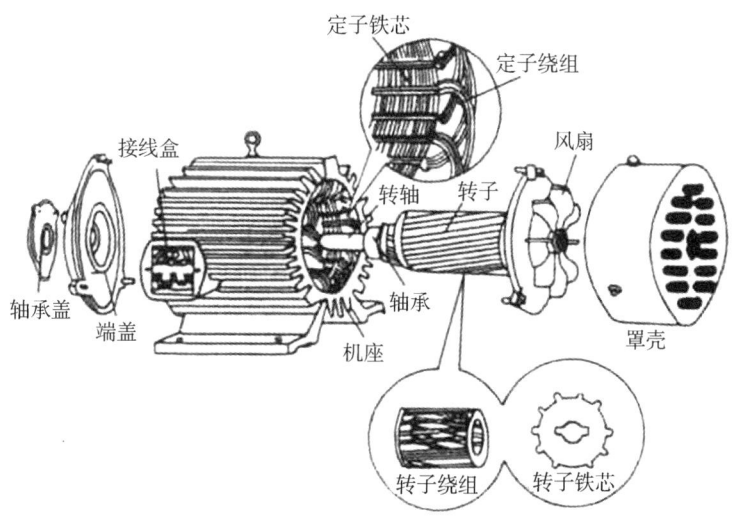

图 3-2-2　三相鼠笼式电机的组成部件

1) 定子结构

定子由基座、定子铁芯、定子绕组、端盖和接线盒等组成。基座部分由铸铁或铸钢制成。基座内由用 0.5 mm 厚的硅钢片叠成筒型铁芯（目的是减小铁芯中磁滞和涡流损耗），筒型铁芯内部径向开有很多铁芯槽，用来嵌放三相定子线圈。如图 3-2-3 所示。

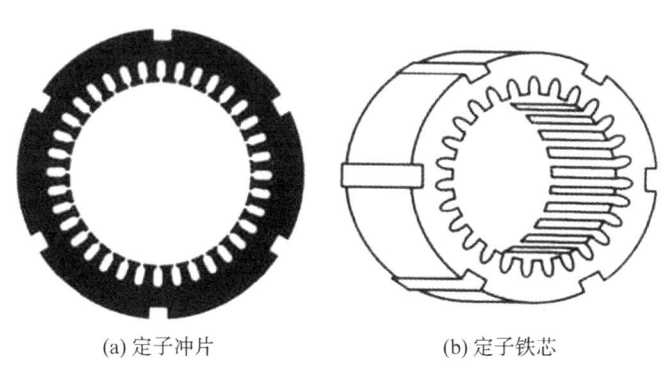

(a) 定子冲片　　　　　(b) 定子铁芯

图 3-2-3　定子冲片及定子铁芯

三相定子绕组，都由相同的线圈（每个线圈的匝数、漆包线线径、绕制尺寸都一样）连接而成，每相绕组都由相同线圈个数连接而成，最后都留下一个线头和一个线尾送到机壳外表的接线盒的两个接线柱上，三相绕组共有 3 个线头、3 个线尾，全部连接到接线和 6 个接线柱上。3个首端用 U_1、V_1、W_1 表示，3个尾端用 U_2、V_2、W_2，即表示三相绕组 U、V、W 的6个端子。三相绕组共有两种接法，即星形接法（Y）和三角形接法（D）。Y 接法指的三相绕组三个尾端短接，三个首端接电源；D 形接法指的是三相绕组依次首尾相接成三角形，然后三个首端接电源。在接成 Y、D 形前一定搞清楚每相绕组首端、尾端（即同名端），如果端子标号丢失，一定要先判断同名端。电机到底接成什么接法，可以在电机铭牌上读出，实际就是通过每相绕组实际承受电压值和电压线电压值关系来确定，如果绕组承受电压值和电压线电压值相等就接成 D 形，如果线圈承受电压值为线电压值 $\frac{1}{\sqrt{3}}$，就接成 Y 形。

图 3-2-4 为三相绕组引入接线盒及接法。

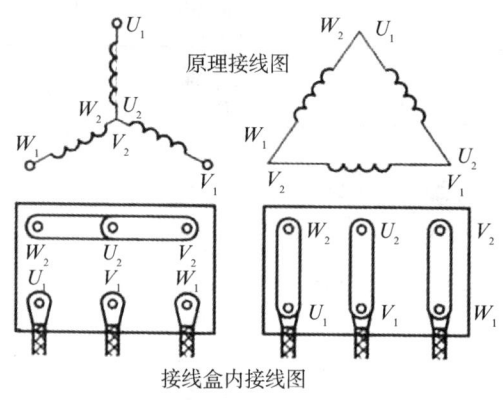

图 3-2-4　三相电机定子绕组两种接法

2）转子结构

异步电机的转子有鼠笼式和绕线式两种。两种转子均有转子铁芯、转子绕组、转轴、轴承、滑环（仅限线绕式电机特有）和风叶等。

鼠笼转子结构简单，如图 3-2-5 所示。转子铁芯也由硅钢片叠成圆柱形，圆柱形表面开有很多轴向槽，用来嵌放转子绕组。转子绕组有两种：一是用金属条（鼠笼式转子），二是用漆包线（线绕式转子）。转子绕组用铜条来做成，两端用两个短路环把所有铜条两端焊接成通路；铸铝绕组是将铝融化后一次性浇铸到转子铁芯槽中，两个端环及冷却风扇也同时铸成。一般小型电机鼠笼转子采用铸铝转子。

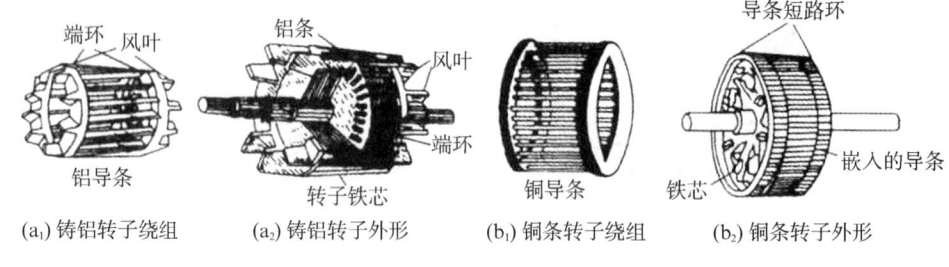

图 3-2-5　鼠笼转子

线绕式转子的铁芯和鼠笼式转子铁芯一样，不同点就是转子绕组和定子绕组一样，也是用漆包线绕组而成三相转子绕组，通常转子绕组接成 Y 形，其中 3 个尾端短接，3 个首端引到并焊接到转子轴上的 3 个集电环上，如图 3-2-6(a) 所示。集电环和直流电机换向器是不同的,集电环是中间不开槽的。3个集电环通过3把电刷的滚动接触把转子绕组3个首端引到电机外面,通常外接转子变阻箱或其他控制装置,这样可以改变转子回路的阻值来改善起动性能或者给电机调速。

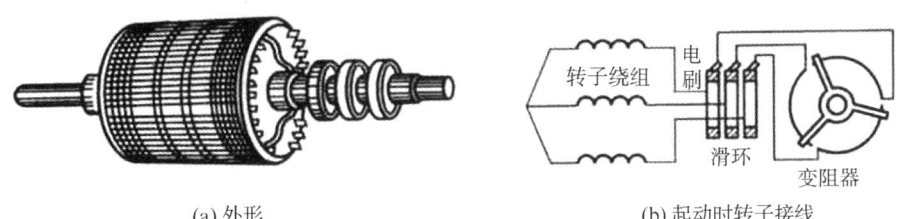

图 3-2-6　绕线式转子

3) 定转子间气隙和励磁电流

异步电机定转子间气隙很小,中小型电机一般为 0.2～2.0 mm,气隙越小,电机磁路磁阻小,电机励磁电流小,电机运行功率因数高。但电机气隙小,对电机制造要求精度高,装配加工困难,而且运转时容易造成定转子摩擦甚至相碰。

三、交流电动机的铭牌

1) 三相电机的型号

为了适应不同用途和不同工作场所的需要,交流电机均按规定标准制成不同系列,每种系列用不同型号来表示。随着制造工艺的进步和材料的更新换代,并且与国际标准接轨,电机系列号也在更新。掌握异步电机的型号是正确选择和使用电机的前提。

国产异步电机产品名称及代号见表 3-2-1。

表 3-2-1　国产异步电动机产品名称及代号

产品名称	代号	汉字意义	备注
鼠笼式异步电动机	Y(Y-L)	异步	Y：铜导体；Y-L：铝导体
绕线式异步电动机	YR	异绕	
防爆型异步电动机	YB	异爆	
高起动转矩异步电动机	YQ	异启	
微型异步电动机	AQ	—	

2) 三相异步电机铭牌参数的意义

在电机外壳均有铭牌,列有电动机主要参数,其大致内容如表 3-2-2 所示。

表 3-2-2　三相异步电动机铭牌

型号	Y90L-4	电压/V	380	接法	Y
容量/kW	1.5	电流/A	3.7	工作方式	连续
转速/(r/min)	1 400	功率因数	0.79	温升/℃	75
频率/Hz	50	绝缘等级	B	出厂年月	
××电机厂		编号		质量/kg	

参照表 3-2-2,异步电机铭牌的主要额定数据有:

(1) Y90L-4:Y 表示异步电动机;90 指的是电机地脚到轴中心的距离(mm);L 机座长度为长机座,4 磁极数。

(2) 额定电压:指电机正常运行电源提供给电机线电压值。实际运行如果电源提供电压值高于额定电压,电机绝缘会受到破坏,同时电流会增加;反之,电机转速下降,电流变大,易引起过热。

因此,在使用时首先测试电源电压是否缺相,电压值是否正常非常重要。

(3) 额定电流:指电机在额定电压和额定负载的条件下电机的线电流。一般根据额定电流来设置保护器件。

(4) 额定功率:指在额定电压下电机在额定运行时从轴上输出的机械功率。电机从电源中获取功率要除去电机铜损、铁损和风阻摩擦阻力后的净输出功率。

(5) 额定转速:指电机在额定运行时的转速。如果过载电机转速会下降,电流上升,温升提高。

(6) 额定频率:指电源输出频率,通常为 50 Hz 和 60 Hz,交流电源频率是非常重要的参数,频率不正常会影响电机工作电流、电机转速。

(7) 额定功率因数:电机是 RL 负载,工作时电流电压不同相位,因此功率因数小于1,电机空载或轻载时功率因数都低,空载时一般为 0.2～0.3;额定运行时功率因数较高,一般为 0.8～0.9。因此电机要工作在额定状态,不允许轻载或过载。

(8) 接法:电机三相定子绕组的接法,一般有星形和三角形,通常 3 kW 以下电机多接成 Y 形,4 kW 以上电机多接成 D 形。如果铭牌上标明"380 V/220 V　Y/D",其含义为此电机可以两种接法,如果是 380 V 时接成 Y 形,如果是 220 V 时接成 D 形。这两种接法功率相同,但如果在电源电压不变的情况下,电机由原来应接成星形而误接成三角形,那么电机功率就是原来 3 倍,要烧电机的。

(9) 工作方式:电机主要有连续 S1、短时 S2、断续 S3 三种运行方式。其中连续运行电机指的是电机在额定条件下允许长期持续工作;短时工作时间有 15 min,30 min,60 min,90 min 等 4 种;断续工作指的是电机在正常工作周期内有工作和停息,时间都比较短。

(10) 绝缘等级与温升:电机绝缘等级是按照电动机所用绝缘材料的所能承受极限温度来划分的。极限温度反映的是绝缘材料的耐热性能。这是非常重要的,电机损坏往往都是绝缘损坏带来的。

(11) 防护等级:IP 是由 IEC 规定的。按照电机防尘、防湿的要求分级。防止异物和人触电机内部而触电、碰伤或损坏电器。

四、三相异步电动机的机械特性及其特征参数

1. 工作原理

按照电机铭牌接线要求把电机定子绕组接成 Y 形或 D 形。对于鼠笼式电机,由于转子固定接成回路,只要给定子三相绕组接通电源;对于线绕式异步电机,首先把转子接成通路,然后给三相定子绕组通电。

异步电动机工作原理简单地说就是通电矩形线圈在磁场中受力,有效边受力方向相反,产生力偶,即产生电磁转矩驱动电机转子转动。其中有两个问题必须解决:磁场来自何方;电流从何而来。这样电机定、转子有明确的分工,一般情况下定子担负产生磁场,因

为定子绕组接电源;转子绕组负责产生转子电流。

三相定子绕组接入三相交流电源后,在对称负载上产生三相对称定子电流,三相定子电流在不同相位上电流方向不一样,因此在定子腔中合成的磁场是旋转的,也就是"磁极"是旋转的,磁场旋转方向和电源相序有关,由于电源相序有两种,因此磁场旋转方向也有两种。在电机定子已经接好的情况下,只要改变任意两根线的接法,就能改变电源相序,磁场方向也就随之改变。

1) 定子旋转磁场的产生

图3-2-7为三相异步电动机定子绕组接线示意。在定子铁芯上冲有均匀分布的铁芯槽,在定子空间各相差120°电角度的铁芯槽中布置有三相绕组U_1U_2、V_1V_2、W_1W_2,三相绕组接成Y形连接。现向定子三绕组中分别通入三相交流电i_U、i_V、i_W,各相电流将在定子绕组中分别产生相应的磁场,图3-2-8所示为两极定子绕组的旋转磁场。

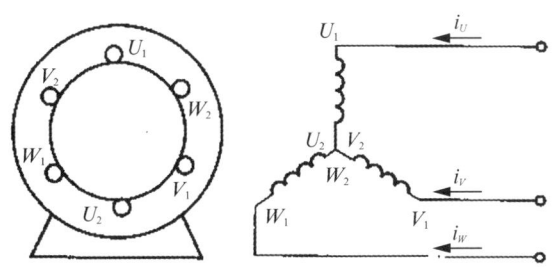

图3-2-7 定子三相绕组接线示意

在$\omega t=0$的瞬间,$i_U=0$,故U_1U_2绕组中无电流;i_V为负,假定电流从绕组末端V_2流入,从首端V_1流出;i_W为正,则电流从绕组首端W_1流入,从末端W_2流出。绕组中电流产生的合成磁场如图3-2-8(b)所示。

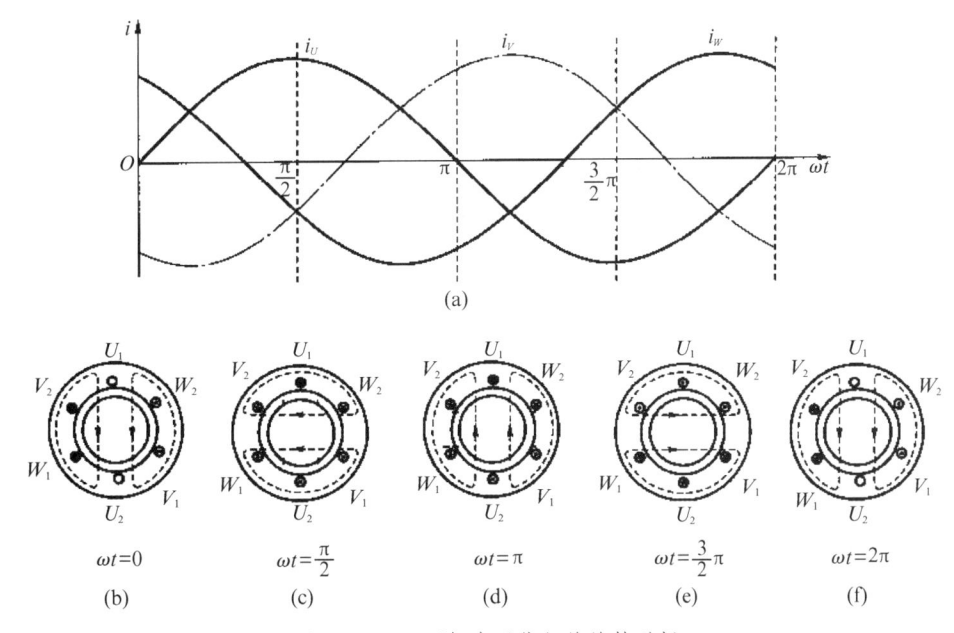

图3-2-8 两极定子绕组的旋转磁场

在 $\omega t = \frac{\pi}{2}$ 的瞬间，i_U 为正，电流从首端 U_1 流入、末端 U_2 流出；i_V 为负，电流仍从末端 V_2 流入、首端 V_1 流出；i_W 为负，电流从末端 W_2 流入、首端 W_1 流出。绕组中电流产生的合成磁场如图 3-2-8(c)所示，可见合成磁场顺时针转过了 90°。

继续按上法分析，$\omega t = \pi$、$\frac{3}{2}\pi$、2π 的不同瞬间三相交流电在三相定子绕组中产生的合成磁场，可得到如图 3-2-8(d)、(e)、(f)所示的变化，观察这些图中合成磁场的分布规律可见：合成磁场的方向按顺时针方向旋转，并旋转了一周。

由此可以得出结论：在三相异步电动机定子铁芯中布置结构完全相同、在空间各相差 120°电角度的三相定子绕组，分别向三相定子绕组通入三相交流电，则在定子、转子与空气隙中产生一个沿定子内圆旋转的磁场，该磁场称为旋转磁场。

磁场有转速称为同步磁场转速，也称同步转速，它取决于电源的频率和绕组磁极对数，电机磁极对数与电机制造有关，那么同步磁场转速大小为

$$n_1 = \frac{60f}{p} \qquad (3-2-1)$$

式中：p 称为磁极对数，即 $p=1$ 称为一对极，也就是一个 N 极，一个 S 极。$p=2$ 时称为两对极，即有两个 N 极，两个 S 极，依次类推。如果 $f=50$ Hz，一对极对应同步转速为 3 000 r/min；两对极同步转速为 1 500 r/min，以此类推。

2) 转子电流的产生及转子转动原理

图 3-2-9 为三相异步电动机工作原理。当三相定子绕组 U_1U_2、V_1V_2、W_1W_2 中通入三相交流电后，按前分析可知将在定子、转子及其空气隙内产生一个同步转速为 n_1、在空间按顺时针方向旋转的磁场。该旋转磁场将切割转子导体，在转子导体中产生感应电动势，由于转子导体自成闭合回路，因此该电动势将在转子导体中形成电流，其电流方向可用右手定则判定。在使用右手定则时必须注意，右手定则的磁场是静止的，导体在作切割磁感力线的运动，而这里正好相反。为此，可以相对地把磁场看成不动，而导体以与旋转磁场相反的方向(逆时针)去切割磁力线，从而可以判定出在该瞬间转子导体中的电流方向如图 3-2-9 中所示，即电流从转子上半部的导体中流出，流入转子下半部导体中。

有电流流过的转子导体将在旋转磁场中受电磁力 F 的作用，其方向可用左手定则判定，如图 3-2-9 中箭头所示，该电磁力 F 在转子轴上形成电磁转矩，使异步电动机以转速 n 旋转。由此可以归纳出三相异步电动机的旋转原理为：当定子三相绕组中通入三相交流电时，在电动机气隙中即形成旋转磁场，转子绕组在旋转磁场的作用下产生感应电流，载有电流的转子导体受电磁力的作用，产生电磁转矩使转子旋转。由图 3-2-9 可知，电动机转子的旋转方向与旋转磁场的旋转方向一致。因此要改变三相异步电动机的旋转方向只需改变旋转磁场的转向即可。

异步电机处于电动机状态时，其转子转速 n 始终小于旋转磁场的同步转速 n_1，方向与同步磁场转速方

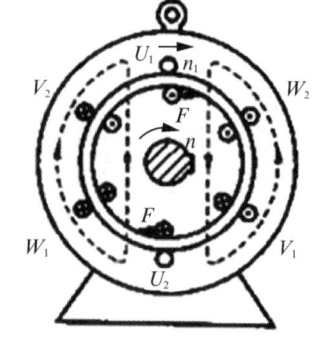

图 3-2-9 三相异步电动机工作原理

向相同。也就是说转子跟着磁场而旋转,这样定子磁场和转子存在相对切割,转子才会产生感应电动势、感应电流,如果转速相等,转子电流就消失,电机就没有电磁转矩。这样转子转速与同步磁场转速不等,所以称为"异步",异步电机也因此得名。转子转速与同步磁场存在转速差,用转差率 S 来表示,它也是异步电机一个基本参量,即

$$S = \frac{n_1 - n}{n_1} \times 100\% \qquad (3-2-2)$$

转差率 S 没有单位,它能反映电机转子的转速。当电动机处于电动运行状态时,$0 < n < n_0$,则 $0 < S < 1$,通常电机在额定负载时的转差率一般为 $1\% \sim 9\%$。

如果转子转速大于同步磁场转速,即 $n > n_0$,转差率小于 0,即 $S < 0$,那么转子与磁场相对切割方向相反,转子上感应电动势方向相反,感生电流方向相反,电磁转矩方向相反,此时电磁转矩和转子转向相反,电磁转矩称为阻转矩,在这种情况下,电动机处于发电状态,把电能反送电源。

如果电机正常运转时,突然把电源换相,这样一来,电源相序变了,磁场旋转方向也变成相反,那么同步磁场转速方向和转子磁场方向由原来相同变成相反,转差率就大于 1,即 $S > 1$,由于定转子相对切割速度变大了,即 $\Delta n = n + n_0$,转子感应电动势变大,转子电流变大,但电流方向变反,产生很大电磁转矩,但此时转矩为阻转矩,能够很快让电机停转,这种情况称为"反接制动"状态。

当电机启动瞬间或者堵转时,由于电机转子转速为零,即 $n = 0$,$\Delta n = n_1 - n = n_1$,此时转差率 $S = 1$。当电机空载运转时,$n \approx n_1$,$S \approx 0$。电机各种工作状态转差率示意如图 3-2-10 所示。

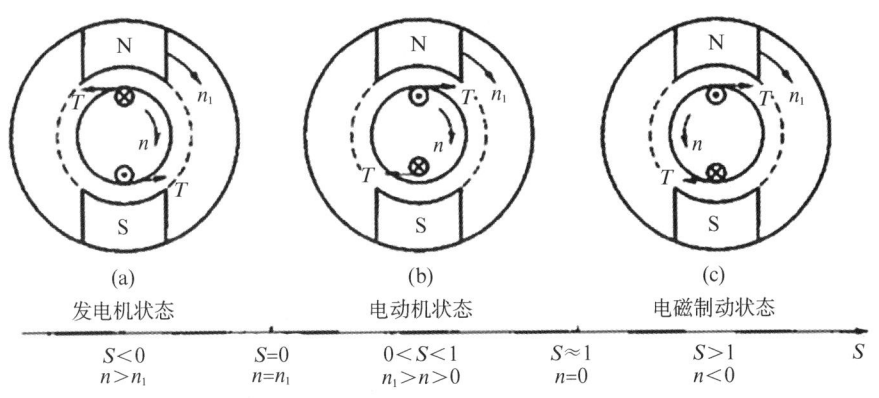

图 3-2-10 转差率 s 与异步电机的运行状态

2. 三相异步电动机的工作特性

1) 电动机电磁转矩

在异步电动机工作时,定子绕组从电网中吸收电能,通过电磁感应的作用,电能从定子传递给转子,转换为机械能从转子轴上输出。因此,异步电动机的定、转子之间的电磁关系、能量传递与变压器原、副边之间的关系类似。由于三相对称,选择一相进行分析。

定子绕组中分别产生自感电势 e_1、漏感电势 $e_{\sigma 1}$,同时也包括绕组中电阻压降 $i_1 R_1$;转子绕组中分别存在互感电势 e_2、漏抗电势 $e_{\sigma 2}$,转子绕组电阻压降 $i_2 R_2$,同变压器原副边等效基本相似。因此异步电动机定子等效电路形式与变压器原副边等效电路完全相同,如

图 3-2-11 所示,只是转子回路的频率 f_2 与定子电流频率 f_1 不再相等。异步电动机运行时转子绕组闭合产生转子电流,因而转子中还存在转子漏感电势和转子绕组压降,其等效电路形式与变压器副边短路时情况相同。

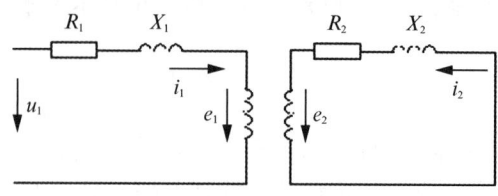

图 3-2-11 三相异步电动机单相等效电路

当异步电动机转子以 n 旋转时,转子绕组以相对磁场 $\Delta n = n_0 - n$ 切割磁场,产生转子感应电流,电机转子绕组总是和定子磁极对数相等,设定子交流电频率为 f_1,则转子绕组中感应电流的频率为 f_2,并且为

$$f_2 = \frac{p(n_1 - n)}{60} = \frac{n_1 - n}{n_1} \times \frac{pn_1}{60} = sf_1 \qquad (3-2-3)$$

电机在运行过程中,转子转速变化,带来转差率变化,必然带来转子电流变化,带来定子电流变化。

转子电流 i_2 与转差率 S 有关,即与转子转速有关。转速越小,转差率越大,定转子相对切割速度越大,转子感应电动势越大,转子电流越大,同时电磁转矩越大,电机加速,一直到新的平衡点,电机又开始稳定运行。当电机转速变化时,转子中各相关物理量均变化,转子感应电动势、转子电流、转子感抗、功率因数等。转子转速变慢,即转差率变大时,转子电流变大,转子功率因数变小。

电机运行就是由于在电磁转矩的驱动下而运转,电磁转矩就是转子电流在定子磁场受力产生,还与转子功率因数 $\cos \alpha_2$,即转子电流和转子感应电动势之间相位差的余弦(电感性)有关。电磁转矩表达式为

$$T = C_T \Phi I_2 \cos \alpha_2 \qquad (3-2-4)$$

由于电机转差率变化同时能改变转子电流和转子功率因数,因此异步电机电磁转矩和转差率有关。电动机在运行时,其轴上的电磁驱动转矩 T 克服电机因风阻、摩擦力等空载阻转矩 T_0 后,对外输出转矩 T_2。考虑 T_0 一般很小,可忽略,因此可得异步电动机转矩平衡方程为

$$T = T_2 + T_0 \approx T_2 \qquad (3-2-5)$$

电机轴上输出转矩 T_2 用来带动生产机械旋转,当拖动系统稳定运行时 T_2 与生产机械在电机轴上形成的负载转矩 T_L 平衡,即

$$T_2 = T_L \qquad (3-2-6)$$

2) 电动机的机械特性

电动机机械特性指的是电动机转速 n 与电磁转矩 T 之间关系,即 $n = f(T)$。它是电动机最重要的一个特性。

为了进一步表明电磁转矩和转差率关系,给出关系式

$$T_{st} \approx K \frac{sR_2'U_1^2}{R_2'^2 + (sX_{2\sigma}')^2} \tag{3-2-7}$$

式中：$X_{2\sigma}'$ 为转子转速为零时漏感抗，R_2' 为转子绕组的电阻，U_1 为电源电压。

当 S 很小时，$R_2'^2 \geqslant (SX_{2\sigma}')^2$，此时 $T \propto S$，所以在 S 小时，转矩和转差率成线性比例关系；当 S 很大时，$R_2'^2 \leqslant (SX_{2\sigma}')$，此时 $T \propto \dfrac{1}{S}$，因此可以绘出转矩曲线，如图 3-2-12 所示。当电机带负载时，其实际输出转矩主要取决于负载转矩的大小。

电动机机械特性包括固有机械特性和人为机械特性。固有机械特性指的是电源电压和频率都不变，电动机本身各参数（定、转子绕组电阻、电抗、磁极对数等）保持不变时其电磁转矩和转速关系；电动机运行过程中，电源电压或频率变化，定子回路串电阻或电抗，以及电机本身某些参数等变化，引起电动机的机械特性随之变化，由此得到的机械特性称为人为机械特性。如图 3-2-13 为电动机机械特性曲线。

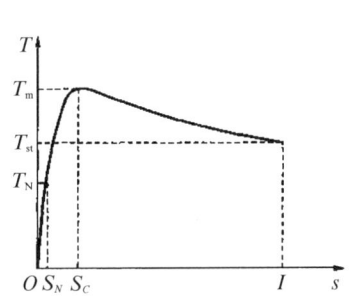

图 3-2-12 异步电动机转矩特性曲线

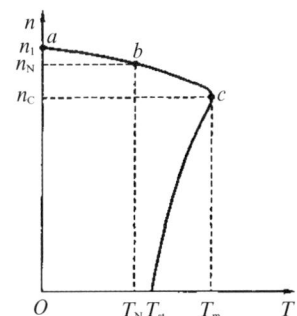

图 3-2-13 异步电动机机械特性曲线

3）三相异步电动机的最大转矩

对式（3-2-7）用数学求极值的办法把转矩 T 对转差率 S 求导，并且令导数为零，即 $\mathrm{d}T/\mathrm{d}s = 0$，求得临界转差率 S_m，代入（3-2-7）得到最大转矩 T_m。

$$S_m \approx \frac{R_2'}{X_{1\sigma} + X_{2\sigma}'} \tag{3-2-8}$$

通过式（3-2-8）可知，临界转差率与电源电压无关，与转子电阻成正比。改变转子电阻可以改变转差率，即可以改变电机转速 n，鼠笼式转子是固定的，只有线绕式电机可以通过三把电刷外接变阻器的方法改变转子电阻来调速和调节起动转矩。图 3-2-14 为改变转子电阻时机械特性曲线。最大转矩为

$$T_m = \frac{m_1 p U_1^2}{4\pi f_1 (X_{1\sigma} + X_{2\sigma}')} \tag{3-2-9}$$

由式（3-2-9）可知，最大转矩与转子电阻无关，这样线绕式电机转子回路串电阻调速或增加起动转矩时不改变最大转矩。通过转矩公式发现电机转矩与电源电压平方成正比。如果电源电压不稳定发生变化，直接传导到电磁转矩变化，如果电压下降 10%，那么转矩下降近 20%。因此对电动机来说电源电压的稳定性很重要。图 3-2-15 为电源电压变化时的机械特性曲线。

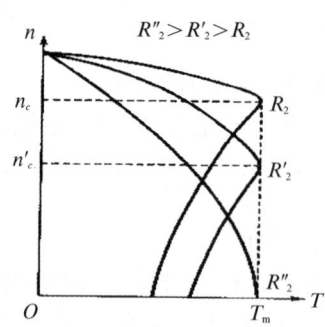 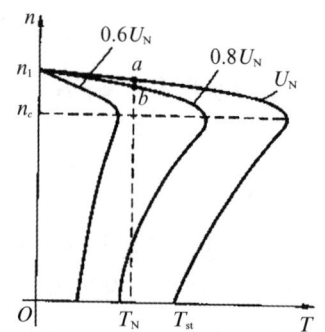

图 3-2-14 改变转子电阻机械特性曲线　　图 3-2-15 电源电压变化时的机械特性曲线

T_m 是电动机能产生的最大转矩，如果所带负载转矩 $T_L > T_m$，电动机会承担不了而被拉停出现堵转。

4) 三相异步电动机的额定转矩

额定转矩 T_N 是电动机带额定负载时的输出转矩，它可以根据电动机铭牌上的额定功率 P_N 和额定转速 n_N 求得

$$T_N = 9550 \times \frac{P_N}{n_N} \tag{3-2-10}$$

通过 $n = f(T)$ 曲线可知：当所带负载很小时，电磁转矩也很小，电机转速很高，如果空载时电机转速近似为 n_0；当所带负载增加时，电磁转矩也变大，电机转速将减小，在曲线上有一个极值点 (T_m, n_m)，以极值点为界，上面部分为电机"稳定工作区域"，下面为电机"不稳定区"。因此电机正常运行工作应该在上面部分。曲线和 T 轴相交点为 $(T_{st}, 0)$，即电机起动点，此时电机转速为零。电机额定工作点为稳定工作区域的 (T_n, n_N)。这样电机共有三个特殊点：稳定工作点、最大转矩点(极值点)、起动点。对应三个转矩值：T_n、T_m、T_{st}。当电机最大转矩大于负载转矩时，电机从起动点开始起动，很快沿曲线上升，经过"极值点"到达"工作点"稳定运行。当电机原先稳定在工作点运行，如果负载突然增加，那么电机电磁转矩必须增加，当然电机转速必须下降；如果最大转矩也没有负载转矩大，那么一直到电机的"起动点"，也就是电机堵转了。

为了表明电动机过载能力，用过载因数 λ 表示，即

$$\lambda = \frac{T_m}{T_N} \tag{3-2-11}$$

普通电机过载因数 λ 为 1.6~2.2，而对于起重用的电动机 λ 则可达 2.2~2.8。

5) 电动机的起动转矩

电动机在起动瞬间需要一定的起动转矩克服电机空载时的转子惯性和带载时的负载转矩，起动转矩 T_{st} 的表达式为

$$T_{st} = K \frac{R_2' U_1^2}{R_2'^2 + (X_{20}')^2} \tag{3-2-12}$$

起动转矩与转子电阻、电源电压有关，因此增大转子电阻可以提高起动转矩。起动转

矩也是堵转转矩。起动转矩和额定转矩之比 $K_T=\dfrac{T_{st}}{T_N}$ 称为起动转矩倍数。K_T 越大,电机起动越快。普通异步电动机的 K_T 在 1.1~2.0。

五、三相异步电动机的起动

电机接通电源后,定子电流产生旋转磁场,转子此时静止,定转子相对运动速度最大,因此转子感应电动势最大,转子电流很大,定子电流受控于转子电流,因此定子电流很大,此时起动瞬间定子电流为额定电流的 5~7 倍。

频繁起动过大的电流会使电机发热甚至损坏,过大电流会使电源内部及供电线路压降增大,以致电力网电压下降影响同一线路其他负载的正常工作。因此电机起动时必须保证足够的起动转矩,保证足够的起动能力,同时又要把起动电流限制在一定范围内。

电机的起动除了直接起动(全压起动)外,就是降压起动,降压起动有 Y-△ 起动法、鼠笼式定子串电抗器起动、绕线式电机转子串电阻、晶闸管软起动和变频软起动等。船舶上除了大容量电机采用降压起动外,一般电机都是全压起动。降压起动,起动电流减小,但起动转矩也减小,引起起动时间延长。一般在轻载起动时采用降压起动,其最常用的就是 Y-△ 起动法。

1. 直接起动

所谓直接起动就是把定子绕组直接与电源接通。由于鼠笼式电机结构简单,过载能力较强,且一般起动时间短,起动电流一般不会对电机造成直接损坏,就电机本身来说是可以直接起动的。

普通鼠笼电机起动转矩并不是很大,因此可采用双鼠笼式或深槽式等特殊结构的转子,来改善全压起动的起动性能,这两种转子转子阻抗大,特性软,但起动转矩大,起动电流小。

能够直接起动通常认为只需满足下述三个条件中的一条即可。

第一,容量在 7.5 kW 以下的三相异步电动机一般可采用直接起动。第二,用户由专用的变压器供电时,如电动机容量小于变压器容量的 20% 时,允许直接起动。对于不经常起动的电动机,则该值可放宽到 30%。第三,也可用下面的经验公式来粗估电动机是否可以直接起动。

$$\dfrac{I_{st}}{I_N} < \dfrac{3}{4} + \dfrac{\text{变压器容量}(kV \cdot A)}{4 \times \text{电动机功率}(kW)}$$

式中:$\dfrac{I_{st}}{I_N}$ 即电动机起动电流倍数,可由三相异步电动机技术条件中查得。

2. Y-△降压起动法

这种方法仅仅适用于正常运行时是 D 形运行电机(Y 形运行电机不能采用此法)的情况,起动时负载为轻载或空载。降压原理就是起动时把定子绕组改接成 Y 形接法,每相绕组承受的是电源线电压的 $\dfrac{1}{\sqrt{3}}$,D 形运行时每相绕组承受就是电压线电压。Y 形时线电流等于 $\dfrac{U_1}{\sqrt{3}|Z|}$,D 形工作时相电流为 $\dfrac{U_1}{|Z|}$,线电流为 $\sqrt{3}\dfrac{U_1}{|Z|}$,因此 Y 形起动时电流变成 D 形工

作时的 $\frac{1}{3}$，可见电流降下来了，由于起动转矩与电源电压平方成正比，因此电压变成原来的 $\frac{1}{\sqrt{3}}$，起动转矩也变成原来的 $\frac{1}{3}$。

3. 绕线式异步电动机的改变转子回路电阻起动

起动时通常在转子三相绕组中串可变电阻起动，也有部分绕线转子异步电动机用频敏变阻器起动。图 3-2-16 为串电阻起动，在绕线转子异步电功机的转子电路中串入一组可以均匀调节的变阻器，称为起动变阻器。起动开始时，手柄置于图所示的位置，此时全部电阻串在转子回路中，随着电动机转速的升高，逐渐将手柄按顺时针方向转动，则串入转子电路中的电阻逐渐减小，当电阻被全部切除（即电阻为零）时，电动机起动即告结束。此法一般用于小容量的绕线转子电动机上。

图 3-2-17 为串频敏变阻器起动。频敏变阻器是一种有独特结构的无触点元件，其构造与三相电抗器相似，即由 3 个铁芯柱和 3 个绕组组成，3 个绕组接成 Y 形连接，并通过滑环和电刷与绕线转子异步电动机的三相转子绕组相连。

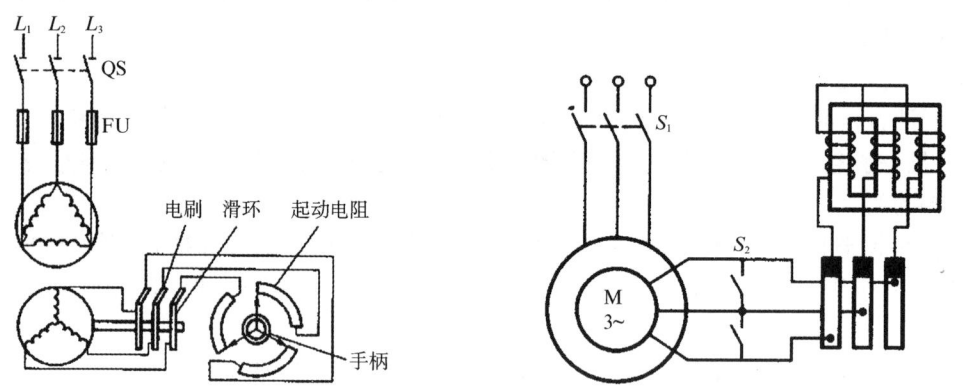

图 3-2-16　绕线式异步电动机转子串电阻起动示意　　图 3-2-17　绕线电机转子串频敏变阻器起动电路

频敏变阻器的主要结构特点是铁芯用 6~12 mm 厚的钢板制成，并有一定的气隙，一个铁芯线圈可以等效为一个电阻 R_m 和电抗 X_m 的串联电路，R_m 主要反映铁芯内的损耗，由于铁芯是由厚钢板叠成的，因而当绕组中通过交流电后，在铁芯中产生的涡流损耗和磁滞损耗都很大，等效的 R_m 也就比较大。涡流损耗与频率的平方成正比。当绕线转子电动机刚起动时，电动机转速很低，故转子电流频率 f_2 很大（接近于 f_1），铁芯中的损耗很大，即 R_m 很大，因此限制了起动电流，增大了起动转矩。随着电动机转速的增加，转子电流频率下降（$f_2=sf_1$），于是 R_m 减小，使起动电流及转矩保持一定数值。故频敏变阻器实际上是利用转子频率 f_2 的平滑变化来达到使转子回路总电阻平滑减小的目的。起动结束后，转子绕组短接，把频敏变阻器从电路中切除。

由于频敏变阻器的等效电阻和等效电抗都随转子电流频率而变，反应灵敏，所以称为频敏变阻器。用该法起动的主要优点是结构简单、成本较低、使用寿命长、维护方便，能使电动机平滑起动（无级起动），基本上可获得恒转矩的起动特性。主要不足之处是由于有电感 L 的存在、使功率因数较低，起动转矩并不很大。因此当绕线转子电动机在轻载起动时，采用频敏变阻器法起动优点较明显，如重载起动一般采用串电阻起动。

4. 鼠笼式电机的软起动

Y-△降压起动法,有效减小起动电流,但起动转矩也减小,只能适用于空载或轻载起动,并且整个起动过程存在两个阶段,降压起动然后过渡为全压运行,其中存在过渡冲击电流。采用软起动,就是解决降压起动和全压运行切换时的冲击变成平缓过渡。

软起动的实现方法主要是在定子供电主电路中串接三相可控晶闸管,即在三相电源与电动机间串入三相可控晶闸管;也有将电机定子绕组一侧接电源,软启动器接在定子绕组的另一侧。

三相可控晶闸管就是晶闸管交流调压器,它用3对晶闸管反并联或3个双向晶闸管分别串接在三相电路中。图3-2-18为软起动控制框。

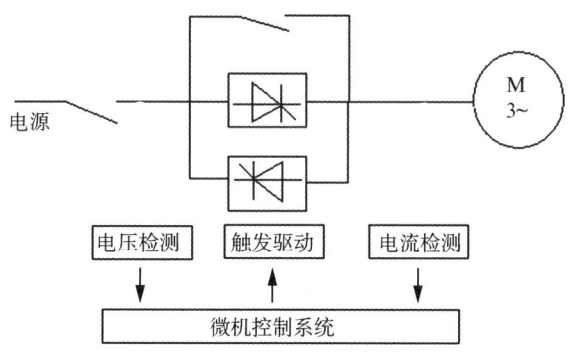

图3-2-18 软起动控制框

在起动电机时,通过逐渐增大晶闸管导通角,电机起动电流从零线性上升至限定值,并保证在限定值以内逐渐增大导通角,使得电机电压逐渐提高,直至电机得到全压后用接触器切换软启动器。由于在起动过程中限制起动电流,电压逐渐提高,因此电机起动平稳可靠,具有负载振动、对电网冲击小等优点。

实际应用中,软起动采用下面几种起动方式:

(1) 斜坡升压软起动。这种起动方式简单,不具备电流闭环控制,仅仅调整晶闸管导通角,使之与时间成一定函数关系增加,电机电压按照设定斜坡上升。其缺点为由于不限流,在电机起动过程中,有时要产生较大的冲击电流,会使晶闸管损坏,对电网影响较大,因此实际使用较少。

(2) 斜坡恒流软起动。这种起动方式在电机起动的初级阶段起动电流逐渐增加,当电流达到预先所设定的限流值后保持恒定,直至电流下降到额定值以下,电机电压达到全压后起动完毕。在起动过程中,电流上升变化速率可以根据电动机负载调整设定。电流上升速率大,则起动转矩大,起动时间短。该起动方式是应用最多的起动方式,适用于风机、泵类负载的起动。

除了上述两种方法外,有的还采用阶跃起动或脉动冲击起动方式以适应重载情况,但一般应用较少。

六、三相异步电动机的反转、调速与制动

1. 电机的反转

所谓电机反转就是改变原来电机转向。实现方法就是将电源任意两根线对调一下,改变三相电源相序,即改变电机旋转磁场转向,那么电机转速方向随之改变。

2. 电机的调速

电机的调速指的是人为根据工作需要改变电机转速。调速的理论依据为

$$n = n_1(1-s) = \frac{60f_1}{p(1-s)} \qquad (3-2-13)$$

从式(3-2-13)可见实现调速的方法有改变同步转速和改变转差率两种。改变同步转速又分为改变电源频率和改变定子绕组极对数；改变转差率又分为改变电源电压和改变转子阻抗。

1) 转子回路串电阻调速

这种方法仅仅适用于绕线式电机。当电机串电阻后，不影响最大转矩，但改变了电动机的曲线硬度，使得特性曲线变软，在负载转矩不变的情况下，电机转速发生变化，如图3-2-19所示。这种方法简单，可实现多级调速，但在空载或轻载时调速范围小，效果不明显。

2) 改变定子电压调速

改变电源电压(只能降压调整)，电机的最大转矩，起动转矩都变小。所以，电机机械特性左移，特性也变软，在负载转矩不变的情况下，转速下降。对于通风机性负载，调速范围较大，但对于恒转矩负载调速范围很小，如图3-2-20所示。

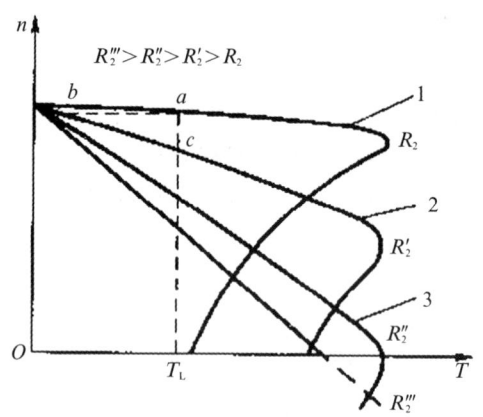

图 3-2-19 绕线转子电动机转子串电阻调速的 $n=f(T)$ 曲线

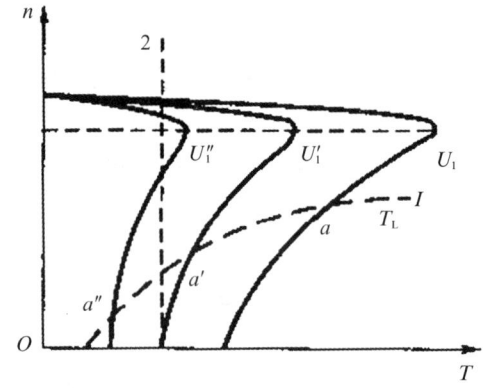

图 3-2-20 笼型异步电机改变定子电压调速

3) 改变定子绕组极对数调速

磁极对数的改变只能整数倍改变，因此极对数改变不连续。又因为极对数改变要通过改变定子绕组的连接，因此这种调速只能实现有限级的转速。这种方法仅仅适用于鼠笼式电机。实现方案有三种：预先把某一套绕组中每相绕组变成两个半绕组，把这些引头引到接线盒，通过接触器的切换来实现；在电机定子槽中嵌放多套绕组，每套绕组对应一个极对数，这样电机在不同套绕组工作实现不同转速；在电机定子槽中既嵌放可变极绕组，同时也嵌放不可变极独立绕组。下面介绍可变极绕组实现原理。

每相绕组预先变成两个半绕组，每相绕组中两个半绕组可以"顺串""反串""反并"。所谓顺串就是异名端短接，反串就是同名端短接，反并就是两个异名端分别短接。发现如果原"顺串"变成"反串"，定子绕组极对数由原来的 $p=2$ 变成 $p=1$，如图3-2-21所示。

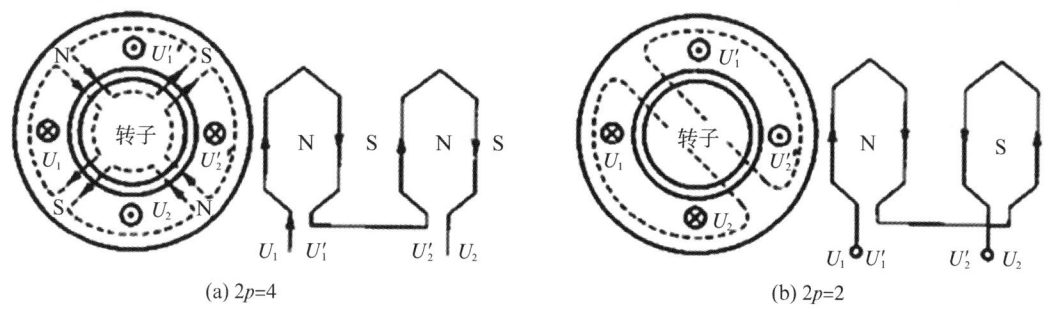

图 3-2-21 变极调速原理

若将每相两个半绕组由顺串后接成星形或三角形,则对应极对数为 $p_Y = p_\triangle = p$,将每相两个半绕组改成"反并",三相绕组就成了"YY",则可得 $p_{YY} = \frac{1}{2}p_Y = \frac{1}{2}p_\triangle$。

因此当电机由原先 Y 变成 YY 形时,或者由原先△形变成 YY 形时,则定子绕组的磁极对数由 p 变成 $\frac{1}{2}p$,则同步转速由 $n_{0YY} = 2n_{0Y} = 2n_{0\triangle}$,转子转速也近似提高 1 倍,从而达到调速的目的。

在由原先 Y 变成 YY 形时,电机转速升高,要注意变速前后要保持转速方向不变,否则升速后电机突然反向升速,电机由于电流太大而烧毁熔断器或跳开断路器。因此,在变极调速接入电源需要把电机两根线交换一下。也就是把引入电机的电源相序调换一下。

4)异步电机改变电源频率调速

变频调速也是通过改变定子旋转磁场转速 n_0 来实现的,在电源频率可连续、大范围变化的前提下,可以实现对电机平滑、大范围的调速。

异步电动机的定子感应电动势

$$E_1 = 4.44k_1N_1f_1\Phi_m = kf_1\Phi_m \qquad (3-2-14)$$

若忽略定子阻抗压降,则定子绕组感应电动势与电源电压近似相等,即 $U_1 \approx E_1$。

由此可知,如果在降低频率调速时保持电压 U_1 不变,则主磁通 Φ_m 将要增大,从而使得励磁回路饱和而导致导磁率减小,定子绕组感抗减小,从而励磁电流将大大增大,铁芯过热。由此通常要求必须保持 Φ_m 不变的情况下进行变频调速,即如果把频率降低的同时电压也有按比例下调,即保持

$$\frac{U_1}{f_1} = 常数 \qquad (3-2-15)$$

这样,在频率下调时,电源电压也要下调,当频率在较高范围内,因为主磁通基本不变,因此电动机的最大转矩不变,为恒转矩调速;当频率较低时,电动机的转矩有所减小。

在额定频率向上升频调速时,为了保持主磁通不变,电源电压必须随着频率上调而上升。由于电机绝缘对电压的限制,故一般保持电压不变。所以频率上调时,主磁通必然减小,这点与直流电机的弱磁调速一样,电动机的电磁转矩也要减小,所以升频调速属于恒功率调速,但只能在小范围内进行。

3. 电机的制动

电机的制动有三种方案：电气制动、机械制动及两者配合的制动。目的有两个：要么让运转的电机停转，要么把电机加速运转变成匀速运转。电气制动实现的原理就是要让电磁转矩变成阻转矩，要想把电磁转矩变成阻转矩，就是要改变转子中电流方向。电气制动优点是制动无摩擦，制动平稳，容易实现自动控制。

电气制动根据其产生条件和方法的不同，可分为再生制动、能耗制动和电源反接制动等三种。

1) 再生制动

条件：转子转速高于其定子旋转磁场的转速。由于相对切割方向反向，则转子电流方向也反过来，电磁转矩方向也反过来变成阻转矩。

调速过程中出现的再生制动：当电机变频调速中频率下调或极对数增加时，电机同步旋转磁场转速 n_0 减小，这样出现转子转速 n 因惯性存在大于 n_0，这样电机定转子相对切割方向相反，所以转子电流改变方向，电磁转矩方向和电机转速方向相反，电动机进入再生制动状态，这样电磁转矩和负载转矩同向，加速电机减速，一直到电动机转速小于调速后的同步转速，转子电流又重新改过来，电磁转矩又变成驱动转矩和负载转矩相反，一直到电磁转矩和负载转矩相等时，电机重新在新的转速下获得平衡。

位能性负载作用下的再生制动：由于电机下放位能性负载而反转时，电磁转矩和电机转速方向相同，同时电磁转矩和负载转矩方向相同，那么位能性负载下放速度越来越快，出现加速下放；当转子转速 n 大于 n_0，同样由于定转子相对切割速度方向变反，因而转子电流方向变反，电磁转矩方向变成与电机转速方向相反，电磁转矩充当阻转矩，与负载转矩方向相反，那么当两个反方向的转矩相等时，电机匀速下放。这种制动是自动完成的，广泛使用再生制动来实现对位能性负载的"等速下降"。

2) 能耗制动

电机通电旋转，当电机定子脱离电源后，由于电机转子的惯性使得电机出现惯性旋转而不能使电机转子立即停转。能耗制动就是为了让电机快速停转，即把电机转子惯性能变成电能消耗掉，让电机立即停转。

能耗制动方法和原理：为了实现能耗制动，在电机脱离交流电源后，在定子任意两绕组中通入直流电，故需要一个直流电源。电机脱离交流电源后，由于定子任两相绕组通入直流电，因此在定子腔中产生固定极性的直流磁场，由于转子的惯性旋转，那么转子切割磁场产生感应电动势，产生感应电流，因而产生电磁转矩，此时电磁转矩方向和转子转向相反，因此电机把惯性能用来发电最后消耗在转子回路的电阻上，实现电机快速停车。如图 3-2-22 所示。能耗制动机械特性如图 3-2-23 所示。

异步电动机能耗制动相当于一台他励式发电机，把电机存储的动能或位能发电，电能最终消耗在转子回路电阻上，最终电机能快速停车。

3) 电源反接制动

当电机正常运转时，定子旋转磁场转速方向和电机转子转向相同，并且 $n_0 > n$，电磁转矩是驱动转矩，方向和转速方向相同。如果在运行过程中，改变电源相序，即任意交换电源两根接线，电机的定子同步磁场旋转方向立即反向，定子旋转磁场转速方向和电机转子转向相反，那么定转子相对切割速度变成 $n_0 + n$，这样在转子中产生电流很大并且方向与原

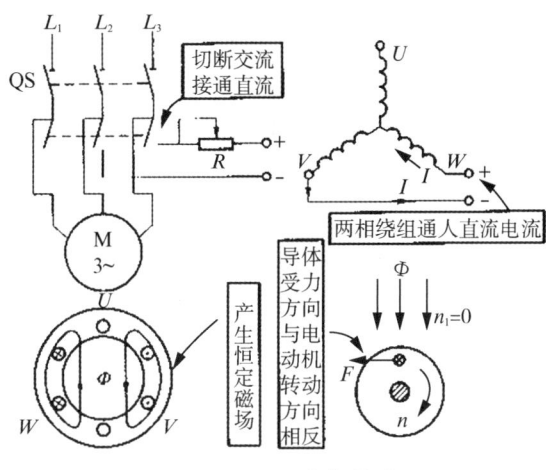
图 3-2-22 能耗制动

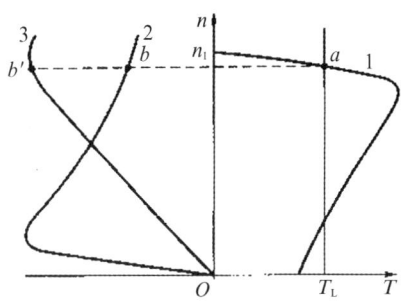
图 3-2-23 能耗制动机械特性

来相反,电磁转矩也很大,方向变成相反,即电磁转矩变成阻转矩,电机会很快停转。由于电机没有脱离电源,在电机停转后要立即切断电源,否则电机会反向起动旋转。由于反接制动时转子电流、定子电流很大,因此在制动时要在定子回路(针对鼠笼)或者在转子回路(针对绕线式电机)串入电阻来限流。图 3-2-24 为电源反接制动机械特性曲线。

4) 负载倒拉反接制动

所谓负载倒拉反接制动指的是负载力矩的作用使电机转子转向与磁场方向相反的制动。出现倒拉反接制动的情况通常是绕线式电机带位能性负载时,在增大转子回路电阻的情况下,使得电机机械特性变软,出现电磁转矩小于负载转矩,那么电机会快速降速,一直到停转,此时电磁转矩仍然小于负载转矩,在负载转矩继续拖动下,电机出现反方向旋转,电机进入倒拉反接制动。最后电磁转矩等于负载转矩,电机反向处于稳定运行。图 3-2-25 为负载倒拉反接机械特性曲线。

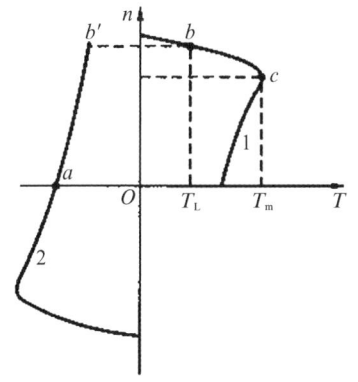
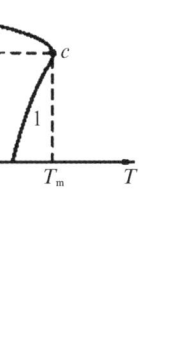

图 3-2-24 电源反接制动机械特性曲线　　图 3-2-25 负载倒拉反接机械特性曲线

七、单相异步电动机

1. 单相异步电机的基本结构

单相异步电动机是以单相交流电供电的异步电动机。其转子结构采用普通鼠笼式结构;而定子结构和三相异步电机不同,其定子绕组通常有两个,在空间位置上相隔90°安放,一个叫主绕组(或称为运行绕组),一个为副绕组(或称为起动绕组)。其中主绕组线径较粗,匝数较少,电阻较小;而副绕组正好相反,通过测量电阻就可以区分。

单相异步电机有两种工作方式:一种是起动绕组仅仅起到起动作用,一旦电机起动完毕就脱开电源;一种是两个绕组在起动时、运行中都一直在有电工作。

2. 单相异步电机的工作原理

同样道理,电机的定子产生旋转磁场和转子感应电流。由于电机定子有两个绕组,在空间位置上相差90°,两个绕组接入一个电源,其必须加以连接,一般情况下,单相电机中引出3个接线头,其中有一个头为两绕组的连接头,另两头分别为每个绕组剩下的接线头。单相电机的工作有两种:电容分相式和单相罩极式。

1) 电容分相式异步电机

电容分相式电机的工作就是采用一个电容串接到起动绕组中,使得电流超前于工作绕组中电流90°,又因为结构上两绕组空间相差90°,两个绕组的电流产生的磁场在定子气隙中产生旋转磁场,如图3-2-26所示。如果电容损坏(短路或开路)不能移相,那么电机不能产生旋转磁场。有了定子的旋转磁场,转子中就会感应电流,电机就能在电磁转矩驱动下而工作。如果起动绕组按短时工作设计,那么当电机起动后电机达到一定转速时,通过离心开关或其他继电器装置将启动绕组从电源处断开,此时电机就单靠电机工作绕组维持旋转,这种电机称为"电容起动单相异步电动机";如果起动绕组不从电源处断开,这种电机就称为"电容运转式异步电动机"。图3-2-27为电容分相单相异步电动机原理。

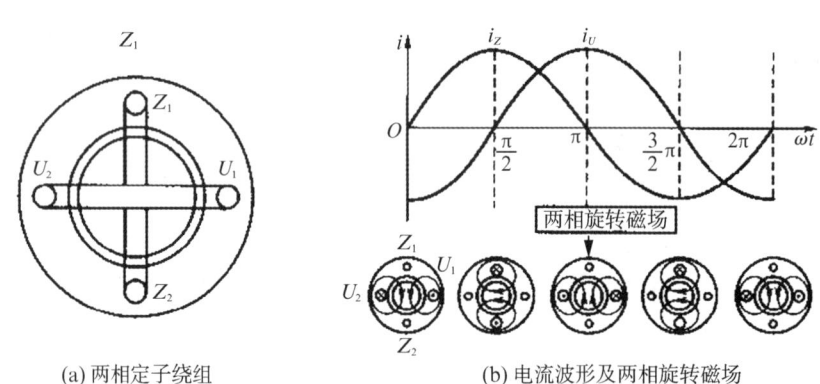

(a) 两相定子绕组　　　　　　(b) 电流波形及两相旋转磁场

图3-2-26 两相旋转磁场的产生

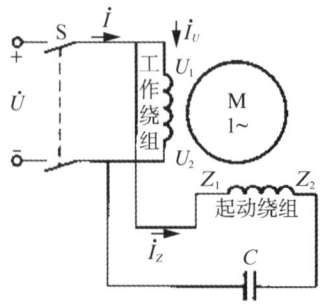

图3-2-27 电容分相单相异步电动机原理

这种电机如果要改变转向,需要将工作绕组或起动绕组中两个出线端对调即可。但是从电源处对调两线,没有改变工作绕组和起动绕组相位关系,电机转向不能改变。

2) 单相罩极式电动机

这种电机的转子仍然采用鼠笼式结构,但定子上做成凸极式磁极,在磁极上外面套用励磁绕组,铁芯凸出的磁极上约 $\frac{1}{3}$ 处开槽,在 $\frac{1}{3}$ 部分磁极上再套有一个铜制短路环,短路环也称为罩极绕组。$\frac{2}{3}$ 部分磁极外不套短路环。图 3-2-28 为凸极式单相罩极电动机结构示意。

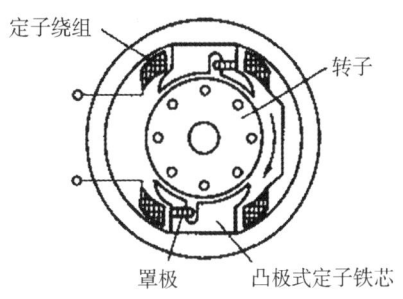

图 3-2-28 为凸极式单相罩极电动机结构示意

当定子绕组中通入交流电时,定子铁芯中将产生感应电势并形成电流,此电流将产生磁通,被罩部分铁芯中磁通和未罩部分磁极磁通不但幅值不一样,而且相位总是落后未罩部分铁芯中的磁通。这样两个在空间位置上不同,在时间上又有一定相位差的脉动磁场就合成一个旋转磁场,磁场旋转方向总是从未罩转向被罩部分。这种电机由于结构的特殊性是不能改变转向的。

八、交流异步电动机常见故障诊断与排除

船用交流电机与陆用交流电机原理相同,但船舶工作环境和陆地相差很大,船舶电机长期工作在高温、高湿、盐雾、霉菌的环境中,电机绝缘易受损害。船舶工作环境温差大,且振动、摇摆等直接影响电机运行。

1. 电机绕组绝缘测量、电机受潮后其绝缘降低的原因与处理方法

船用电机如果绝缘损坏,电机受电后将通过铁芯接地,这样会使电机外壳带电;如果两相绕组绝缘都不好,会出现过电流而发热,如果两相接地会发生两相接壳短路而烧毁绕组。造成绝缘下降的原因有:(1)电机进水或受潮导致绝缘电阻降低,船舶一直处于高湿气、高盐雾及多霉菌环境中,电气设备极易出现绝缘性能下降,尤其是甲板电动机。(2)电动机长期过负荷运行造成过热,加速绝缘老化。(3)因过电压或雷击使得绝缘击穿。(4)因缺相或过电流运行,使得电机过热而热击穿。(5)电动机在有害气体的环境中受到腐蚀导致绝缘损坏。(6)运行中电机定转子相擦造成端部定子绕组绝缘损坏。

2. 电机的绝缘测量

图 3-2-29 是兆欧表的结构示意。兆欧表常采用比率表结构,不同于一般的指示仪表,其特点主要在于它不是用游丝来产生反作用力矩,而是与转动力矩一样,由电磁力来产生。兆欧表所测的绝缘电阻值以兆欧为单位,这就需要一个携带方便而电压又很高的电源,同时希望电压的波动不影响测量结果。为此,兆欧表的主要组成部分是一台手摇发电机和磁电系比率表。直流发电机的容量很小,而电压都很高,它是兆欧表的电源。兆欧表的分类就

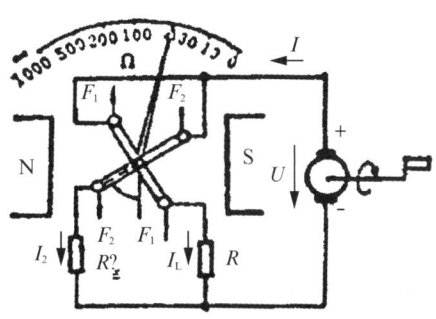

图 3-2-29 兆欧表结构示意

是以发电机所能发出的最高电压来决定的。电压越高,所能测得的绝缘电阻值也就越高。

兆欧表主要用来测量和检测电机、电气设备、输电线和电缆的绝缘电阻。它是电气管理人员必备的主要测量仪表之一。兆欧表具有使用简便、携带方便,测量时不需要其他辅助设备、不需要外接电源即可直接读出测量结果等优点,所以兆欧表被广泛使用。常用的摇表是由一台永磁式手摇发电机和磁电系比率表组成的。

1) 测量电气设备绝缘电阻

(1) 根据电气设备的额定电压选用合适电压级别的摇表。船用电气设备额定电压在 500 V 以下,应选用 500 V 或 1 000 V 级的摇表。

(2) 测量前,应检查兆欧表的好坏,摇兆欧表的手柄,开路时指针应指在"∞",短路时应指在"0"。

(3) 要断电测量,设备有大电容时,应选放电后再测量。

(4) 正确连接兆欧表的接线柱。"L"端接设备的接线端,"E"端接设备的外壳。

(5) 兆欧表应水平放置,并远距强磁场。

(6) 手摇手柄转数由慢到快,以 120 r/min 为宜。

(7) 接线柱与被测电器连线应用单股线分开连接。

(8) 正确、准确读出测量值。

2) 用便携式兆欧表测量电缆绝缘电阻

用便携式兆欧表测量电缆绝缘电阻步骤如下:

(1) 根据电缆使用的额定电压选用合适电压级别的兆欧表。船用电缆使用电压在 500 V 以下,应选用 500 V 或 1 000 V 级别的兆欧表。

(2) 测量前,应检查兆欧表的好坏,摇兆欧表的手柄,开路指针应指在"∞",短路时应指在"0"。

(3) 要断电测量,设备有大电容时,应先放电后再测量,若测量两供电导线间的绝缘电阻时,还要断开负载。

(4) 正确连接兆欧表的接线柱。"L"端接电缆的接线端,"E"端接保护外壳,"G"端接电缆内层绝缘包层。

(5) 兆欧表应水平放置,并远距强磁场。

(6) 接线柱与被测电缆连线应用单股线分开连接。

(7) 手摇手柄转数由慢到快,以 120 r/min 为宜,并保持匀速。

(8) 测量时,读数应以指针稳定不动时为准。

3. 兆欧表测量绝缘电阻时的注意事项

(1) 根据设备额定电压选用不同电压级别的摇表,船用电气设备额定电压在 500 V 以下,应选用 500 V 或 1 000 V 级摇表,额定电压在 500 V 以上的电气设备,应选用 1 000 V 或 2 500 V 的摇表,36 V 以下的低压电气设备只能选用 100 V～200 V 的摇表。

(2) 使用摇表测量前,应检查摇表的好坏,摇动手柄,开路时指针应指在"∞",短路时指针应指在"0"。

(3) 正确联接摇表三个接线柱。"L"接设备的接线端子或电缆芯线,"E"应接设备的金属外壳或电缆保护外皮,"G"端接电缆内层绝缘包皮。

(4) 要断电测量,设备有大电容时,应先放电再测量;若测量两供电导线间的绝缘电阻时,还要断开负载。

(5) 手摇手柄转数由慢到快,以 120 r/min 为宜。

(6) 接线端与被测电器的连线应用单股线分开连接,不能用双股绝缘线或绞线。

(7) 摇表需要水平放置,并远距大电流的导体和强磁场场合。

(8) 严禁用摇表测量电子设备等低压电气设备的绝缘电阻。

4. 电机受潮、绕组绝缘降低的处理

1) 电动机因绝缘破坏所造成的接地常用处理办法

(1) 电动机受潮引起接地,应解体后抽芯烘干,待温度冷却到 70 ℃左右时,刷上绝缘漆后再烘干。

(2) 电动机端部绕组绝缘损坏,应检查出绝缘破损处,重新进行绝缘处理,浇漆后再烘干。

通常电机绕组冷态绝缘电阻应不低于 5 MΩ,热态时不低于 1 MΩ。当绝缘电阻小于 0.5 MΩ 时,必须进行烘干处理。

2) 常用烘干方法

(1) 红外线灯泡或白炽灯烘干法。电机解体、抽出转子,洗净定转子,把定子腔竖起来放在干燥的木板上,底部留有通风气隙。在定子腔正中悬吊灯泡,注意不能直接接触铁芯和线圈。

(2) 烘箱烘干法。将解体后的定子洗净后放入烘箱内,注意选择合适温度,控制温度不能超过允许值。

(3) 主机或锅炉热废气烘干法。利用锅炉或主机产生的废气吹入电机进行干燥。

(4) 电流烘干法。抽出转子,在电机定子绕组中输入可调交流电源。可通过单相调压器调节输入电压从而调节烘干电流大小。

5. 电机发热故障分析与排除

电机发热的原因有机械故障和电气故障两大类。机械故障就是定转子装配不好造成转动不灵活、轴承弹珠失圆破损造成转动受阻、轴承间隙过大或走外圈或走内圈、电机和负载轴线不准等;负载问题主要是负载过大、振动过大、冲击过频等。电气原因有:控制电路问题造成缺相运行、缺相起动;电源电压不正常(过大或过小)、电机接线错误造成低压或过压;电机绝缘下降、电机接线错误、电机定子内部有匝间短路等。

1) 缺相起动

电机缺相起动往往有嗡嗡声。造成缺相起动的原因有:电源少一相电、主熔断器烧毁一个或接触不好、主开关有一相接触不好、接触器有一个主触点接触不好、热继电器有一个发热元件烧断、电机和接线排有一根线松动没接触好、电机接线盒有一根线没固定好、电机三相绕组有一相断开等。

检查方法用万用表 500 V 交流电压档测量电压。首先把电机引出电缆从接线排撤除,然后操作控制线路使得接触器动作,从接线排出测量 3 个接线柱之间两两间电压、倒推至热继电器发热元件、接触器主触点、熔断器、到主开关,从而发现问题并处理。

2) 缺相运行

电机由于能起动运转,说明电机和电路开始都正常。如果运行之中突然少一相电,电机仍然能运转,但电机少一相电,电机电磁噪声发生改变,电机转速变慢,发出声音也异常。

检查方法可以用万用表 500 V 交流电压档测量电压,方法如上。也可以用钳形电流表测三相电流值。三相电流一般相等。

3) 电机起动困难、带额定负载转速下降较多

电机起动困难但电机仍然可以起动,说明线路没问题。有可能是电源电压过低、电机接法错误(误将 D 形接成 Y 形,或者采用 Y-△起动时无法切换成 D 形)、电机机械装配不灵活或机械传输轴线不准、轴承有问题、带负荷过重、转子断笼。

首先测量电压、检查接法、检查电机装配质量、检查电机校线、脱开负荷起动等。

4) 电机运行振动大

主要是机械问题:轴承磨损间隙大、转子不平衡、转轴弯曲、电机和负载校线不好造成联轴器间隙上下、左右不一样、风扇不平衡、基础固定地脚螺丝松动。电气主要原因接线错误,三相绕组有一相头尾接反等。

断电脱开负载后用手拨动转子检查转子转动有无卡阻塞现象、听轴承转动有无异常声响、检查地脚螺丝有无松动、检查电机接法是否正确(同名端有无接错)、检查连轴器上下左右间隙是否均匀等。

5) 电机运行声音有异响

轴承间隙过大,存在轴向或径向窜动;轴承润滑油脂过少或干涸、变质;转子和定子有相擦声(主要检查定子槽口绝缘纸或槽锲和转子相擦)、电机缺相运行、电机接线错误等。

6) 电机运行过热甚至冒烟

电源电压过高,铁芯和绕组过热、电源电压过低造成转速变慢电流变大、电机缺相运行、电机过载、电机风扇损坏或者散热通道被阻塞、定子绕组存在匝间短路或者接线错误、电机绝缘不好等。

【任务实施】

一、任务要求

本任务要求正确地拆装电机,识别三相异步电动机的结构,掌握各个部件的作用,电动机的工作原理,能正确理解电动机铭牌各个参数的含义,能根据铭牌参数正确接线。

二、任务准备

序号	名称	型号与规格	数量
1	三相鼠笼式电动机		6
2	三相绕线式电动机		6
3	铁锤与木锤		各 12
4	电工常见工具		12
5	铜棒		12
6	梅花扳手		12
7	三爪拉马		12

(续表)

序号	名称	型号与规格	数量
8	万用表	MF47型	6
9	兆欧表	500 V	6
10	钢丝刷		12

三、任务操作

1. 电机拆卸步骤和操作要领

1）拆卸联轴器

表明联轴器在轴上安装位置，用拉马三爪均匀分布在联轴器边缘处，拉马丝杆顶点对准电机轴中心点处。旋动丝杆顶紧电机轴，检查拉马，丝杆应该和电机轴一线。旋动丝杆往里顶，如果效果不明显，可以用铁锤敲打震动丝杆；或者用浸油棉纱覆盖在联轴器和电机轴的缝隙；或者用喷灯加热联轴器外表，注意温度上升后立即用力旋动丝杆。

2）拆卸风罩与风叶

拆下分罩后，检查是否有风扇卡簧或者固定螺丝，取下后用铜棒在风扇四周均匀敲打取下风扇。

3）端盖拆卸

先给电机前后端盖和机体做好安装标记，先拆卸前后轴承固定小端盖，再拆电机前后端盖，拆下固定螺丝，铁锤通过铜棒隔离对称敲打端盖四周，要求四周间隙均匀退出，防止不对称敲打，严禁用铁锤直接敲打，前后端盖及固定螺丝要分开放置，防止安装时混乱装错。

4）抽出转子

先在转子与定子腔定子绕组端部垫上隔离厚纸板，防止抽出转子时和定子铁芯和端部绕组相擦。

5）拆卸轴承

用拉马拉爪钩牢轴承内圈旋动丝杆拉出，如没有小型拉马也可用端部呈锲形的铜棒抵住轴承内圈四周均匀敲打。

6）取下轴承内端盖

2. 部件清洁与检查

（1）用拧干浸泡清煤油毛巾擦洗电机机体、端盖、电机定子腔铁芯和端部线圈，电机转子表面，转轴，用煤油浸泡轴承。

（2）用钢丝刷清洁轴承弹子间黄油，晾干。

（3）检查电机定子绕组端部有无擦伤，定子铁芯槽口是否摩擦变形，用兆欧表测量定子绕组绝缘情况；检查风扇、端盖。

（4）检查轴承轴向、径向间隙；转动轴承听声音是否弹子失圆，是否卡住不灵活。

3. 电机烘干

如发现定子绕组绝缘不好，或者用煤油擦洗后，或者发现定子绕组有擦伤补刷绝缘漆后选择用灯泡干燥法或者烘箱干燥法等烘干，再进行绝缘检查。

4．电机安装

（1）套上轴承内端盖。

（2）安装两侧轴承。可以用铜棒直接敲打轴承内圈,或者用专用钢管套在电机轴直接抵触轴承内圈,然后敲打,轴承一定打到位,到位时有强烈回振声,两侧轴承上黄油,从轴承一侧用手指按压,仅仅需要填压轴承 $\frac{2}{3}$ 空间。

（3）安装电机后端盖、轴承外端盖,对准轴承内外端盖用螺丝上紧,安装风扇。

（4）套转子,固定电机后端盖。套装转子时,对着电机接线盒,从右侧进定子腔,把后端盖固定好,注意敲打端盖时注意缝隙均匀减小,对称上螺丝。

（5）安装电机前端盖和轴承外端盖。

（6）安装电机风扇罩壳。

（7）检查转子转动情况。如果发现电机转子转动困难或者无法转动,一般情况是轴承没有到位,需要用铜棒敲打电机轴来调整。

【任务评价】

任务 2 　三相交流电机的拆装					
班级：		姓名：		组号：	
任务	配分	考核要求	评分标准	扣分	得分 备注
电机拆卸	40	（1）能按顺序正确拆卸 （2）所有工具选择正确 （3）拆卸动作要领正确	（1）拆卸顺序错误,每处扣 2 分/处; （2）所用工具不正确,每处扣 2 分/处;拆卸损坏部件,扣 20 分 （3）拆卸部件排放混乱扣 5 分		
电机清洗与检查与轴承上黄油	20	（1）能正确清洗电机部件 （2）能据检查电机部件 （3）能正确给轴承上黄油	（1）清洗方法或器具使用不正确,扣 2 分/处 （2）不会检查电机部件,扣 1 分/处 （3）不会给轴承上黄油,扣 10 分		
电机安装	30	（1）顺序正确、工具使用正确安装电机 （2）安装方法正确 （3）安装后电机转动灵活	（1）顺序不正确或工具使用不正确,扣 2 分/处 （2）安装方法不正确,扣 5 分/处 （3）电机装配好转动不灵活扣 10 分		
安全、文明	10	（1）安全用电,无人为损坏设备或器件 （2）小组成员和谐合作 （3）遵守校纪校规	（1）发生安全事故,扣 10 分 （2）人为损坏设备或器件,扣 10 分 （3）不遵守纪律,不文明协作,扣 5 分		

(续表)

任务 2 三相交流电机的拆装						
班级：		姓名：			组号：	
任务	配分	考核要求	评分标准	扣分	得分	备注
			（1）提前完成加 2 分 （2）超时完成扣 2 分			
总分						

任务 3　常用控制电机的使用与维护

【任务描述】

本任务是掌握常用控制电机的使用与维护。控制电机的结构和普通电机不同，主要用来对控制信号进行传递、转换、放大和执行，要求有很好的控制性能，要求反应快、精度高、运行可靠等。控制电机常常用在自控系统中作为执行部件、检测部件，实现雷达的自动定位、船舶主机、辅机的操控等。船舶中常用的有伺服电动机用来控制柴油机的油门、测速发电机用来测量主机轴的转速、自整角机用来构成舵角指示器、传令钟等。因此本任务就是围绕这些控制电机，讲述其结构、控制原理和使用。

【学习目标】

（1）掌握交、直流伺服电动机的结构、工作原理和使用。

（2）掌握测速发电机的结构、工作原理和使用。

（3）掌握自整角机的结构、工作原理和使用。

（4）掌握步进电动机的结构、工作原理和使用。

【相关知识】

随着自动化和远距离控制技术的发展，产生了很多具有特殊性能的微电机。特种电机的输出功率较小，它们的主要任务是在控制系统中完成控制信号的传递、转换、放大和执行功能。

特种电机是现代控制系统中应用非常广泛的执行部件，其可以实现雷达的自动定位、船舶主辅机的操纵、船舶舵机的操纵。船舶中常用的特种电机有伺服电动机、测速发电机和自整角机。

一、伺服电动机

伺服电动机也称执行电动机。它的转矩和转速受电压信号的控制。电动机的转速与转速方向受控制电信号的大小和极性变化而灵敏、准确变化，在船舶上常用伺服电动机来控制柴油机的油门开度。从驱动电源来分，有交流和直流伺服电机两种。

1. 交流伺服电动机结构与原理

交流伺服电动机与分相式单相异步电动机相似。定子结构：在定子铁芯槽中嵌放空间互成 90°的两个绕组，其中一个称为励磁绕组，工作时串入电容接在交流励磁电源上；另一个绕组称为控制绕组，这个绕组接在控制电源上。转子结构：采用笼型和空心杯型两种,笼型转子与一般小型电机一样,空心杯型转子由非铁磁金属材料铝或铝合金构成,杯子底部固定在转轴上,杯型转子壁厚只有 0.2~0.8 mm,目的是让转子转动惯性小,启停反应快。在杯型转子内部装有固定不动的内定子铁芯,由硅钢片叠压而成。杯型转子可以看成是相当多根转子导条紧密排列在一起的鼠笼型转子,在船上多采用鼠笼型。

图 3-3-1 为交流伺服电动机的接线图,工作原理与电容分相式单相电动机一样。当控制电压为零时,电动机不转,当控制电压加在控制绕组上时,电动机便起动旋转,控制电压幅值越大,电动机起动运行时的转矩越大,当控制电压交换两根线接线,则电动机反向运转。由于转子电阻做得相当大,因此起动转矩大,并且控制电压为零,转子立即停转。

交流伺服电动机的输出功率一般为 0.1~100 W,其电源频率有 50 Hz 和 400 Hz 等多种。

2. 直流伺服电动机结构与原理

直流伺服电动机的结构类似于一般的他励直流电动机,只是做得细而长从而减小转动惯性。也有不用励磁绕组而用永久磁铁作磁极的永磁式直流伺服电动机。

他励式电动机的励磁绕组和电枢绕组分别有各自的独立电源供电,通常采用电枢控制,即励磁电源一直加在励磁绕组上,控制电源加到电枢绕组上。其接线图如图 3-3-2 所示。

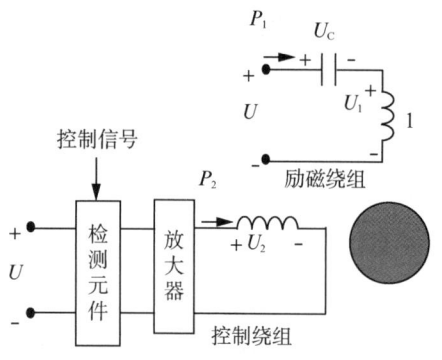

图 3-3-1 交流伺服电动机的接线图

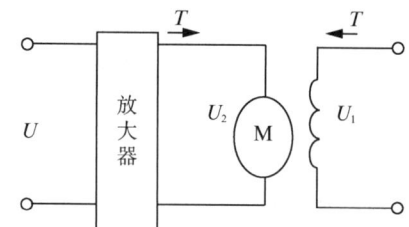

图 3-3-2 直流伺服电动机的接线图

直流伺服电动机也分为电磁式和永磁式。控制电源电压为 U_2,在励磁回路不变的情况下,即励磁磁通不变,改变控制电压大小电机转速就会变,控制电压升高,则电机转速就会升高,反之,减小。当然改变控制电源的极性,电机就会反转;当控制电源电压为零时,电机停转。直流伺服电机机械特性硬,输出功率一般为 1~600 W,因此可使用在功率稍大的系统中。

直流伺服电动机低速时,由于电刷与换向器之间的接触压降等因素使得转速不稳定造成误差。目前已经研制出低惯性直流伺服电动机,如杯型电枢、盘型电枢、无槽电枢式的直流伺服电动机,广泛应用于电声、电视、计算机外围设备以及高灵敏度的伺服系统中。

二、测速发电机和电动转速表

测速发电机的目的是测速,用来测量一些旋转机械的转速,即把旋转机械的转速信号通过发电机转变成与转速成比例的电压信号。测速发电机同样也有交直流之分。作为测速发电机,它的一般要求为:输出电压与转速成正比,$U_2=kn$,并保持恒定;转速为零时发电机输出电压尽可能小;输出电压的极性或相位能反映被测对象的转向;温度变化对输出特性影响尽可能小;输出电压对转速变化反应灵敏;转动惯量和摩擦转矩要小,保证反应迅速。

1. 交流测速发电机

交流测速发电机大多采用异步测速发电机,其结构为交流伺服电动机基本相似,不同点是发电机不需要自己起动旋转,所以没有移相电容器,定子中同样有两套绕组,空间位置相差 90°,其中一个为励磁绕组,一个为输出绕组,如图 3-3-3 所示。

当测速发电机转子静止时,励磁绕组一直接到交流励磁电源上,励磁电压 U_1 在励磁绕组轴线方向上产生幅值为 Φ_1 的交变磁场。只要 U_1 不变,磁通 Φ_1 也保持不变,由于脉动磁通与输出绕组的轴线垂直,故输出绕组中无感应电动势,输出电压 U_2 为零。

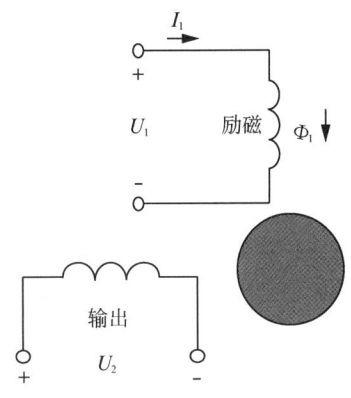

图 3-3-3　测速发电机原理

当测速发电机旋转时,转子导条将切割励磁绕组的脉动磁场,在转子中产生感应电动势。在 U_1 不变时,感应电动势的大小与转速成正比,频率与励磁电源一样。由此在转子中产生的电流所建立的磁通 Φ_2 与输出绕组轴线一致,在输出绕组中感应电动势对外输出 U_2,输出电压与励磁电压同频率,U_2 的大小与发电机转速 n 成正比。因为 $U_1=4.44fN_1\Phi_1$,又因为转子感应电动势 E_2 和感应电流 I_2 与磁通 Φ_1 及转速 n 成正比,即 $I_2 \propto E_2 \propto \Phi_1 n$,所以 $U_2 \propto \Phi_2 n \propto U_1 n$。当励磁绕组加上电源电压 U_1,测速发电机以转速 n 转动时,它的输出绕组产生输出电压 U_2 与转速 n 成正比。当转动方向相反时,U_2 的相位也改变 180°。这样转速信号就转换为电压信号,并通过相敏整流将 U_2 的相位变化转换为输出电压极性的变化,从而在电动转速表上反映转向的变化。

由于 Φ_1 并非常数,实际的测速发电机输出电压与转速并不是严格的线性关系。船舶上常用测速发电机、接线箱、转速指示器等组成远距离测速并显示的装置。

2. 直流测速发电机

直流测速发电机的结构和原理与普通直流发电机相同,由于磁通 Φ 恒定,因而其电动势 E 与被测转速 n 成正比,即 $E=C_e\Phi n$;转向由电动势的极性确定。

直流测速发电机有他励式和永磁式两种。他励式与直流伺服电机结构一样;永磁式就是定子磁极用永久磁铁制成,这样就省掉一个励磁电源。

3. 电动转速表

船舶上柴油主机的转速是要检测的,船上测量转速采用的测速发电机、电动转速表显示。测速发电机的转子是通过齿轮、链条与主机凸轮轴或尾轴相连的,这样测速发电机就把转速变成电压从输出绕组输出,最后通过转速指示器显示,转速指示器实际上就是一个电压表,就是把电压表的刻度对应变成转速量进行标示,一般电动转速表可有多个转速指示器,它们在电路中并联连接,分别安装在机舱、集控室、驾驶台和轮机长室等处。转速表内设有调节电阻,以适配不同距离的应用场合。有的测速发电机是用来控制的,作为转速调节闭环控制的一个反馈环节。船舶主机、发电机组安全保护系统中的转速检测就是使用的测速发电机。

三、自整角机

1. 自整角机的结构与原理

自整角机是把两个或两个以上机械上无连接的转轴通过电气的连接来实现同步偏转或旋转的电机。在船舶上的驾驶台与机舱间的传令和回令,驾驶台监视船尾的舵叶偏转角度的舵角指示器就是典型的自整角机的应用。

自整角机分为力矩式和控制式两种。力矩式是实现不同转轴的同步偏转或旋转;控制式是把不同转轴之间的角位移或角速度的偏差转换为电压信号输出。两种自整角机的结构基本相同,都有定子和转子两大部分。定子铁芯上嵌放单相励磁绕组,作为磁极,产生交变磁场,转子铁芯上嵌放三相绕组,也称为三相整步绕组,整步绕组通过滑环和电刷引出接线头。也有将三相整步绕组嵌放在定子铁芯上,而励磁绕组嵌放在转子铁芯上,工作原理一样。

自整角机的使用必须是2个或2个以上同时使用,其中一个叫发送机(主动发送角度),另一个叫接收机(被动同步旋转或偏转)。

图3-3-4所示为力矩式自整角机的原理接线。发送机和接收机的三相整步绕组按序号相互一一连接,两机的励磁绕组相互并联连接后接到同一个单相交流电源上。

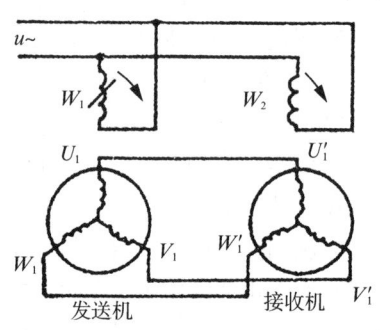

图3-3-4 力矩式自整角机的原理接线

两机转子位置一致时,两机三相整步绕组对应相感应电动势大小相等,无感应电流,无整步转矩。发送机转子转过一个角度,两机三相整步绕组对应相感应电动势不相等,整步绕组中有电流,发送机接收机整步绕组电流方向相反,产生的电磁转矩方向也相反,发送机转子固定,接收机转子沿发送机转子偏转的方向转动,直到两个转子位置一致。

发送机转子不断旋转,接收机的转子也会以相同的速度转起来,永远保持两转子位置的协调。接收机输出的为与发送机偏转角相对应的随动转矩,实现转角的传递。

图3-3-5所示为控制式自整角机的原理接线。与力矩式不同的是两机的励磁绕组

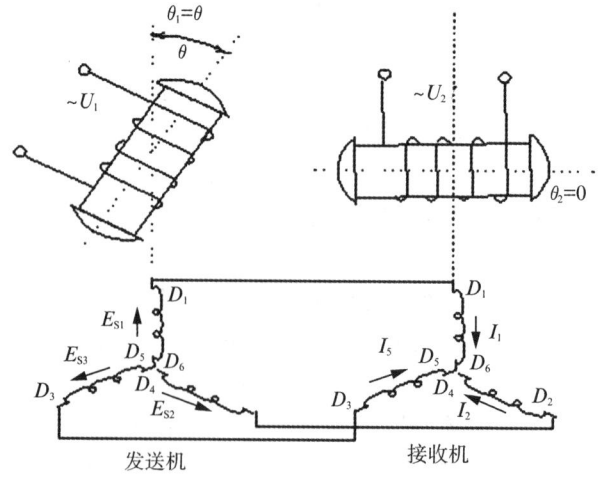

图3-3-5 控制式自整角机的原理接线

分开,其中只有发送机的励磁绕组一直连接到励磁电源上,接收机的励磁绕组作为转换电压输出端,三相整步绕组连接不变。

开始时把发送机转子轴线与接收机转子轴线调整为垂直位置作为起始位置。发送机转子可以被外力驱动,但接收机的转子是固定不动的,这样如果发送机转子离开起始位置一个角度,在接收机的转子绕组中就获得一个与发送机转子偏转角度有关的一个电压输出。输出电压大小反映转子偏转角度,输出电压极性反映发送机的偏转方向,从而实现把角度转换成电信号。

当发送机接上励磁电源后,发送机的三相整步绕组中将会产生三相感应电动势,由于两机的三相整步绕组连成通路,因此产生三相电流,在接受机中建立磁场,在其输出绕组中感应出电动势,对外输出电压。输出绕组中感应电动势是一个随两机转轴偏差角改变的正弦规律变化的交流量。即 $U_2 = U_m \sin \theta$,该信号常作为自动控制中的反馈信号。

2. 自整角机的应用

舵角指示器在船舶上适时检测舵机舵叶偏转角的装置。图 3-3-6 所示为舵角指示器接线示意。

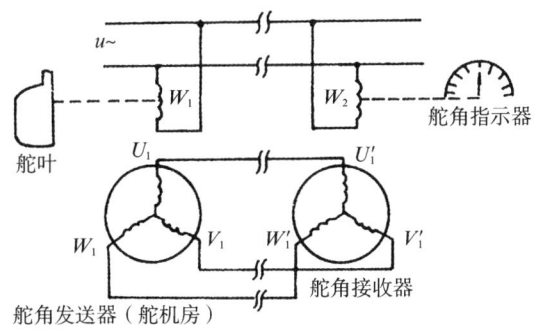

图 3-3-6 舵角指示器接线示意

舵角指示器是由力矩式自整角机组成的同步跟踪系统。发送机安装在舵机上,其转子与舵柱机械联接;多台接收机安装在驾驶室、机舱操纵室等处,转子带指针偏转,在刻度盘显示舵叶偏转的角度。

在自动操舵控制系统中采用控制式自整角机,将舵叶与设定航向的偏差转角转换成电压量,作为反馈信号,再去纠正舵叶的偏差。

自整角机也应用于交流电动传令钟中。图 3-3-7 所示为交流电动自整角机传令钟示意。

由两套力矩式自整角机组成。驾驶台传令钟手柄与驾驶台发送机 1 转子机械连接,对应的接收机 1 安装在机舱操纵台,其转子带动机舱传令钟指针同步偏转;另一套自整角机用于机舱回令系统,回令手柄与机舱的发送机 2 机械连接,驾

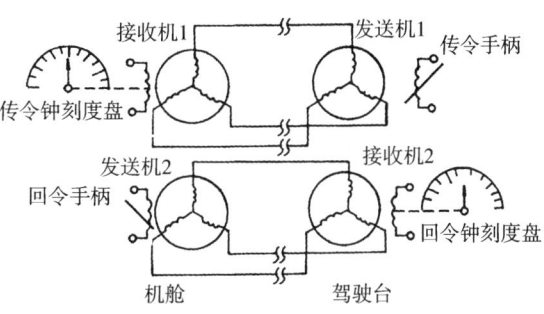

图 3-3-7 交流电动自整角机传令钟示意

驶台回令指针由驾驶台接收机 2 转子带动作同步偏转。

当驾驶台向机舱发送车令时,将手柄扳到所需车速位置,使得发送机 1 的转子转过一个角度,机舱接受机 1 的转子同向跟踪一个角度,由传令钟刻度盘指示出是什么具体命令。机舱接受到驾驶台指令后要求回令驾驶台,并且通过回令系统告知驾驶台所接受到的命令是否正确。机舱通过回令系统的发送机 2 手柄回复驾驶台,驾驶台同样接受机转子 2 接受到回令,并且通过回令钟刻度盘的指示判定是否正确,当然装有声光信号电路,在驾驶台发令时接通,机舱回令正确后关断。

四、步进电动机

步进电机是一种用电脉冲信号控制的,并且把电脉冲信号转换为相应角位移或线位移的控制电机。步进电机的工作是断续的一步步进行的,因此步进电机接受到一个电脉冲、电机转子就转动一个角度,这个角度也称为步距角。

步进电机的控制脉冲信号一般由脉冲分配器和功率放大器两部分组成的驱动器提供,并且确定输入脉冲的个数、频率、分配到各控制绕组的次序以及同时输入到控制绕组的数目。

步进电机的定子一般制成凸极式,设置多相绕组用作控制绕组来接受电脉冲。转子也做成凸极式,可由软铁或永久磁铁构成,也可以是带齿的圆柱形铁芯。

图 3-3-8 为三相反应式步进电机工作示意。定子做成凸极式,共有 3 对磁极,每一对磁极上所加的线圈串联而成形成一相控制线圈,3 对共形成三相控制线圈,相数常用 m 表示。转子用软磁材料制成凸极式,但转子上没有绕组。

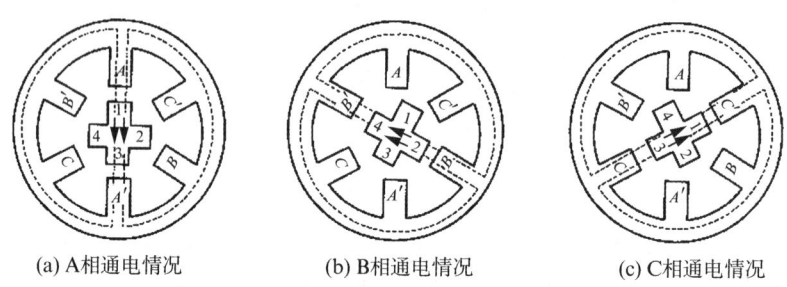

(a) A相通电情况　　(b) B相通电情况　　(c) C相通电情况

图 3-3-8　三相反应式步进电动机的工作原理

图 3-3-8 中电机转子凸极也称为转子的齿,有 4 个齿,转子齿数以 Z 表示,沿转子圆周表面各处气隙不同,因而磁阻不相等,齿部磁阻小,两齿之间磁阻大。当励磁绕组中流过脉冲电流时,产生的主磁通总是沿磁阻最小的路径闭合,即经转子齿、铁芯形成闭合回路,因此,转子齿会受到切向磁拉力而转过一定的机械角度,称步距角 θ_s。定子三相绕组按 $120°$ 错开排列。三相绕组每次切换有几个线圈受电,就产生三种工作方式:单拍工作方式、双拍工作方式和单、双拍工作方式。其中单拍工作方式指的是每次一相绕组受电,三相绕组轮流受电;双拍工作方式指的是每次有两个线圈同时受电;单、双拍工作方式指的是单个线圈、双线圈间隔轮流受电工作模式。

单拍工作方式,控制电路不停按照某个次序给三相绕组加电脉冲信号,可以按 A→B→C→AL,电机转子按照逆时针方向步步转动,如果控制线路不停给线圈加电脉冲信号,那么电机转子也会不停的逆时针旋转。反之,按 A→C→B→AL,电机就会顺时针方向转动。可以发现错齿是步进电机旋转的条件。

双拍工作方式,每次给两相线圈通电,$AB→BC→CA→AB$ 即正转;反转时通电切换次序为 $AC→CB→BA→AC$。

单、双拍工作方式,即 $A→AB→B→BC→C→CA→A$ 即正转;反转时时线圈通电切换次序为 $A→AC→C→CB→B→BA→A$。

从一种通电状态转换为另一种通电状态叫作"一拍","单拍"指的是每次切换前后只有一相绕组受电;"双拍"指的是每次切换前后有两相同时受电;"单、双拍"每次切换前后是单、双间隔重复。三相单三拍指的通电三次完成一个循环。

转子"齿距角"指的是相邻齿间的角度,如图 3-3-8 所示,齿距角 $\theta_t = \dfrac{360°}{Z} = 90°$。

步进电机每一拍转子转动的角度为步距角,三相单三拍的步距角 $\theta_s = \dfrac{\theta_t}{3} = 30°$,步进电机的转子齿数为 Z、定子相数为 m,运行一个循环的拍数与相数比为 N,步距角为

$$\theta_s = \frac{360°}{ZmN} \tag{3-3-1}$$

可见三相单三拍、三相双三拍的 $N=1$,步距角 $\theta_s = \dfrac{360°}{4×3×1} = 30°$;对于三相单、双六拍则 $N=2, \theta_s = \dfrac{360°}{4×3×2} = 15°$。可见 N 越大,步距角越小,控制越精确。

当定子控制绕组中按照一定次序轮流不断通电,则步进电机就持续不断地旋转。如果电脉冲的频率为 f(Hz),则步进电机的转速为

$$n = \frac{60f}{ZmN} \tag{3-3-2}$$

电脉冲的频率存在一个极限频率,如果超过此频率电机就起动不起来,因此使用时应注意。

步进电机的控制指的是电机转向、转速、电机的位置的控制。控制电机转向的就是给定子控制绕组加入电脉冲的次序决定的,改变次序电机就反向;电机转速就由外加电脉冲的频率来确定,改变电脉冲频率就能改变步进电机的转速。改变电动机转动位置实际就是转动的角度来确定的,实际角度就是由所加电脉冲个数确定的。

步进电机广泛应用于各类数字控制系统,如各类打印机、雕刻机、印刷设备,成像设备,阀门控制,舞台灯泡、监控设备等。

【课后练习】

(1) 交流伺服电动机的转子有几种类型?与普通电机转子相比为什么要转子电阻值要相对大些?采用杯型转子的目的是什么?

(2) 直流伺服电动机的励磁电压和控制电压不变时,若负载转矩变小,此时电枢电流、电磁转矩、转速将如何变化?

(3) 为什么测速发电机使用时不宜超过规定的最高转速?负载电阻又不能低于规定值?

(4) 力矩式和控制式自整角机的工作原理是什么?在船舶上两种类型自整角机的具

体应用是什么？

（5）步进电机的转速、方向和位置控制是怎样实现的？什么是步进电机的单三拍、六拍和双三拍工作方式？采用不同的工作方式对步距角有什么影响？步距角越小好还是越大好？

项目四　电子产品的制作

项目描述

本项目结合常见电子线路的制作展开,结合常用电子元器件的结构原理,着重介绍电子元器件的识别和检测应用以及电子线路的分析、焊接和调试,并以典型线路的制造过程为例,介绍相关知识。项目共有四个典型任务:任务一是直流稳压源的制作;任务二是光控开关的制作;任务三是调光灯的制作;任务四是双音门铃的制作。从应用层面教学,根据线路的组成,讲述元器件的结构、原理、工作参数及其选用、识别、好坏判定,电路的具体焊接,通电调试,故障排除等,训练用万用表测量元器件的参数,训练焊接工艺和技术,训练排除常见故障的思维和方法。

任务1　直流稳压源的制作

【任务描述】

在工业或民用电子产品中,其控制电路通常采用直流电源供电。对于直流电源的获取,除直接用蓄电池、干电池或直流发电机外,还可以将380 V/220 V交流电通过电路转换的方法转换成直流电来获取。

本项目从直流稳压源入手,分析交流电转换为直流电的方法。简易直流稳压源电路如图4-1-1所示,先分析其工作原理,再制作该电路。

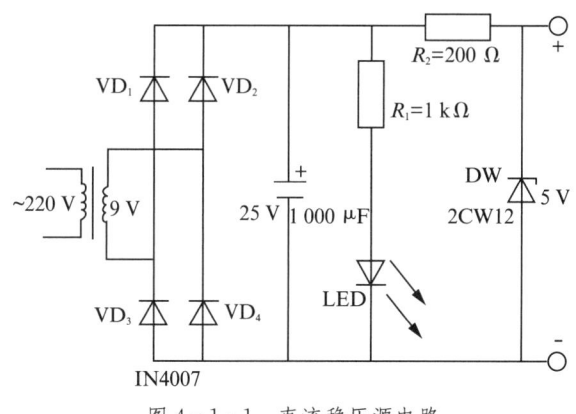

图4-1-1　直流稳压源电路

1. 电源变压器

电网提供的交流电一般为220 V(380 V),而各种电子设备所需的直流电压却各不相同。因此首先将电网电压经过电源变压器变换以后再进行整流、滤波和稳压,最后得到所需的直流电压。本项目中要得到的直流电压为 5 V,所以选择降压变压器把 220 V 电压变压为 9 V 电压。

2. 整流电路

利用四个二极管 IN4007 构成的桥式整流电路,把 9 V 的正弦交流电整流成单向的脉动直流电压。IN4007 整流二极管的参数为 $I_F = 1$ A,$U_{RM} = 1\,000$ V,$I_R \leqslant 5$ μA,$f_M = 3$ kHz,因而可完全满足需求。

3. 滤波电路

利用电容元件 C 的充放电,即可将单向脉动电压中脉动成分过滤掉,使输出电压成为比较平滑的电压。在选择滤波电容器时,既要考虑容量值,也要考虑耐压值。电容器的耐压值应高于理论计算值($9\sqrt{2}$ V),且要留有一定余量。本项目中选择电容器的容量为 1 000 μF,选择耐压值为 25 V。

4. 稳压电路

利用稳压二极管反向击穿时电压变化较小、电流变化较大的特点,结合限流电阻可满足稳压作用。本项目中输出电压 5 V,因此可选择型号为 2CW12 的稳压管。其参数为 $U_Z = 4.0 \sim 5.5$ V,$I_{Zmin} = 10$ mA,$I_{Zmax} = 45$ mA。假设电网电压有 ±10% 的波动,限流电阻值为 200 Ω,功率为 0.24 W,可取 0.5 W。

【学习目标】

了解半导体导电粒子——电子、空穴,理解 PN 结形成原理和 PN 结的单向导电性;理解直流稳压源的组成和工作原理,识别变压器、电阻、电容、稳压管、发光二极管、二极管的结构和符号等;能用万用表测试电子元器件管脚及其性能;学会电子元器件的焊接工艺和方法;学会电子线路的分析方法以及排除常见故障的思维和方法。

【相关知识】

1. 半导体的导电特性

在自然界中,物质按其导电能力大小可分成导体、绝缘体和半导体三类。容易传导电流的物质为导体。常温下导体内部存在大量的自由电子,其在外电场的作用下定向移动形成较大电流,因而电阻率很小。金属一般为导体,如银、铜、铝等。能够可靠隔绝电流的物质称为绝缘体。绝缘体几乎不导电,如橡胶、陶瓷、塑料等,这类材料几乎没有自由电子,因而电阻率较大。半导体的导电性能介于导体和绝缘体之间,其导电能力在外界因素作用下会发生显著变化。常用半导体有锗、硅和砷化镓等。

物质的导电性能主要由物质的内部结构决定。物质的原子由带正电的原子核和带负电的电子组成,电子分几层围绕原子核作高速运动。最外层的电子对物质的各种理化性能作用较大。

半导体材料的原子结构比较特殊,其最外层都有 4 个价电子。最常见的半导体有硅和锗,其原子结构如图 4-1-2 所示。每个原子最外层 4 个价电子分别和邻近的 4 个原子中的一个价电子组成电子对,构成稳定的共价键结构,如图 4-1-3 所示。纯净而无杂质的半导体晶体,称为本征半导体。半导体的导电能力在不同条件下有很大差别。一般条件下,由于本征半导体相邻原子间存在着稳固的共价键,其外围的 4 个价电子受共价键的束缚,不易形成自由电子。因此,本征半导体的导电能力并不强。

若由于某种原因,半导体内部的价电子脱离共价键束缚,形成自由电子,则在共价键中留下的空位称为空穴,这就形成电子-空穴对(在本征半导体内,自由电子和空穴总是成对出现的,因此称为电子-空穴对),如图4-1-4所示。失去价电子形成空穴的原子带正电荷,其能吸引相邻共价键中的价电子以填补这个空穴。相邻共价键因失去价电子留下新空穴,新空穴又吸引其他共价键的价电子进行填补……如此下去,就形成价电子递补空穴的移动,好像半导体中有一个"自由空穴"在移动。通常将半导体内可自由移动的带电粒子称为载流子,"自由空穴"和自由电子都是载流子。也就是说,在半导体内部,存在自由电子和空穴两种载流子,这是半导体和金属在导电机理上的本质区别。

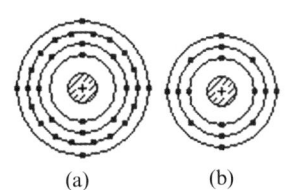

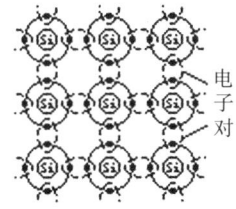

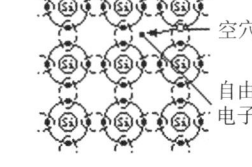

图4-1-2　锗和硅的原子结构　　图4-1-3　本征半导体　　图4-1-4　电子-空穴对

当半导体的温度升高或受到光照时,其内部两种载流子的数量将增加,半导体的导电能力将增强,根据此特性可制成热敏原件或光敏原件。为增强半导体的导电能力,通常在本征半导体中掺入微量杂质,称为掺杂半导体或杂质半导体。掺杂后,半导体内部载流子数量增加,导电能力将可增加至本征半导体导电能力的几十万倍乃至几百万倍。杂质半导体是制造二极管、晶体管等半导体元器件的基本材料。根据掺入杂质的不同,杂质半导体可以分为N型和P型两大类。

N型半导体中掺入的杂质为磷或其他5价元素。磷原子掺入本征半导体后,取代原来本征半导体晶体结构中的原子,并用其最外层的4个价电子构成共价键,而第5个价电子成了"多余"的电子,很容易摆脱磷原子核的束缚而成为自由电子,如图4-1-5所示。单个磷离子释放电子成为自由电子如图4-1-5(a)所示,半导体内部的总体情况如图4-1-5(b)所示。掺杂后的半导体仍然会产生电子-空穴对,但占载流子的总数相对较少。在N型半导体内,自由电子是多数载流子,空穴是少数载流子。

P型半导体中掺入的杂质为硼或其他3价元素,硼原子在取代原晶体结构中的原子并构成共价键时,将因缺少1个价电子而形成一个空穴,于是半导体中的空穴数目大量增加,空穴成为多数载流子,而自由电子则成为少数载流子,如图4-1-6所示。

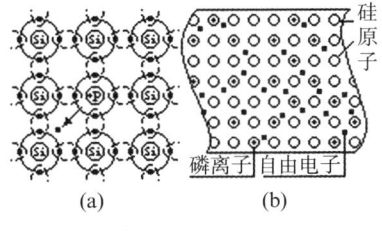

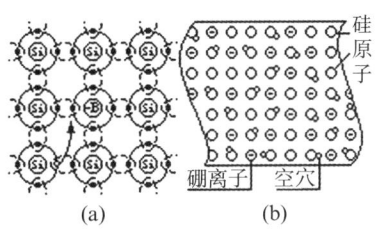

图4-1-5　N型半导体　　　　　　图4-1-6　P型半导体

> 【思维点拨】
> 为什么纯净半导体掺杂后导电能力显著增强？半导体受光照和受热后导电性有什么变化？

综上所述，半导体材料一般由 4 价元素制成。纯净半导体称为本征半导体，其导电能力较低。通过在本征半导体掺入 5 价元素，可得到 N 型半导体；掺入 3 价元素，则可得到 P 型半导体。本征半导体掺入杂质后，由于存在多数载流子，其导电能力得到很大提升。N 型半导体的多数载流子为电子，P 型半导体的多数载流子为空穴。多数载流子的数量与半导体制造时的掺杂浓度有关。最后，应该说明的是：不管是 P 型半导体还是 N 型半导体，从外部看，都呈电中性（即不带电），因为不论是本征半导体还是所掺入的杂质，其每个原子都是呈电中性的，只是掺杂后，为形成共价键，杂质"多余"的电子或空穴形成载流子可以在半导体内"自由移动"。

2. PN 结的单向导电性

如果将一块 P 型半导体和另外一块 N 型半导体紧密制作在一起，根据扩散原理，在 P 型半导体和 N 型半导体交界面将出现 P 区高浓度的空穴向 N 区扩散，N 区高浓度的自由

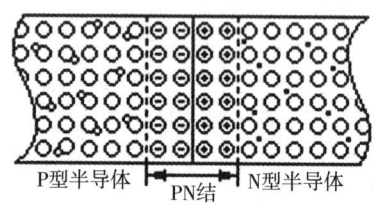

图 4-1-7 PN 结的形成

电子向 P 区扩散的现象。扩散结果是载流子因在交界面复合而耗尽，形成载流子极少的由正负离子构成的空间电荷区，如图 4-1-7 所示。交界面的这一区域由 P 型和 N 型半导体共同组成，因而称之为 PN 结。在交界面两侧附近，载流子都因复合而被耗尽，因此 PN 结又称为耗尽层。在这一区域载流子被捕获形成离子，离子带电荷，所以 PN 结还称为空间正负电荷区。

扩散形成 PN 结的同时，也在其两边形成电场，称为内电场。在交界面两侧，内电场由 N 区指向 P 区。而 N 区多数载流子是电子，P 区多数载流子是空穴。也就是说，内电场方向与多数载流子扩散方向相反，内电场对扩散运动起阻挡作用，所以空间电荷区又称为阻挡层。

N 区的电子扩散到 P 区时，就变成 P 区的少数载流子；P 区的空穴扩散到 N 区时，也同样变成 N 区的少数载流子。PN 结形成的内电场增大后，将会对少数载流子产生电场作用力。在电场力的作用下，部分少数载流子将顺电场的方向，返回扩散前它原来所在的区。少数载流子在内电场力的作用下顺电场方向的移动称为漂移运动。

在一定的外界条件下（如一定的温度、光照等条件下），多数载流子的扩散运动逐渐减弱，而少数载流子的漂移运动则逐渐增强，最后两者达到动态平衡，空间电荷区的宽度基本上稳定下来，PN 结就处于相对稳定的状态，其内电场也相对稳定。

若在 PN 结两端加上一定数值的正向电压，即电源的正极接 P 区，电源的负极接 N 区，由于外电场方向与内电场方向相反，削弱内电场的作用，内电场变薄，如图 4-1-8(a) 所示。此时，内电场阻碍多数载流子扩散运动的能力减弱，多数载流子的扩散运动增强。由于外电源不断给半导体补充电荷（电源正极向 P 区补充正电荷，负极向 N 区补充负电荷），半导体内的多数载流子浓度基本保持不变，因此，多数载流子将源源不断地流过 PN

结,形成较大的扩散电流。因为这个电流是在外加正向电压的情况下产生的,故称为正向电流。若外电场增强,则内电场进一步削弱,扩散电流随之增加。在正常的工作范围内,加在PN结的正向电压稍有增加就会引起正向电流的显著增加。此时PN结的导电能力强,故称之为正向电阻小。

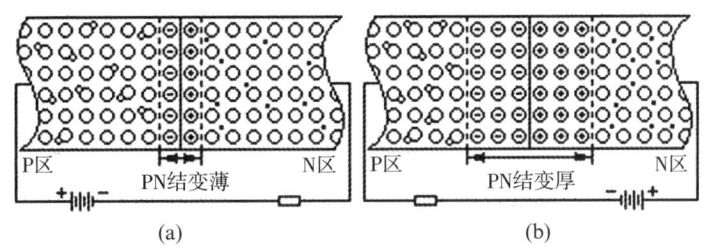

图4-1-8 外部电场对PN结的影响

若PN结两端加上反向电压,由于外电场与内电场方向相同,PN结内电场因增强而变厚,如图4-1-8(b)所示。由于内电场对多数载流子扩散运动的阻碍作用得到加强,使多数载流子的扩散运动难于进行,并使少数载流子漂移运动得到增强,形成反向电流。但反向电流是由少数载流子漂移运动形成的,在温度不变等条件下,少数载流子数量维持在很少的水平,反向电流较小,称为漏电流。此时PN结导电能力弱,故称之为反向电阻大。反向电压不变时,只有温度升高,才能使少数载流子数量增加,反向电流才会随之增加。

综上所述:PN结两端加正向电压(P区接正极、N区接负极),内外电场方向相反,内部电场削弱,PN结变薄,扩散电流随外部电压的增大而增加,PN结相当于一个阻值很小的电阻;PN结两端加反向电压(P区接负极、N区接正极),内外电场同向,内部电场增强,PN结变厚,扩散电流减小,而漂移电流受少数载流子数量的限制不能有明显增加,此时PN结相当于一个很大的电阻。这种正向电阻小、反向电阻大的现象称为单向导电性现象。因此,可以得出一个重要的结论:PN结具有单向导电性。

PN结两端加反向电压的数值不能任意提高,否则将使内外电场产生的强大作用力,半导体中的少数载流子猛增,漂移运动急剧增强,从而使反向电流急剧增大。PN结反向电流急剧增大的现象称为反向击穿,反向击穿有两种类型:雪崩击穿和齐纳击穿。

PN结的雪崩击穿指在强大电场作用下,少数载流子获得的能量较大,其穿越PN结漂移时,将共价键中的价电子碰撞出来,形成新的自由电子-空穴对;这些新电子-空穴(载流子)又在电场作用下,再碰撞其他价电子,结果少数载流子数量猛增,反向电流急剧增大,造成雪崩一样的连锁击穿。PN结的齐纳击穿指当PN结上的电场进一步增加到某一数值时,强大的电场可把共价键中的价电子直接拉出来,形成较大的反向电流而引起击穿。

雪崩击穿和齐纳击穿都会在半导体和PN结中产生热量。如果散热条件好,PN结的温度上升幅度不大,外部电场撤消或所加电压减小后,发生击穿的PN结还可以恢复原来的单向导电性,这种击穿称为可逆击穿。如果散热条件不好,PN结温度将急剧升高,迅速将PN结烧毁,这样的击穿称为热击穿。热击穿是不可恢复的,因此也称不可逆击穿。在没有采取专门措施的一般条件下,PN结由可逆击穿发展到不可逆击穿的时间相当短,因此,除非在制造时已采取专门措施,PN结出现的击穿一般都将变成不可逆的击穿。

综上所述，P型与N型半导体紧密制作在一起，在交界面将形成PN结。PN结又称为耗尽层或阻挡层，也称为空间电荷区。PN结是因多数载流子的浓度不同而引起载流子的扩散运动而形成的，扩散运动的结果是在PN结形成一个内电场。内电场的出现阻止多数载流子的进一步扩散，同时还会促使少数载流子产生漂移运动。漂移运动与扩散运动平衡时，PN结的内部电场相对稳定。PN结具有单向导电性。将P端接直流电源的正极，N端接负极，称PN结加正向电压。此时内外电场方向相反，内电场变薄，多数载流子大量扩散形成较大正向电流，PN结呈低阻状态，也即导通状态。PN结加反向电压，内外电场同向，内电场变厚，只有很少的少数载流子漂移，产生很小的漏电流，PN结呈高阻状态，即不导电状态。当PN结所加反向电压较大时，可引起PN结出现雪崩或齐纳击穿，其都是热击穿，而热击穿是不可逆击穿，击穿后PN结因丧失单向导电特性而损坏。

3. 二极管的基本特性

将PN结半导体的P区和N区分别用引线引出作成两个电极，并用外壳封装起来，就得到一个半导体晶体二极管，其结构和符号如图4-1-9所示。二极管有两个引脚：与P区相连的是阳极，用A表示(也称正极，标以"+"号)；与N区相连的是阴极，用K表示(也称负极，标以"-"号)，用VD表示。二极管的外形如图4-1-10所示。以硅半导体材料进行掺杂扩散制造的二极管，称为硅二极管，简称硅管；以锗半导体材料进行掺杂扩散制造的二极管，称为锗二极管，简称锗管。不同材料、不同工艺和不同方法制成的二极管，其结构不一样，使用场合也不一样。尤其是，PN结面积大小不同，二极管性能和用途将有很大差异。

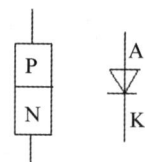

图4-1-9 二极管符号图

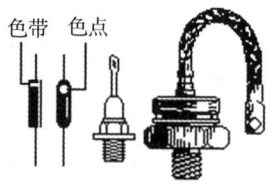

图4-1-10 二极管的外形

二极管的伏安特性指通过二极管的电流I与加在二极管两端的电压U之间的关系，(如图4-1-11所示)，其中，第一象限为正向特性曲线，第三象限为反向特性。由图4-1-11可见：当加在二极管上的正向电压很低时，通过二极管的电流很小，只有正向电压大于一定的值，(如图中的a点)，随着正向电压的加大，通过二极管的电流才迅速增大。a点的正向电压称为死区电压或门槛电压。通常硅二极管的死区电压约为0.5 V，锗二极管的死区电压约为0.2 V。当外电压超过死区电压后，端电压稍微有点变化，正向电流就有较大变化。完全导通后，二极管的伏安特性可近似认为是直线，此时二极管端电压稍微变化，通过二极管的电流将变化很大，二极管呈现低阻抗状态。通常硅二极管的端电压约为0.7 V或锗管的端电压约为0.3 V，可认为二极管

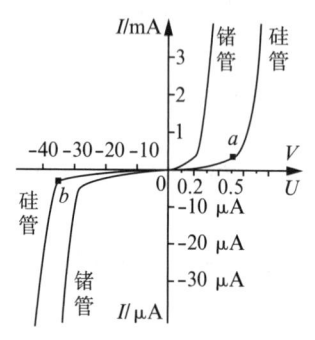

图4-1-11 二极管伏安特性

完全导通。

二极管加反向电压时,通过二极管的反向电流非常小,在某一定范围内,反向电压增加,反向电流几乎不变。这个电流称为反向饱和电流。当反向电压增加到某一数值,如图 4-1-11 所示的 b 点,PN 结出现电击穿,反向电流突然猛增,二极管被击穿。

由于普通二极管的 PN 结散热条件都较差,反向击穿将很快变为热击穿,从而损坏二极管。使二极管击穿的反向电压称为反向击穿电压。一般而言,硅管的反向饱和电流比锗管小,硅管的反向击穿电压比锗管高。

4. 二极管的主要参数

二极管的工作性能可通过其参数体现,普通二极管的参数主要有:①最大整流电流 I_{ZM};②最高反向工作电压 U_{RM};③反向漏电流 I_R 等。最大整流电流 I_{ZM} 又称为二极管的最大正向电流,是指二极管长期运行时允许通过的最大正向平均电流,例如,实际工作时的电流超过此值时,二极管会因过热而损坏。最高反向工作电压 U_{RM} 指二极管长期工作时允许承受的反向电压峰值(也就是正弦交流电压的最大值),为留有一定的余地,一般规定其值大小为二极管反向击穿电压的 1/3 或 1/2。反向漏电流 I_R 指在规定的环境下给二极管施加规定的反向电压时测得的二极管的反向电流值。这个电流越小,表明二极管的反向电阻越大,其单向导电性能也越好。

二极管除以上参数外,还有结电容、导通时间、截止时间、工作环境温度和工作频率等。不同用途的二极管有不同的侧重,例如,用于数字电路的开关二极管,对工作速度的要求就比普通二极管高,因此,导通时间、截止时间和工作频率等就成为开关二极管的主要参数。具体二极管参数可在相应的使用手册上查找。

〖思维点拨〗
二极管的主要技术参数是什么?如果它被击穿带来什么后果?

5. 二极管的应用

二极管的主要作用是用来整流,即利用它的单向导电性实现把交流电变成直流电。目前使用较多的单相整流电路主要有半波整流、全波整流和桥式整流三种。由于二极管的导通程度是不可控制的,所以由二极管构成的整流称为不可控整流。

1) 单相半波整流电路

不可控单相半波整流电路如图 4-1-12 所示,其是最简单的整流电路,由电源变压器、整流二极管 V_D 和负载电阻 R_L 组成。变压器把交流电压变换为整流电路所要求的电压 u_2,二极管 V_D 则把交流电压 u_2 变换为脉动直流电。

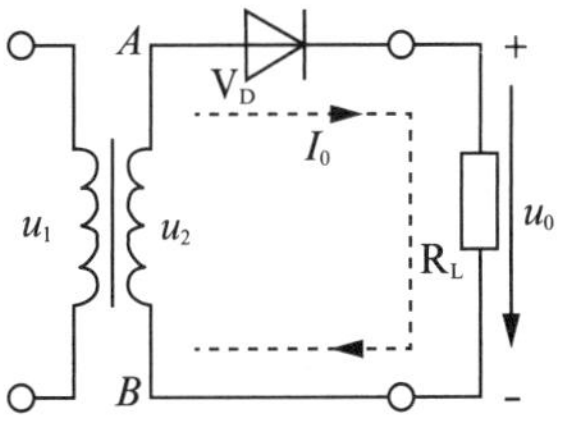

若忽略二极管的导通压降,整流电路的工作过程如下:在 $0 \sim \omega t_1$ 期间内,u_2 为正半周,变压器二次侧 A 端为正,B 端为负。此时二极管 V 承受正向电压而导通,u_2 通过二极管加在负载电阻 R_L 上,整流电路输出电压(即负载电压)的瞬时值为变压器二次侧电压。在 $\omega t_1 \sim \omega t_2$ 期间内,u_2 为负半周,变压器二次侧 B 端为正,A 端为负。二极管 V 承受反向电压截

图 4-1-12 单相半波整流

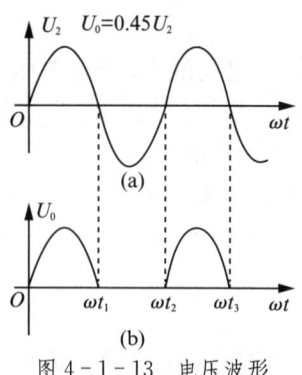

图 4-1-13 电压波形

止，R_L 上无电压，整流电路输出电压为零。第二个周期开始重复上述过程。整流输出电压 u_0 的波形如图 4-1-13(b) 所示。

经过整流电路，交流电负半周被"削"掉，只有正半周通过电阻 R_L。电阻 R_L 两端得到一个方向不变的电压，负载电压 U_0 及负载电流的大小仍随时间变化，这样的直流通常称为脉动直流。

根据正弦波平均值计算公式，可得半波电压在整个周期内的平均值，就是负载的直流平均电压

$$U_0 = 0.45 U_2 \qquad (4-1-1)$$

通过二极管的平均电流为

$$I_{F(AV)} = I_0 = I_R = \frac{0.45 U_2}{R_L} \qquad (4-1-2)$$

在半波整流电路中，二极管承受的最大反向电压 U_{RM} 为

$$U_{RM} = \sqrt{2} U_2 \qquad (4-1-3)$$

式(4-1-2)和式(4-1-3)是半波整流电路选择二极管参数的依据。

半波整流电路以"牺牲"一半交流为代价来换取整流效果，管子承受的反向电压较低，电源利用率低，因此一般只适合电压较低、电流较小的场合。

【思维点拨】
　　单相半波整流主要缺点是什么？单相全波整流是怎样弥补的，它又存在什么不足？

2) 单相全波整流电路

全波整流电路与半波整流电路的区别在于，采用两个二极管，变压器的二次侧采用带中心抽头的绕组，两个绕组完全一样，每个绕组都与半波整流变压器二次侧一样，如图 4-1-14 所示。

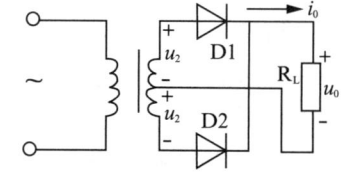

图 4-1-14 全波整流

输出电压波形如图 4-1-15 所示，原理分析与半波整流类似，即：电源正半周到来时，二极管只有 D1 导通，负载电阻上的电流方向从上到下；电源负半周到来时，二极管只有 D2 导通，负载电阻上的电流方向仍然从上到下，这样电源的正负半周都得到应用，整流效率变成半波整流的 2 倍。负载上得到的输出电压的平均值为

$$U_0 = 0.9 U_2 \qquad (4-1-4)$$

通过负载的输出电流为

$$I_0 = \frac{U_0}{R_L} = \frac{0.9 U_2}{R_L} \qquad (4-1-5)$$

流过每个二极管的电流为

$$I_{F(AV)} = \frac{1}{2}I_0 = \frac{0.45U_2}{R_L} \quad (4-1-6)$$

当一个二极管导通时,另一个二极管截止,承受变压器副边整个电压的峰值,即

$$U_{RM} = 2\sqrt{2}U_2 \quad (4-1-7)$$

可见,全波整流效率提高 2 倍,代价是变压器的二次侧绕组扩大 1 倍,采用中心抽头的方法实现,并且二极管的耐压提高 2 倍。只要有 1 个二极管断路,就变成半波整流;只要有 1 个二极管短路或极性反接,将引起变压器二次侧短路而烧毁二极管和变压器。很显然,全波整流输出直流电压高、电流大、脉动程度小;但变压器每次只有半个绕组被利用,二极管的耐压值提高,因此,此办法不是最好的。

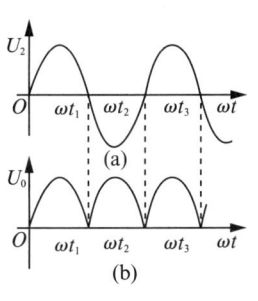

图 4-1-15 电压波形

3) 单相不可控桥式整流电路

单相桥式整流电路是使用最多的一种整流电路。通过四只整流二极管,连接成"桥"式结构,其电路有四种表示形式,如图 4-1-16 所示。为便于画图,桥式整流电路在电路图中常以如图 4-1-16(d)所示电路符号表示,其中,二极管的方向为直流电流流出的方向。

〖思维点拨〗

单相桥式整流与上述两种整流相比有哪些主要优点?

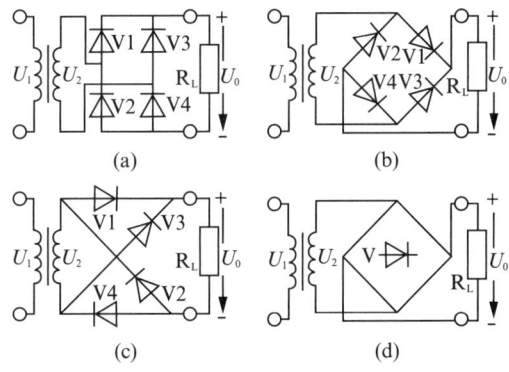

图 4-1-16 桥式整流电路的四种电路形式

由图 4-1-16(b)可见,桥式整流电路的四个二极管,可分成 V1,V4 和 V2,V3 两组轮流工作。当变压器二次侧电压 U_2 为正半周时,A 端为正,B 端为负,第一组二极管 V1,V4 承受正向电压而导通,第二组二极管 V2,V3 承受反向电压而截止,其电流方向如图 4-1-17 所示的 I_{01}。此时,由于 V2,V3 截止,$I_{02}=0$,因此,$I_0 = I_{01} + I_{02} = I_{01}$。当变压器二次侧电压 U_2 为负半周时,B 端为正,A 端为负,第二组二极管 V2,V3 承受正向电压而导

通,第一组二极管 V1,V4 承受反向电压而截止,其电流方向如图 4-1-17 所示的 I_{02}。此时由于 V1,V4 截止,$I_{01}=0$,因此,$I_0=I_{01}+I_{02}=I_{02}$。当变压器二次侧电压正负半波不断重复,V1,V4 和 V2,V3 轮流导通和截止。由图 4-1-18 可见,桥式整流输出电压波形比半波整流输出电压波形多半个周期。在 U_2 的正负半周,两组二极管电流 I_{01} 或 I_{02} 轮流经过负载,负载 R_L 上就能得到同一方向的电流 I_0,负载电压方向总是上正下负,即 R_L 上得到的是两个半波的整流电压。

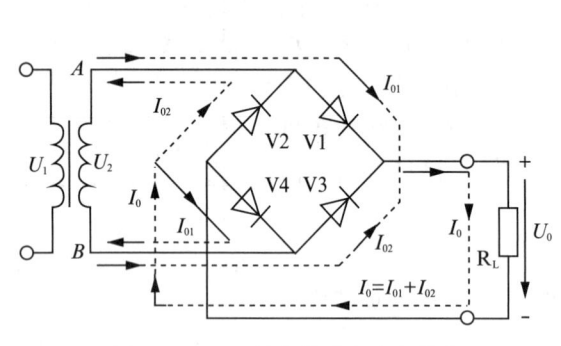

图 4-1-17 桥式整流电路和符号

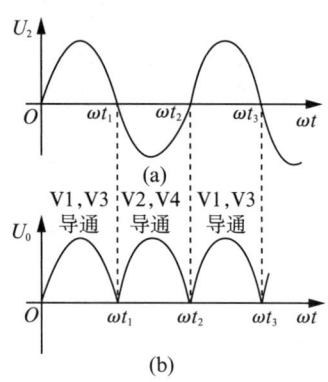

图 4-1-18 电压波形

经过推导可以得出,单向桥式整流电路输出平均电压(即负载电压)U_0 与通过二极管的平均电流分别为

$$U_0=0.9U_2 \tag{4-1-8}$$

$$I_{F(AV)}=\frac{1}{2}I_0=\frac{1}{2}I_R=\frac{0.45U_2}{R_L} \tag{4-1-9}$$

在桥式整流电路中,二极管承受的最大反向电压为变压器副边电压的最大值,即

$$U_{RM}=\sqrt{2}U_2 \tag{4-1-10}$$

综上所述,桥式整流电路通过每个二极管的平均电流仅为负载平均电流的一半,承受的最大反向电压为变压器二次侧电压的最大值,桥式整流电路适用于要求电流较大的场合。

4) 滤波电路

交流电经过二极管整流之后,方向单一,但其大小(幅值)仍不断地变化。这种脉动直流一般不能直接用来向用电设备供电。要把脉动直流变成波形平滑的直流电,还需要再做一番"填平取齐"的工作,这就需要滤波电路。此外,有些用电设备要求供电电压保持稳定,这就需要稳压电路。

滤波的任务就是尽可能地减小整流器输出电压中的波动成分,使之变成接近恒稳平滑的直流电。滤波电路有许多不同的类型,但大部分滤波电路都是利用电容、电感等储能元件所具有的特性(如电容两端的电压不能突变,流过电感的电流不能突变),实现尽可能地保留整流后直流电中的直流成分而滤除其交流成分。根据电路采用滤波元件数量分,滤波电路可分为单式和复式两种。单式滤波的滤波元件只有一个,常见的有电容滤波电路、电感滤波电路等。采用两个或两个以上滤波元件的滤波电路则称为复式滤波电路。

（1）电容滤波电路。电容是一个储能元件，其外部电路提供电压高于电容两端电压时，电容将把外电路提供的电能以电荷（或电场）形式储存起来；电压低于电容两端电压时，电容再把储存的能量释放出来。这反映电容两端电压不能突变的特性，正好可用于对脉动电压进行滤波。最简单的电容滤波电路如图4-1-19(a)所示，在整流器后面，通过电容器与负载电阻并联，可实现对整流电路输出的脉动电压进行滤波作用。下面简单说明该电路的工作过程。

在二极管导通期间，整流电路向负载电阻 R_L 提供电流，同时向电容器 C 充电，使电容两端充满电压，忽略二极管正向导通压降，充电电压可达变压器二次侧电压最大值，充电电流路径如图4-1-19(a)所示虚线，充电电压波形如图4-1-19(c)所示 $0\sim\omega t_1$ 期间的 U_0 波形。达到最大值 U_{2m} 后，变压器二次侧电压 U_2 降低，电容器两端电压高于 U_2，二极管截止，电容通过负载电阻 R_L 放电，放电电流路径如图4-1-19(b)所示，对应的 U_0 波形在图4-1-19(c) $\omega t_1\sim\omega t_2$ 期间。若电容量 C 和负载电阻 R_L 均较大，电容放电速度较慢，在变压器二次侧电压下降期间，电容两端电压下降不多。过了负半周后，变压器二次侧电压的下一周期到来，U_2 升高到大于 U_0 时，二极管再次导通，U_2 又再次对电容器充电。如此重复，电容器负载两端将保持一个较平稳的电压，呈现比较平滑的波形，如图4-1-19(c)所示。显然，电容量越大或负载阻值越大，输出电压越平稳，滤波效果越好，输出波形越趋于平滑，输出电压也越高。但是电容量 C 增大到一定值以后，再加大电容量对提高滤波效果已无明显作用，因此，通常可根据负载电阻和输出电流大小选择合适的电容量。

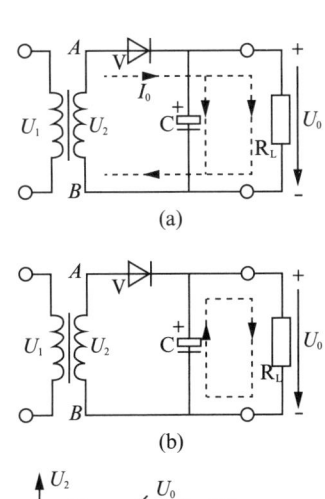

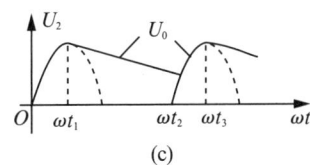

图4-1-19 电容滤波

电容滤波的工作原理也可从电容器的"隔直通交"特性来理解。脉动直流电可以分解为一个直流成分和交流成分；直流成分无法通过电容，全部输出给负载；交流成分则大部分通过电容，负载上所剩的电压基本为直流成分，因而输出电压比较平滑。

由如图4-1-19(c)所示波形可见，加上电容滤波后，整流电路输出电压有所提高，但输出电压受负载影响大，且整流二极管承受最大反向电压比原来增加。此外，滤波器开始工作时，滤波电容两端的电压为零，二极管将通过较大冲击电流，增加二极管的负担。电容滤波对整流电压的影响见表4-1-1。

表4-1-1 电容滤波对整流电路的影响

整流电路类型	变压器副边电压（有效值）	负载开路时的输出电压U_0	带负载时的输出电压U_0	二极管承受的最大反向电压U_{RM}
半波	U_2	$\sqrt{2}U_2$	$1.0U_2\sim1.4U_2$	$2\sqrt{2}U_2$
桥式	U_2	$\sqrt{2}U_2$	约$1.2U_2$	$\sqrt{2}U_2$

(2) 电感滤波电路。在 R_L 较小、输出电流较大的情况下,为提高电容滤波效果,滤波电容的容量就得增大。但电路接通瞬间,流过整流二极管的冲击电流(也称浪涌电流)非常大。这时整流电路不仅要向负载输出,还要对大电容充电,通过二极管的电流将很大。因此,R_L 小且输出电流大的场合,常常考虑采用带铁芯的电感线圈滤波,其电路如图 4-1-20 所示。

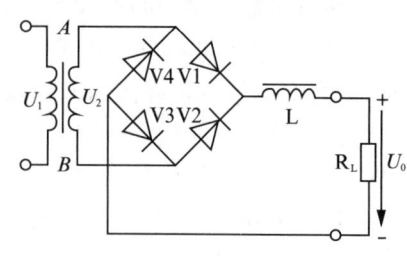

图 4-1-20 电感滤波电路

电感滤波具有"隔交通直"特性,"隔交"即阻隔交流分量,"通直"即允许直流通过,从而使输出电压波形平滑。具体原理是:整流输出电流中含有交流分量时,流过电感电流增加,线圈中将产生自感电动势,自感电动势方向与电流方向相反,阻止电流增加。电流增加实际上是电能增加,电感阻止电流增加的同时,将电流增加的部分电能转化成磁场能量暂时存储起来。当通过电感线圈电流减小时,自感电动势与电流方向相同,阻止电流减小,同时释放出已存储的能量,补偿电流的减小。因此,经电感滤波后,负载电流及电压脉动减小,波形变得平滑。

电感滤波的优点是,二极管导通角接近 180°,流过二极管电流较平滑,电流冲击较小,从而延长二极管的使用寿命。

对于一般整流电路,二极管端电压由电源电压与输出(负载)电压确定,输出电压不变时,二极管导通和截止时间完全由电源电压确定。采用电感滤波后,在电源电压下降区间,由于电感阻止电流减小,二极管截止时间推迟,整流二极管导通时间延长,导通角变大。

(3) 复式滤波电路。电容滤波和电感滤波都可滤除脉动直流电中的交流成分,但滤波效果通常不能满足要求较高的场合。为进一步减小脉动程度,提高滤波效果,可将滤波电感与滤波电容组合连接成复式滤波器,常用复式滤波器有 Γ 型滤波器和 π 型滤波器两种。

滤波电感加滤波电容组成的 Γ 型(或称倒 L 型)滤波器如图 4-1-21(a)所示。由于电感对交流分量具有较大感抗,产生较大交流压降,减小输出端的交流成分;电容对交流分量阻抗较小,可对交流电流进行分流,从而进一步减小负载 R_L 上的交流成分,输出直流电压变得更加平滑。Γ 型滤波器外特性较好,与电感滤波器相似,当负载电流在相当大范围变化时,均能获得较好滤波效果;固此,其适用于负载变动大、输出电流较大的场合。

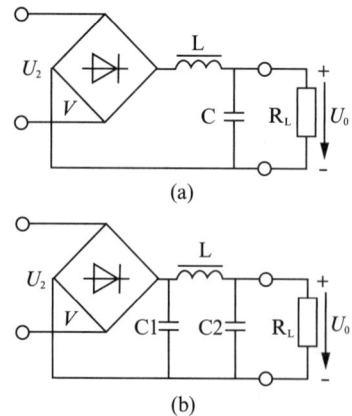

图 4-1-21 复式型滤波器

π 型滤波器如图 4-1-21(b)所示,是在 Γ 型滤波器前面再加一个电容组成的。整流后脉动电压先加在电容 C1 上,电容 C1 滤波后,输出电压仍有交流分量存在。再经电感 L 和电容 C2 进行滤波,使输出电压脉动大大减小,波形更为平滑。所以,π 型的滤波效果比 Γ 型滤波器更好。此外,由于电容 C1 的充放电作用,其输出直流电压平均值比 Γ 型高。

负载电流小的场合,为使结构简单经济,常用一个电阻 R 代替如图 4-1-21(b)所示的电感 L,组成 π 型 RC 滤波器。这时,由于脉动电压中交流分量在电阻上产生较大电压降可使电容 C2 上交流分量减少,从而获得滤波效果。但电流流过电阻 R 时也有直流分量压降和功率损耗,即对负载具有降压限流作用。一般 π 型 RC 滤波器只适用于输出电流小且负载较为稳定的场合。

5) 稳压管与稳压电路

(1) 稳压管的特性。除普通二极管外,还有一种二极管与普通二极管有较大区别,这就是所谓的稳压二极管,简称稳压管。稳压二极管,顾名思义就是用来稳定电压的二极管。稳压二极管的电路符号如图 4-1-22(a)所示,特性如图 4-1-22(b)所示。由图 4-1-22(b)所示的稳压管特性曲线可见,其正向特性部分与普通二极管无太大差别。因此,稳压管工作在正偏时与普通二极管相同。与普通二极管特性比较,稳压二极管反向击穿特性曲线比较陡。

稳压二极管的 PN 结在制造时就已经采取特殊措施或经过特殊的处理,从而使稳压管可以长期工作在反向击穿状态。反向击穿后,稳压二极管反向电压在很小的范围内变化,而反向电流却变化较大;此外,要实现其稳压功能,稳压管还必须工作在反向击穿状态,即工作在反向特性的 a 点与 b 点之间的特性段。稳压二极管的稳压原理就是利用稳压管反向击穿时电压变化小,而电流变化大的特点。

稳压二极管主要工作参数有:①稳定电压 U_z;②稳定电流 I_z;③最大稳定电流 I_{zm};④最大耗散功率 P_{zm};⑤动态电阻 r_z 等。稳定电压是稳压管的反向击穿电压 U_z。每个稳压管只有一个稳定电压,但同型号稳压管参数存在一定差异,一般晶体管手册中给出某一型号稳压管的稳定电压范围(如图 4-1-22 中所示的 U_a 到 U_b 之间)。稳定电流是指 U_z 对应的反向工作电流值,最大稳定电流指稳压二极管工作时允许通过的最大电流。最大耗散功率是指稳压时电流增大到最大电流时稳压管产生热量的功率,超过最大耗散功率,稳压管将因过热而损坏。动态电阻指在工作区(反向击穿区)内,管稳压端电压变化量与流过管子电流变化量的比值。动态电阻越小特性越陡峭,稳压管的稳压效果越好。

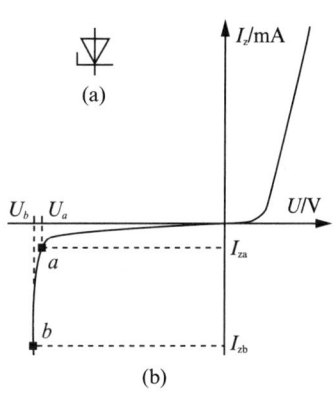

图 4-1-22 稳压二极管符号与特性

[思维点拨]

稳压管正常工作时应该怎样接入电路?它正常工作时是处于什么状态?

(2) 稳压电路。经整流、滤波后的直流电,当电网电压或负载出现波动后,整流、滤波后的直流电压也会随之发生变化。为稳定输出直流电压,必须在整流滤波后接稳压电路。

最简单的稳压电路是硅稳压管稳压电路,其稳压电路如图 4-1-23 所示。采用硅稳压管是因为硅稳压管性能比锗稳压管好,硅稳压管 V 并联于负载两端,再经电阻 R 串联后接电源。硅稳压管工作于反向击穿状态,其作用是在 I_z 变化时保持 U_o 几乎不变。电阻 R

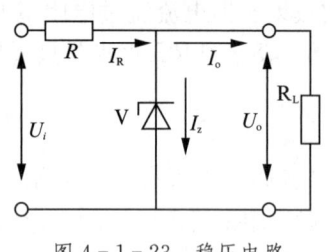

图 4-1-23 稳压电路

有两个作用:工作时限流和调节输出电压。

由稳压管反向特性可知,当负载电阻 R_L 不变、电源电压 U_i 升高时,U_i 有微小增加,将引起 I_z 迅速增加,使得流过限流电阻 R 电流 I_R 也增加,电阻 R 上压降增大,而 $U_o = U_i - I_R R$,则 U_i 增加的绝大部分将落在 R 上,从而使输出电压 U_o 基本上保持不变。当电源电压变化时,稳压管的稳压过程可简单表示为

$$U_i \uparrow \rightarrow U_Z = U_o \uparrow \rightarrow I_Z \uparrow \rightarrow I_R \uparrow \rightarrow IR \uparrow \rightarrow U_R \uparrow$$
$$U_o \downarrow \leftarrow \underline{\qquad\qquad\qquad\qquad}$$

当电源电压不变而负载电阻 R_L 变小时,输出电流 I_o 增加,总电流 I_R 也随之增加,电阻 R 的压降增加,输出电压 U_o 下降。但输出电压 U_o 略微下降,流过稳压管的电流 I_Z 将大大减少,从而使流过电阻 R 的电流 I_R 仅有微小的增加。可以这样理解,负载增加的电流来自于稳压管减少的电流。由于 R 端电压 U_R 仅有微小增加,而电源电压不变,因此,稳压管两端电压,即负载电压 $U_o = U_i - IR$ 也只有微量下降,可近似认为不变。当负载变化时,稳压管的稳压过程也可简单表示为

$$R_L \downarrow \rightarrow I_o \uparrow \rightarrow I_R \uparrow \rightarrow I_R R \uparrow \rightarrow U_o \downarrow \rightarrow I_Z \downarrow \rightarrow I_R \downarrow \rightarrow I_R R \downarrow$$
$$U_o \uparrow \leftarrow \underline{\qquad\qquad\qquad\qquad}$$

上述并联型稳压电路优点是电路简单、调试方便,但只能在小范围内稳压,输出电流较小,且稳压值不可调,一般只用于要求不高的小型电子设备上。对稳压要求较高的电子设备,通常采用串联型稳压电路或集成稳压电路。

串联型稳压电路是以三极管为调整元件(称为调整管),其构成原理如图 4-1-24 所示。由于调整元件与负载串联,所以称为串联型稳压电路。串联型稳压电路,三极管可输出较大电流,输出电压稳定度高且稳压值可适当调整。其稳压原理是:通过取样电路检测输出电压,然后与基准电压比较,根据比较结果控制调整管,从而调节输出电压,保持输出电压稳定。串联型稳压电路种类较多,常见串联型稳压电路有简单串联型稳压电路、带有放大环节的串联型稳压电路和串联开关型稳压电路等。

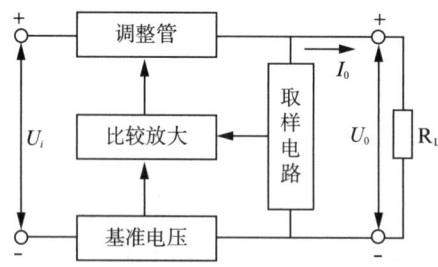

图 4-1-24 串联型稳压电路的环节

随着集成电路技术的发展,直流稳压电路已逐渐被集成稳压电路所取代。集成稳压电路具有体积小、质量轻、调整方便、运行可靠和价格低廉等优点,已经在各种电路中得到广泛应用。集成稳压电路的规格种类很多,具体的电路形式也有很大的差异。最简便的集成

稳压电路一般有三个引线端：输入端、输出端和公共接地端。集成稳压电路的电路符号和外形如图 4-1-25 所示。应注意的是，不同型号、封装的集成稳压器，其三个电极位置是不同的，需查手册才能确定。

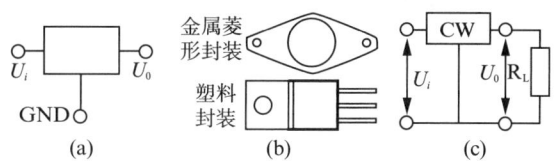

图 4-1-25 集成稳压器

综上所述：①稳压管简单稳压电路是由稳压二极管和限流电阻组成的，其主要优点是电路简单、调试方便，但只能在小范围内起稳压作用，输出电流较小，而且输出稳压值不可调；②串联型稳压电路的基本组成环节有调整元件、基准电压、检测环节和比较放大环节等，其主要特点是电路组成相对较复杂，但稳压性能较高；③不论何种稳压电路，影响电压稳定的因素主要是电源电压波动和负载电流波动，分析稳压电路工作原理时，应当抓住这两个因素分别进行分析。

（3）发光二极管（Light Emitting Diode，LED）是利用 PN 结把电能转换为光能的半导体器件，由镓、砷、磷等半导体材料制成。由这些材料构成的 PN 结外加正向电压时，就会发出光来，光的颜色主要取决于制造所用的材料，如砷化镓发出绿光等。目前，市场上发光二极管的颜色主要有红、黄、绿、蓝、白 5 种；按外形可分为圆形、长方形等数种。发光二极管与整流二极管一样也有一个阳极和一个阴极，其图形符号如图 4-1-26 所示。

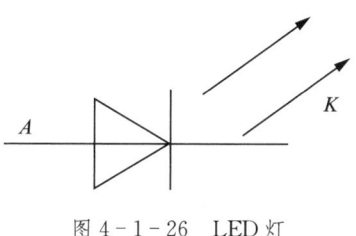

图 4-1-26 LED 灯

发光二极管的导通电压比普通二极管大，一般为 1.2～2.5 V，而反向击穿电压一般比普通二极管小，一般为 5 V 左右。在电路中一般要采取限制反向电压的措施。LED 灯是目前使用比较普遍的一种显示器件，因为其具有亮度高、电压低、体积小、可靠性高、寿命长、响应速度快、颜色鲜艳等优点。

发光二极管主要用来做显示器件，可单个使用，也可制成七段数字显示器等，近年来在数字仪器仪表、计算机显示、电子钟表上的应用也愈来愈广，并在高档家电、音响装置、大屏幕汉字、图形文字等领域发挥作用。随着其应用范围不断扩展，LED 各种驱动器集成电路芯片也不断推出。发光二极管还有一个重要作用就是将电信号变为光信号，通过光缆传输，然后用光电二极管接收并再现电信号，从而组成光电传输系统，应用于光纤通信和自动化控制系统中。此外，发光二极管还可以与光电管一起构成光电耦合器件。

（4）光敏二极管。光敏二极管又称光电二极管或远红外线接收管，是一种将光能与电能进行转换的器件，是将光信号转换为电信号的特殊二极管，其结构及符号如图 4-1-27 所示。

光敏二极管的结构与普通二极管一样，其基本结构也是一个 PN 结，但其 PN 结面积较大，同时管壳上开着一个嵌着玻璃的窗口，便于光线照射进来。

光敏二极管利用 PN 结在施加反向电压时，在光线照射下，反向电阻由大变小的原理来工作。也就是说：当没有光线照射时，反向电阻很大，反向电流很小；有光线照射时，反

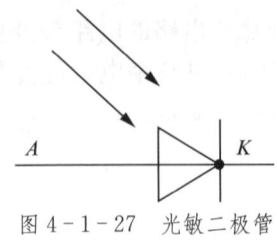

图 4-1-27 光敏二极管

向电阻减小,反向电流增大,通过接在回路中的电阻可获得电压信号,从而实现光电转换。硅光电二极管对红外光最为敏感,锗光电二极管对远红外光最为敏感,常用于光的测量和光电自动控制系统,如光纤通信中的光接收机、电视机和家庭音响的遥控接收装置等。大面积的光电二极管可用作能源,即光电池。线性光电器件通常称为光电耦,可以实现光与电的线性转换,在信号传送和图像处理等领域有广泛的应用。

【任务实施】

一、任务要求

能识别和检测无线电元器件,熟悉元器件外形、类别型号、管脚判定等;熟练使用万用表判定器件好坏;熟练掌握电子元器件的焊接工艺和方法,或者熟练使用面包板搭接电路;能根据原理图检测接线是否正确,并能通电调试电路,若发现问题,能根据故障现象排除故障,在通电时应注意安全。

二、任务准备

准备材料清单见表 4-1-2,需要准备的工具包括万用表、电烙铁、焊锡丝、松香等。

表 4-1-2 元器件和材料清单

符号	规格/型号	名称	符号	规格/型号	名称
T	220 V/9 V	变压器	R2	200 Ω/0.25 W	电阻器
VD1	IN4007	二极管	LED	红色	发光二极管
VD2	IN4007	二极管	DW	2CW12	稳压二极管
VD3	IN4007	二极管	C	2 200 μF/25 V	电解电容器
VD4	IN4007	二极管	—	SYB—130	面包板
R1	1 kΩ/0.25 W	电阻器	—	ϕ=0.6 mm	单股绝缘导线

三、任务操作

1. 元器件识别和测量

1)电阻

(1)电阻常用的标示法。电阻器实物如图 4-1-28 所示。

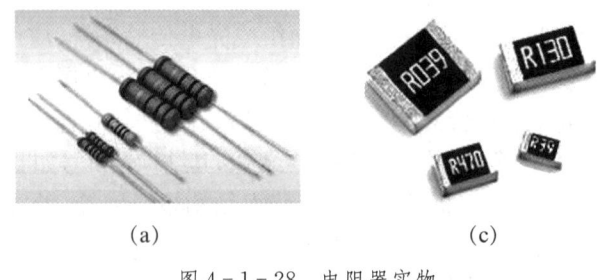

图 4-1-28 电阻器实物

电阻器常用的标示法有三种。第一种是直标法,即用阿拉伯数字和单位符号在电阻器表面直接标出标称电阻值和允许偏差。其优点是直观、易读。该方法主要用于功率比较大的电阻器。

第二种标示法是文字符号法,即用阿拉伯数字和字母符号按一定规律的组合来表示标称电阻值及允许偏差。其优点是认读方便、直观,可提高数值标记的可靠性。两位数码,如15,表示 100 000 Ω;三位数码,如 103,表示 10 000 Ω。前面的数字表示有效数字,末位数字表示零的个数。这种标注方法在贴片电阻器上广泛采用。

文字符号法规定:用于表示电阻值时,字母 Ω,K,M 之前的数字表示电阻值的整数值,之后的数值表示电阻值的小数值,字母表示小数点的位置和电阻值的单位,如 2K7 表示 2.7 kΩ。

第三种是色标法,即用色环在电阻器表面标出电阻值和容许误差,颜色规定见表4-1-3,其特点是标志清晰。色标法又分四色环色标法和五色环色标法,普通电阻器一般采用四色环色标法来标注。四色环的前两条色环表示电阻值的有效数字,第三条色环表示电阻值的倍率,第四条色环表示电阻值的允许误差范围。精密电阻大多采用五色环法来标注,其前三环表示电阻值的有效数字,第四环表示电阻值的倍率,第五环表示电阻值的允许误差范围。色标法的标注如图4-1-29所示。色标对应表见表4-1-3。

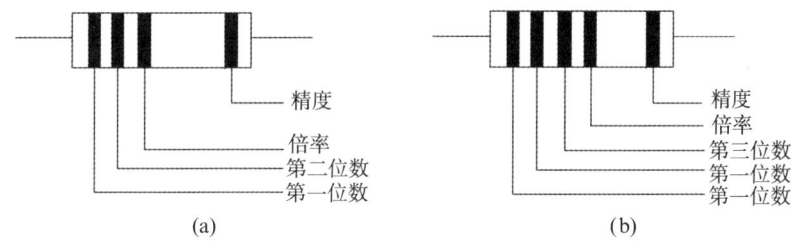

图4-1-29 色环电阻器阻值标志

表4-1-3 色标对应表

颜色	有效数字	倍率	允许误差	颜色	有效数字	倍率	允许误差
棕色	1	10^1	±1%	灰色	8	10^8	—
红色	2	10^2	±2%	白色	9	10^9	±50%~±20%
橙色	3	10^3	—	黑色	0	10^0	
黄色	4	10^4	—	金色		10^{-1}	±5%
绿色	5	10^5	±0.5%	银色		10^{-2}	±10%
蓝色	6	10^6	±0.2%	无色		—	±20%
紫色	7	10^7	±0.1%				

(2) 电阻的测试。测量电阻一般用万用表的欧姆挡,先选定某一量程,测量前首先校零,即把红黑表棒短接,万用表指针应指到零;然后将两表棒分别接触电阻两端,读出电阻值。一定要选择合适的量程,所谓合适指要让指针指在量程刻度的1/2~2/3处,这样误差最小。测量时注意手不能同时触碰电阻的两端,否则测量值偏小。测量电路板上的电阻一

定要把电阻的一端从电路板上焊下,防止其他回路电阻影响被测电阻。

2) 电容器

(1) 电容器容量常用标示方法。电容器的实物如图 4-1-30 所示。

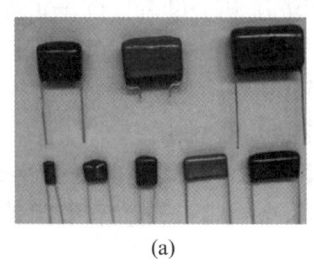 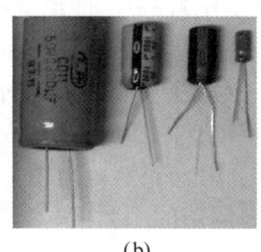

(a)   (b)

图 4-1-30 电容器实物

电容器容量常用标示方法有五种。①直标法:把标称容量及误差直接标在电容体上,如 2 200 μF/25 V。②数字表示法:采用此法的电容器单位为 pF 和 μF,只标数字不标单位。例如:47,0.01 分别表示 47 pF 和 0.01 μF;电解电容若标 1,220 则分别表示 1 μF,220 μF。③数字字母法:单位前面标出整数,后面标出小数。例如,1p5、6n8、1m5 分别表示 1.5 pF、6 800 pF、1 500 μF。④数码法:前面的数字表示有效数字,末位数字表示 10 的幂指数,单位一般为 pF。例如,103 表示 10^3 pF,224 表示 $22×10^4$ pF。⑤色标法:这种表示法与电阻的色环法类似,将不同颜色涂于电容器的一端或顶端向引线排列。一般只有三种颜色,前两环表示有效数字,第三环表示倍率,单位为 pF。有时色环较宽,如红—红—橙,两个红色环连在一起涂成宽环,表示 22 000 pF。

(2) 电容器的测试。用万用表的电阻挡就能简单判定电容器的质量、电解电容器的极性,并能定性比较电容器容量的大小。

①质量判定。对于容量在 1 μF 以上的,用万用表的 R×1 k 挡,直接把红黑表棒接于两引脚,接通瞬间,表头指针应立即顺时针偏转,然后逐渐又回偏,稳定后的读数就是电容器的漏电电阻,阻值越大表示电容器的绝缘性能越好。若在测量过程中发现指针根本不动,说明电容器已开路;若指针能顺时针偏转在某一角度,但没有回偏,说明电容器存在严重漏电;若指针保持在 0 Ω 附近而不回偏,说明该电容器内部已击穿短路。

对于容量在 1 μF 以下的电容器,由于电容器的充、放电现象不明显,表头指针偏转幅度很小或根本看不清,并不能说明电容器有问题。

②容量判定。仍用万用表的 R×1 k 挡,刚接通电容器时发现指针向右偏转幅度越大,说明容量越大;反之,容量越小。

③极性判定。仍用万用表的 R×1 k 挡,根据电解电容器正接时漏电电阻较大,漏电电流较小,反接时漏电电流较大,漏电电阻较小的特点,可判定其极性。先将万用表的两表棒测一下电容器的漏电电阻,然后交换表棒再测一次漏电电阻值。两次测量中漏电电阻小的那一次黑表棒所接的为电解电容器的负极,红表棒所接的为正极。

3) 二极管

(1) 二极管极性标示。二极管的实物如图 4-1-31 所示。

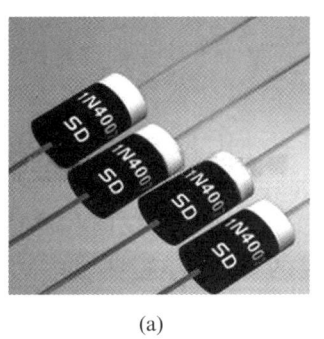 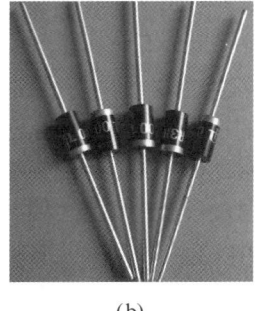

图 4-1-31 二极管实物

二极管外壳上均印有型号和标记。标记方法有箭头、色点、色环三种,靠近色环的一端为二极管的负极,有色点的一端为正极。如图 4-1-32 所示。

图 4-1-32 二极管的极性

(2) 二极管的极性判断。判别二极管极性时可取指针式万用表进行测试,将万用表的量程选择旋钮置于测量电阻值的欧姆挡,并选择"R×100"挡位或"R×1 k"挡位。然后将万用表的两根表笔与二极管的两条引线分别连接,观察并记下二极管的电阻。对调一下表笔,再重复一次测量二极管的电阻值,并比较两次测量的结果,如图 4-1-33 所示。

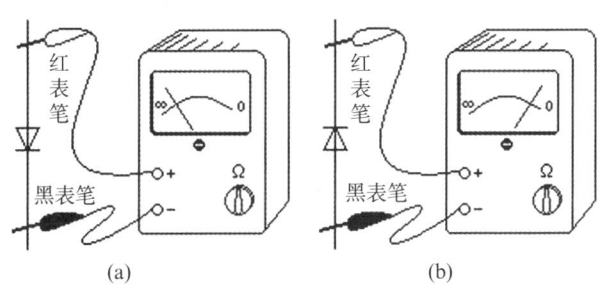

图 4-1-33 用万用表测量二极管

万用表测量电阻时是由其内部电池供电的。对于指针式万用表,测量时黑表笔插在标有"一"的孔,与表内电池的正极相连;红表笔插在标有"+"的孔,与表内电池的负极相连。由二极管的单向导电性可知,二极管的正向电阻小,反向电阻大。因此,根据两次测量结果可判别二极管两个引脚的极性。当观察到某次测量时,万用表的指针所指示的电阻值比另一次测量大很多,此时,与黑表笔接触的二极管的管脚为二极管的阴极,与红表笔接触的二极管的管脚则为二极管的阳极,如图 4-1-33(a)所示。

应该说明的是:对于指针式的万用表,其黑表笔是与其内部电池的正极相连,红表笔则与内部电池的负极相连;而对于数字式万用表,黑表笔一般是与其内部电池的负极相连,红表笔则与内部电池的正极相连。

(3) 二极管的性能判断。通过对上述两次测量结果的记录分析,还可验证二极管单向导电性能的好坏。上述两次测量的可能结果为：①反向电阻与正向电阻的比值大于100；②反向电阻只比正向电阻大几倍或几十倍；③测量时万用表的指针不动，即二极管的正、反向电阻值都为无限大；④二极管的正、反向电阻值都为零。

通常，锗二极管的正向电阻值为1 kΩ左右，反向电阻值为300 kΩ左右。硅材料二极管的电阻值为5 kΩ左右，反向电阻值可使万用表的指针指向∞（无穷大）的位置。一般而言，二极管的正向电阻越小越好，反向电阻则越大越好。因此，正、反向电阻值相差越悬殊，例如反向电阻与正向电阻的比值大于100，说明二极管的单向导电特性越好。如果测量结果为反向电阻只比正向电阻大几十倍或者只大几倍，则表明二极管单向导电性不佳，不宜使用。

若测量时万用表的指针不动，应先确认万用表完好，能够正常测量，然后确认表笔与二极管的管脚接触良好。确认这两项后，重新测量万用表的指针仍然不动，则说明二极管已经损坏，其内部存在断路点。如果二极管的正、反向电阻值都为零，表明二极管内部已经击穿短路。二极管断路或短路，都不能再继续使用。

（3）测量时的注意事项。为正确测量二极管，实际测量时应注意如下几点。

①检测小功率二极管时应将万用表置于"R×100"或"R×1 k"挡，检测大功率二极管时，方可将量程置于"R×1"或"R×10"挡。

②选好万用表的挡位后，除对万用表的指针进行机械调零外，还要对具体测量的挡位进行一次电气调零。如果电气调零时不能使万用表指针指向零位，说明万用表内部电池的电量不足，应更换电池后再进行测量。

③测量二极管时，应当确保万用表表笔与二极管管脚的接触良好。当管脚氧化较严重时，应先对管脚进行处理，去除氧化层后再测量。同时，测量还应避免接入人体电阻，以免影响测量结果。也就是说，双手不能同时接触万用表表笔的金属测量部分。

4）电子变压器

电子变压器实物如图4-1-34所示。使用变压器一定要关注容量、变压比、输入电压、频率和输出电压值；一、二次侧绕组一定要分清，可用万用表来测试。

测量变压器，万用表选用"R×1 Ω"或"R×10 Ω"挡，分别测量变压器一次侧线圈的电阻和二次侧电阻。若指针不动，说明一次侧或二次侧绕组内部断线或引线断开；若指针指向零，说明内部短路，正确数值是电阻很小，接近零。也可用通电的方法来测试，一次侧加220 V交流电，测试副边输出开路电压是否为9 V。

图4-1-34　电子变压器实物

5）发光二极管和稳压管

发光二极管实物如图4-1-35所示。稳压二极管实物如图4-1-36所示。

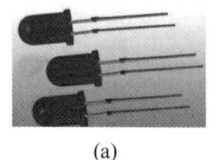 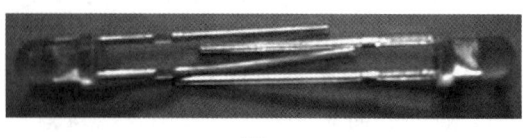

(a)　　　　　　　　　　　(b)

图4-1-35　发光二极管实物

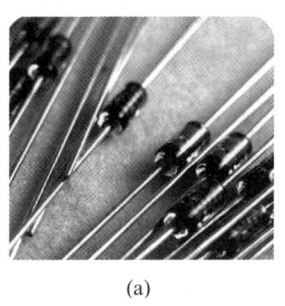
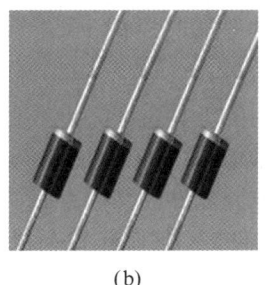

(a)　　　　　　　　　(b)

图 4-1-36　稳压二极管实物

（1）发光二极管的极性和性能判断。①观察法：从侧面观察两条引出线在管体内的形状，较小的是正极；其次看引脚长短，引脚长的为正极，短的为负极。②万用表检测法：万用表打在"R×10 k"挡，将两表笔分别与二极管两引脚相接，若表针偏转过半，同时发光二极管中有一发光点，表示此时与黑表笔相接的为正极，与红表笔相接的为负极；再交换表笔测试时，表针应不动。

如果两次测量表针都偏转到头或不动，说明该发光二极管已损坏。

（2）稳压二极管的极性和性能判定。一般稳压二极管会标注"＋""－"，或者标注图形符号"VS"。如果没标注，或模糊看不清，可用万用表的欧姆挡来测试判定。万用表打在"R×1 k"挡，将两表笔分别与二极管两引脚相接，记下表笔指示位置；然后交换表笔再测试一次，比较两次测试阻值。电阻小的那一次，黑表笔对应的管脚为正极，红表笔对应的为负极。

正向电阻越小、反向电阻值越大，说明二极管性能越好。如果两次测得电阻都很大或很小，说明此稳压管内部已开路或短路；若两次测得阻值比较接近，说明稳压管已失效不可使用。

6）常用面包板的结构

SYB-130 型面包板如图 4-1-37 所示，插座板中央有一凹槽，凹槽两边各有 65 列小孔，每一列的 5 个小孔在电气上相互连通。集成电路的引脚分别插在凹槽两边的小孔上。插座上、下边各一排（即 X 和 Y 排），在电气上是分段相连的 55 个小孔，分别用作电源与地线插孔。对于 SYB-130 型面包板，X 和 Y 排的 1～20 孔、21～35 孔以及 36～55 孔在电气上是相通的。面包板插孔所在的行、列分别以数码和文字标注，以便查对。

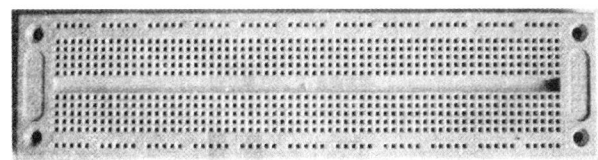

图 4-1-37　SYB-130 型面包板

2．电路的连接

本任务利用单股绝缘导线在面包板上完成电路的连接。

1）面包板的使用

面包板是专门为电子线路的无需焊接实验而设计制造的，满足各种电子元器件根据需要随意插入或拔出的要求,节省电路的组装时间,可以反复使用;因此,非常适合电子电路的组装和调试训练。

2) 布线工具

面包板布线所用的工具主要是剥线钳、偏口钳、扁嘴钳和镊子。偏口钳主要用来剪断导线和元器件的多余引脚。剥线钳用来剥离导线绝缘皮。扁嘴钳用来弯折和理直导线。镊子用来夹住导线或元器件的引脚并将其送入面包板指定的插孔。

(1) 在插装元器件时,把其标志和极性显露在外便于查看。元器件引脚一般不需剪断,以便下次重复使用。当元器件引脚直径大于 0.8 mm 时,不要把它插入面包板插座内,以免损坏插座内部接触片的弹性。

(2) 根据信号流程的顺序,边安装边检查质量,若发现问题立即更改,也可接通电源直观地测试。

(3) 连线采用直径为 0.6 mm 左右的单股绝缘导线。根据实际使用长度进行剪短,要求线头剪成 45°斜口,线头剥离长度约为 6 mm,要求全部插入地板以保证接触牢靠。裸露线头一定不能露在外面,以防止相碰短路。

(4) 连线要紧贴面包板上,以免碰撞弹出面包板,造成接触不良。连线尽量横平竖直,避免重叠,这样有利于查找、更换元器件及连线。

3) 电路的连接

按照原理图确定安装顺序,每个元器件引脚首先用锯条或小刀口去除表面氧化层,并把引脚剪成 45°斜口,便于安装;导线需要先剥离绝缘层,再去氧化层,然后剪成 45°斜口。

按照如图 4-1-38 所示的接线,在面包板上插装元器件和导线时,注意元器件的极性。在连线时,注意电容器、整流二极管、稳压管和发光二极管的极性。

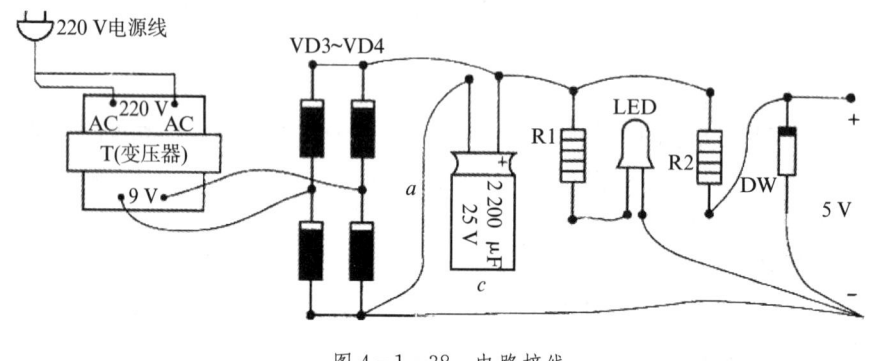

图 4-1-38 电路接线

3. 电路的检测和调试

1) 目视检查

电路连接完成后,不要忙于通电,应对着接线图,检查元器件连线是否正确、连线是否牢靠和接通、元器件极性是否正确等。

2) 通电测试

把变压器的一次侧经 0.5 A 熔断器接入 220 V 的交流电源,用万用表直流电压 10 V 挡测量输出电压是否为 5 V。若不正常,则切断电源,对元器件进行逐个检查;若正常,在输出端接入负载(可选 1 kΩ 电阻与 470 kΩ 电位器串联代替),并串接直流电流表(5 mA

挡),调整电位器,观察输出电流在 0~5 mA 变化时输出电压是否稳定。

【任务评价】

任务考核要求及评分标准见表 4-1-4。

表 4-1-4 任务考核要求及评分标准

任务 1 直流稳压源的制作							
班级:		姓名:			组号:			
任务	配分	考核要求		评分标准	扣分	得分	备注
组装焊接	30	(1) 能正确测量元器件; (2) 元器件连线正确,布线符合工艺要求		(1) 安装不规范或焊点不规范,扣 2 分/处; (2) 损坏元器件,扣 2 分/处,错装或漏装,扣 2 分/处			
通电调试	15	(1) 正确输出电压; (2) 正确输出电流		(1) 电压无输出或输出电压不对,扣 2 分; (2) 不会使用仪表测试,扣 2 分			
故障分析	15	(1) 能正确分析故障原因; (2) 能据故障现象判定故障范围		(1) 故障分析与现象不符,扣 2 分; (2) 故障范围分析过大,扣 1 分; (3) 不会分析,扣 10 分			
故障检修	30	(1) 正确使用仪表; (2) 检修方法正确; (3) 正确排除故障		(1) 错误使用仪表,扣 2 分; (2) 排除故障方法错误,扣 2 分; (3) 重复检修一次,扣 2 分			
安全、文明	10	(1) 安全用电,无人为损坏设备或器件现象; (2) 小组成员协同合作; (3) 遵守校纪、校规		(1) 发生安全事故,扣 10 分; (2) 人为损坏设备或器件,扣 10 分; (3) 不遵守纪律,不文明协作,扣 5 分			
时间				(1) 提前完成加 2 分; (2) 超时完成扣 2 分			
总分							

【任务拓展】

1. 万用表结构及其测量方法

万用表是一种多用途仪表,通常用来直接测量直流电流、直流电压、交流电压及电阻等电量,还可以初步测量晶体管、电容等元件的好坏,有的还可以测量交流电流、电容量、电感量等,其是船舶电气管理人员必备的工具之一。目前常用的有模拟表和数字表两种。现以较为常用的 MF-30 型为例说明其测量原理。

1) 万用表的主要结构

万用表主要由表头、转换开关和测量电路三部分组成。满刻度时,流过表头的电流为几微安至几百微安。

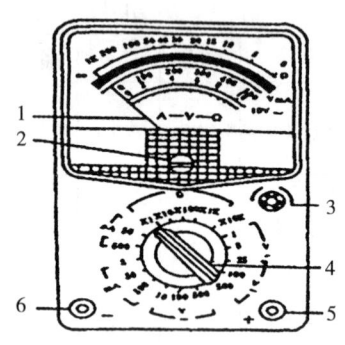

1—指针；2—机械零位调整器；
3—零欧姆调整电位器；
4—选择开关(兼作测量内容和量程选择)；
5—正插孔；6—负插孔

图 4-1-39　万用表表面设置

(1) 表头。通常采用高灵敏度的磁电系仪表,其刻度盘上有对应于不同测量对象的 4 条标尺(有的型号条数更多,MF-47型有 6 条),如图 4-1-39 所示。最上面的一条右边标有"Ω",表示电阻的标尺。第二条的右边标有"VmA",表示测量交流电压、直流电压和直流电流时读此标尺。第三条的右边标有"10 V～",表示只有测量交流 10 V 以下的电压时读这条标尺。第四条右边标有"dB",测量放大器的增益或线路的损耗时读此标尺。

(2) 转换开关。转换开关的所有位置都刻在它周围的表盘上,按测量的对象把转换开关的位置分为欧姆区、直流电压区、交流电压区、直流电流 mA 和 μA 等 5 个部分,并且每个位置上都标明量程和最大量程。测量时一定要确认转换开关所处的位置与被测量一致,否则可能造成仪表损坏。

值得指出的是,欧姆挡的量程是用"×1""×10""×100""×1 k""×10 k"等标出来的。说明测量时,电阻的实际值等于指针的示值乘以开关所指的倍数,单位是"Ω"。

MF-30 型万用表可测量电压的最大量程是 500 V,直流电流的最大量程是 500 mA;面板上只有两个接测试表笔的插孔,一个为"+",一个为"-"。测量时,红表笔插"+",黑表笔插"-",无论转换开关置于什么位置、测量什么电量都一样。

有些表可以测量高电压和大电流,例如,MF-47 型可以测量最高电压为 2 500 V,最大直电流为 5 A,其面板上有四个插孔,分别标有"+""com""2 500 V""5 A"。测量时,黑表笔插"com",红表笔插哪个孔则要根据被测量电阻来定。测量电阻小于500 mA的电流和低于 1 000 V 的电压,红表笔插"+";电流大于 500 mA 时,红表笔插"5 A";电压高于 1 000 V 时,红表笔插"2 500 V"。

(3) 测量电路。磁电式测量机构只能通过微安级的电流,所以,要测量各种不同的电量和不同量程就需要有不同的转换电路。

2) 万用表的使用

(1) 电阻/线圈电阻的测量:①要断电测量;②将测量选择开关转换至"R×1 Ω"或"R×10 Ω"挡;③使用前或更换量程后短接两表笔调零,使表针指在"0"Ω 处;④测量时两手不能与表笔导体接触,以免影响测量结果;⑤准确读数,测量值＝量程×指针指示刻度,有效数字要完整;⑥测量结束将测量选择开关转至交流电压最高量程挡(如 1 000 V)。

(2) 交(直)流电压的测量:①根据测量对象(直接或交流),将选择开关转至相应的位置;②测量电源、负载或某条电路两端的电压,必须与其并联;③要正确选取量程,如果被测量事先难以估计,宜从最大量程开始逐渐减少量程直到读数方便为止(在2/3刻度附近),注意不能带电转换量程;④对于直流电压,应注意正、负极性,仪表正接线端应接电源、负载等的高电位端,负接线端接低电位端;⑤要准确读数(注意量程与刻度的关系);⑥测量结束将测量选择开关转至交流电压最高量程挡(如1 000 V)。

2. 兆欧表的结构及其使用

1) 兆欧表的主要结构

兆欧表的结构如图4-1-40所示。兆欧表常采用比率表结构,不同于一般的指示仪表,其特点主要在于其不是用游丝来产生反作用力矩,而是与转动力矩一样,由电磁力来产生。兆欧表所测的绝缘电阻值以兆欧为单位,这就需要携带方便而电压又很高的电源,同时电压的波动不影响测量结果。为此,兆欧表的主要组成部分是一台手摇发电机和磁电系比率表。直

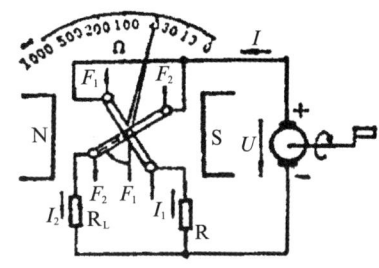

图4-1-40 兆欧表的结构

流发电机的容量较小,而电压较高,其是兆欧表的电源。兆欧表的分类是以发电机所能发出的最高电压来决定的,电压越高,所能测得的绝缘电阻值也就越高。

2) 便携式兆欧表的使用

兆欧表主要用来测量和检测电机、电气设备、输电线和电缆的绝缘电阻,是电气管理人员必备的主要测量仪表之一。兆欧表具有使用简便、携带方便、测量时不需要其他辅助设备和外接电源即可直接读出测量结果等优点,所以兆欧表被广泛使用。常用的兆欧表由一台永磁式手摇发电机和磁电系比率表组成。

(1) 测量电气设备绝缘电阻:①根据电气设备的额定电压选用合适电压级别的兆欧表,船用电气设备额定电压在500 V以下,应选用500 V或1 000 V级兆欧表;②测量前,应检查兆欧表,摇兆欧表的手柄,开路时指针应指在"∞",短路时应指在"0";③断电测量,设备有大电容时,应选放电后再测量;④正确连接兆欧表的接线柱,"L"端接设备的接线端,"E"端接设备的外壳;⑤兆欧表应水平放置,并远距强磁场;⑥手摇手柄转数由慢到快,以120 r/min为宜;⑦接线柱与被测电器连线应用单股线分开连接;⑧正确、准确读出测量值。

(2) 用便携式兆欧表测量电缆绝缘电阻:①根据电缆使用的额定电压选用合适电压级别的兆欧表,船用电缆使用电压在500 V以下,应选用500 V或1 000 V级兆欧表;②测量前,应检查兆欧表,摇兆欧表的手柄,开路指针应指在"∞",短路时应指在"0";③断电测量,设备有大电容时,应选放电后再测量,若测量两供电导线间的绝缘电阻,还须断开负载;④正确连接兆欧表的接线柱,"L"端接电缆的接线端,"E"端接保护外壳,"G"端接电缆内层绝缘包层;⑤兆欧表应水平放置,并远距强磁场;⑥接线柱与被测电缆连线应用单股线分开连接;⑦手摇手柄转数由慢到快,以120 r/min为宜,并保持匀速;⑧测量时,读数应以指针稳定不动时为准。

3) 兆欧表测量绝缘电阻时的注意事项

(1) 根据设备额定电压选用不同电压级别的兆欧表:船用电气设备额定电压在500 V以下,应选用500 V或1 000 V级兆欧表;额定电压在500 V以上的电气设备,应选用

1 000 V或2 500 V级兆欧表；额定电压在36 V以下的低压电气设备只能选用100～200 V级兆欧表。

(2) 使用兆欧表测量前，应检查兆欧表，摇动手柄，开路时指针应指在"∞"，短路时指针应在"0"。

(3) 正确连接兆欧表三个接线柱："L"接设备的接线端子或电缆芯线，"E"应接设备的金属外壳或电缆保护外皮，"G"端接电缆内层绝缘包皮。

(4) 断电测量，设备有大电容时，应先放电再测量；若测量两供电导线间的绝缘电阻，还须断开负载。

(5) 手摇手柄转数由慢到快，以 120 r/min 为宜。

(6) 接线端与被测电器的连线应用单股线分开连接，不能用双股绝缘线或绞线。

(7) 摇兆欧表需要水平放置，并远距大电流的导体和强磁场场合。

(8) 严禁用摇兆欧表测量电子设备等低压电气设备的绝缘电阻。

3. 电路板、电子元器件的焊接和装配

1) 焊接材料(焊料)及选用

(1) 焊料用焊锡丝，是一种锡铅合金，通常有两种：一种将焊锡做成管状并在管内填有松香的焊锡丝，使用其焊接时可以不加助焊剂；另一种是无松香的焊锡丝，焊接时要加助焊剂。

(2) 焊剂用松香或松香水。严禁用氯化锌、盐酸、焊油等酸性焊剂。焊剂的主要作用：清除焊料和被焊母材表面的氧化物，使金属表面达到必要的清洁度；防止焊接时表面的再次氧化；降低焊料表面张力，提高焊接性能。焊接电子元件常用松香和松香酒精溶液，后者由一份松香粉末和三份酒精(无水乙醇)配制而成，焊接效果比前者好。

2) 焊接工具及选用

(1) 根据焊接的对象选择不同功率的电烙铁：焊接电子电路一般可选用 25 W 的电烙铁；焊接 COMS 电路一般选用 20 W 内热式电烙铁；焊接小功率半导体器件用 20～45 W 的电烙铁；焊接粗导线金属底盘用 75 W 或 100 W 的电烙铁。

(2) 烙铁头一般都经电镀，可以直接使用。烙铁头要经常保持清洁，随时消除上面的氯化物。

(3) 焊接半导体器件、COMS 器件和绝缘栅场效应管时，电烙铁的金属外壳要可靠接地，或用电烙铁余热焊接。

3) 焊接准备工作

(1) 焊件表面处理。焊接前，焊件表面要处理干净。可用布或纸擦、酒精擦洗、砂纸擦磨等去除烙铁表面的金属膜、锈迹、污垢或氧化物，直到露出光亮金属后蘸上松香水，挂上一层薄锡，即挂锡。多股导线要用剥皮钳等去掉绝缘皮并将导线拧在一起后挂锡。

(2) 元件的成形处理。根据元件在电路板上的位置，把元件引脚处理成合适的形状。弯曲引脚时要距离元件根 3～4 mm，不要弯成直角，二、三极管引脚要留 10 mm 左右。

(3) 烙铁头的处理。若有必要先除去表面氧化物(对旧烙铁可能不需锉平)，然后通电加热，用含松香的焊丝擦烙铁头，使烙铁头上挂上锡。

4) 焊接的注意事项

(1) 电子线路的安装一般按先大后小的原则。板面布局要合理,排列要整齐,电子元件应尽可能安装在同一高度。

(2) 焊料用焊锡丝,焊剂用松香或松香水,严禁用盐酸等焊剂。

(3) 元器件焊接前一定要对之进行清洁处理,防止虚焊。

(4) 正确使用电烙铁。根据焊接对象的不同选用不同功率的电烙铁,焊接小功率半导体器件用 20~40 W 级电烙铁,焊接粗导体、金属底盘时用 75 W 或 100 W 级电烙铁。注意清除烙铁的氧化物,保持烙铁头清洁并有足够的温度,焊点要光亮。

(5) 焊接时避免烙铁头在元件上停留时间过长,以免烧坏元件;焊接低压半导体器件、COMS 器件和绝缘栅场效应管时,电烙铁的金属外壳要可靠接地,或用烙铁余热焊接。

(6) 焊接时电烙铁要有足够的温度,焊锡与被焊的元件要充分融合,焊点要光洁,焊点上不宜堆锡过多。

5) 电路的调试

(1) 不通电检查:①查焊点是否有粘连、虚焊、假焊和漏焊;②根据原理图,检查电路板上每个节点所连接的元件与原理图是否一致;③检查二极管、三极管、电解电容等引脚是否错接,集成电路是否插对等;④用万用表测量电源与地线、信号线与地线是否短路。

(2) 通电测试:①接通电源,首先查看有无异常,包括有无冒烟和异常气味、元件是否发烫等,如出现异常,应立即关闭电源,待排除故障后方可重新通电;②静态调试,确定电路无异常现象后,在没有外加信号的条件下,测试电路各点的电位,并分析处理;③动态调试,调试信号的幅值、波形、频率、放大倍数、输出动态范围等。

4. 简单电子线路识图

为实现特定的功能,一个电路图通常有几个、几十个乃至几百个元器件,其连线纵横交叉,形式多样。电子电路本身有其构成的规律性,任何复杂的电路,都是由一些单元电路及环节组成的。熟悉最基本的单元电路及环节,可为分析复杂电路打下基础。

单元电路按功能可以分成若干类。以直流稳压电源为例,其由四个基本部分组成,如图 4-1-41 所示。

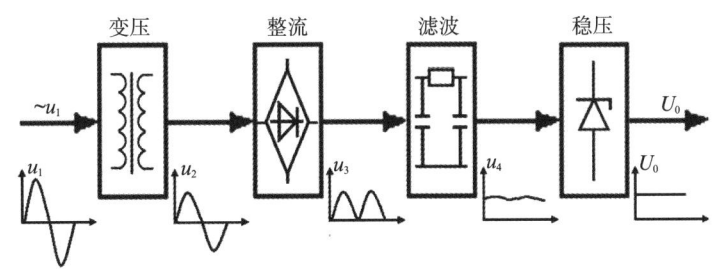

图 4-1-41 开关型串联稳压电路组成

串联型稳压电路是最常用的稳压电路,其基本电路如图 4-1-42 所示。由取样电路取输出电压的一部分,与基准电压(U_Z)比较,经放大器放大后控制调整管(T),以调整管两端电压的变化抵消输出电压的变化,使输出电压基本不变。在这个电路的基础上可发展成很多变型电路,例如:用复合管作为调整管,输出电压可调的电路;用运算放大器作为比较放大电路,具有增加辅助电源和过流保护电路等作用。

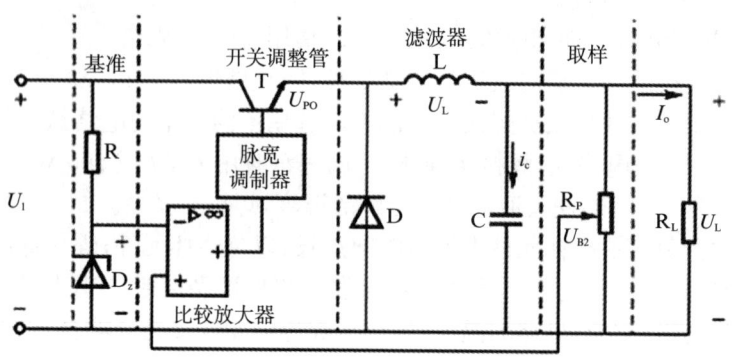

图 4-1-42 串联型稳压电路的基本电路

开关型稳压电路是近年来广泛应用的新型稳压电源,是开关电源。其由于本身功耗很小、效率高、体积小等优点,应用越来越广,但电路比较复杂。开关型串联稳压电路由开关调整管、滤波器、比较放大、基准电压、取样和脉宽调制器等组成(如图 4-1-43 所示)。

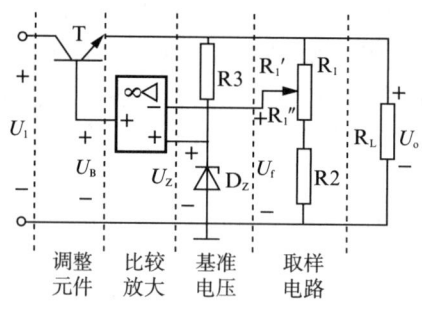

图 4-1-43 开关型串联稳压电路组成

【课后练习】

(1) 半导体导电机理与金属导电有什么不同?当温度升高时对两者的影响分别是什么?掺杂半导体为什么导电能力显著增强?

(2) 稳压二极管正常稳压工作在什么状态?怎样接入电路?如果反向被击穿会带来什么结果?

(3) 怎样理解二极管的单向导电性?怎样用万用表测试判定其性能?使用二极管时必须注意什么?

(4) 二极管加上正向电压时一定导通吗?二极管主要作用是什么?还有什么其他作用?

(5) 二极管整流后为什么还要滤波?怎样理解滤波原理?采用电容器滤波时对输出电压有什么变化?

任务2　光控开关的制作

【任务描述】

在电气设备、电子产品控制系统中,下面的控制方式被广泛应用,掌握这种控制模式有助于对电子电路进行具体分析。

本任务选用的光控开关就是基于"信号检测→信号放大调整→执行部件"控制思想。任务中的传感器采用光敏电阻来完成信号的检测,三极管起信号放大和调整作用,继电器是执行器件。其中,三极管是模拟电子电路中的基本器件,继电器是典型执行元件,既能完成弱电对强电的控制,又能进行可靠的电气隔离,因此被广泛使用于各种场合。光控开关的控制电路如图4-2-1所示。

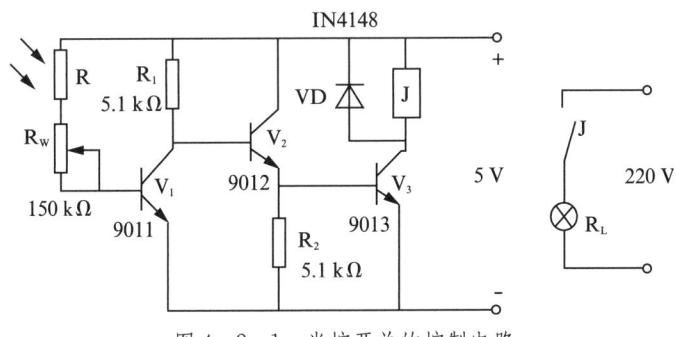

图4-2-1　光控开关的控制电路

通过本模块的学习：能识别光敏电阻、三极管、电阻和可变电阻器、续流二极管、直流继电器等,理解光控开关的工作原理;学会用万用表测试光敏电阻、续流二极管和三极管管脚;学会面包板的使用;能根据原理图连接元器件,并通电检测,以便能及时排除故障。

【学习目标】

(1) 理解三极管的电流放大作用;理解三极管三个工作状态及其条件;理解各个元件在电压放大电路中的作用。

(2) 用工程估算法对放大器进行静态分析;理解三极管工作的工作点、影响工作点稳定因素和稳定工作点的措施。

(3) 认识集成运放的电路结构、组成和功能;掌握集成运放的线性和非线性应用。

(4) 识别所用电子器件,并用万用表测试电子元器件管脚。

(5) 学会电子元器件的焊接工艺和方法;学会电子线路的分析方法和排除常见故障的思维和方法。

【相关知识】

三极管是晶体三极管的简称,有时也简称为晶体管。三极管是半导体基本元器件之一,具有电流放大作用。此外,三极管还可工作在饱和状态和截止状态,此时晶体管作为开关三极管使用。开关三极管是数字电路的核心元件。

1. 三极管的结构

三极管的结构如图4-2-2所示,是具有两个PN结的半导体器件。N型和P型半导体交错排列,形成三个区,分别称为发射区、基区和集电区。从三个区引出引脚分别称为发射极、基极和集电极,分别用符号 E,B,X 表示。发射区与基区之间的 PN 结为发射结;基区与集电区之间的 PN 结为集电结。在新国家标准中,三极管用字母 VT 表示,有时也常用 T 表示。根据 N 型和 P 型半导体排列情况不同,三极管有 NPN 和 PNP 两种不同型式。

如图 4-2-2(a)所示的三极管三个区由 NPN 型半导体材料组成,所以称为 NPN 型三极管,图的左下标出的是 NPN 型三极管的国家标准电路图形符号,符号中箭头指向表示发射结正偏(加正向电压)时发射极电流的流向。PNP 型三极管内部结构和图形符号如图 4-2-2(b)所示。

由图 4-2-2 可见,NPN 型和 PNP 型三极管图形符号仅在发射结箭头的方向上有所区别。因此,可根据箭头方向判别三极管类型:箭头指向发射极,发射极为 N 型,该管为 NPN 管;箭头指向基极,基极为 N 型,该管为 PNP 管。

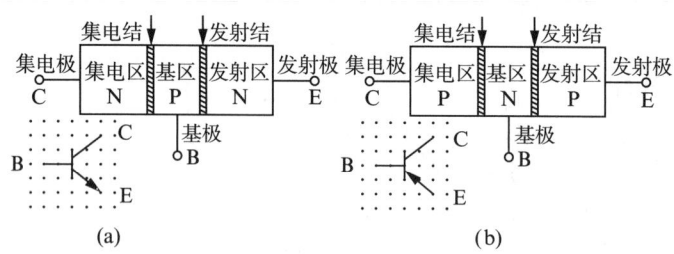

图 4-2-2 三极管的结构

三极管除 PNP 和 NPN 型外,还有很多分类方法:根据工作频率不同,可分为低频管和高频管;根据消耗功率不同,可分为小功率管、中功率管和大功率管等。三极管常见外形如图 4-2-3 所示。图 4-2-3(a)和图 4-2-3(b)都是小功率管;图 4-2-3(c)为中功率管;图 4-2-3(d)为大功率管(管壳作为集电极)。

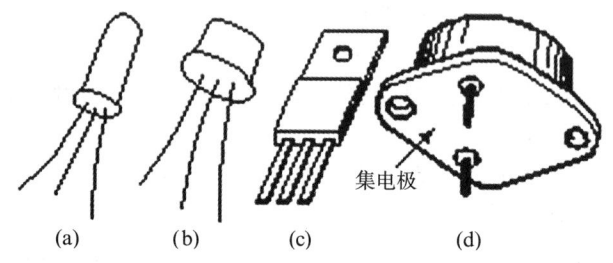

图 4-2-3 三极管常见外形

2. 三极管的电流放大作用

三极管最基本的作用是电流放大,实现电流放大作用有两方面的原因:内因和外因。内因由三极管结构所决定,外因则需要通过外部电路设置保证,以使三极管发射结处于正偏状态,三极管集电结处于反偏状态。为便于说明,下面以 NPN 三极管为例分析三极管电流放大作用。

如图 4-2-4 所示电路:E_B 是基极电源,保证发射结正偏;E_C 是集电极电源,$E_C > E_B$,保证集电结反偏。由前面对 PN 结的分析可知:发射结正偏,其结电场变薄,有利于多数载流子的扩散运动;集电结反偏,其结电场变厚,有利于少数载流子的漂移运动。

在 E_C 作用下,由于发射区 N 型半导体掺杂浓度很高,发射区中的电子是多数载流子,

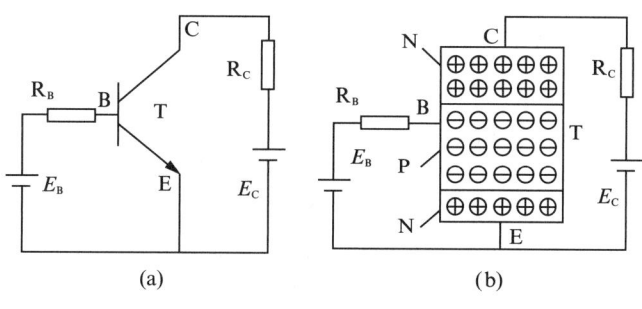

图 4-2-4 电流放大

纷纷大量扩散并注入基区。扩散到基区的电子变成基区的少数载流子(电子在 P 型半导体为少数载流子)。少数载流子与多数载流子复合形成基极电流。由于基区掺杂浓度较低,多数载流子(空穴)的数量较少,扩散到基区的电子不容易被复合,只有一小部分得到复合,形成很小的基极电流 I_B。此外,由于基区较薄,这些通过发射结发射过来的电子纷纷穿越基区,聚集到集电结边上。在 P 型基区的大量电子(少数载流子)容易在处于反偏的集电结电场作用下实现漂移运动。因此,由发射结扩散到基区的电子,很快漂过集电结,并与 E_C 提供的集电极正电荷复合,形成较大的集电极电流 I_C。只要外部电路使发射结正偏,集电结反偏,较小基极电流将引起较大集电极电流。三极管电流如图 4-2-5 所示。

增加发射结的正向电压 U_{BE},基极电流 I_B 将增大,集电极电流 I_C 也将同比例地增大,即 I_C 增大的比例与 I_B 增大的比例相同,如图 4-2-5 所示(图中箭头方向为正电荷移动方向)。其关系可用下式表示:

$$\bar{\beta}=I_C/I_B \qquad (4-2-1)$$

式中:$\bar{\beta}$ 是 I_C 与 I_B 的比值,称为三极管直流电流放大倍数,是一个重要参数,反映三极管对电流的放大能力。$\bar{\beta}$ 的大小取决于三极管的结构特征。$\bar{\beta}$ 基本上是一个固定值,一般放大电路使用的三极管,$\bar{\beta}$ 在 40~80 之间。根据基尔霍夫节点电流定律可得,三极管三个电极的电流 I_E,I_B,I_C 之间的关系为

$$I_E=I_B+I_C=(1+\bar{\beta})I_B \qquad (4-2-2)$$

这说明用较小的基极电流 I_B 可控制较大的集电极电流 I_C,也就是说,三极管具有电流放大作用。

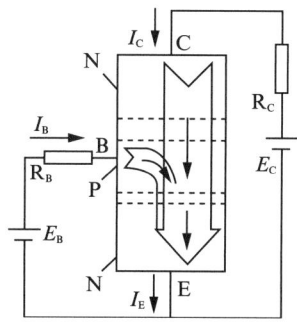

图 4-2-5 三极管电流

3. 三极管的三种工作状态

三极管通电工作时有放大、截止和饱和三种状态。放大状态下,三极管具有电流放大作用,其发射结正偏,集电结反偏。为保证发射结正偏,对于 NPN 型硅管,要求 $U_{BE}>0.7\text{ V}$;对于 PNP 型锗管,正偏要求电压为负值,$U_{BE}<-0.3\text{ V}$(或 $|U_{BE}|>0.3\text{ V}$)。

由图 4-2-4(a)可见,在放大状态下,若增大基-射极间电源 E_B 的值,基极电流 I_B 和集电极电流 I_C 都将增加。I_C 增加后,集电极电阻 R_C 两端的电压降增大,三极管集射极间电压 U_{CE} 减小。E_B 增大,U_{CE} 减小,当集电极电位等于基极电位时,$U_C=U_B$,三极管的电流放大能力消失,此时三极管开始饱和(称为临界饱和状态)。若 I_B 进一步增大,$U_C<U_B$,集电结正偏,三极管进入深度饱和状态。此时 U_{CE} 值称为管子饱和压降 U_{CES}。硅管的 U_{CES} 约为 0.3 V,锗管约为 0.1 V。饱和后 I_C 电流将是一个固定值,$I_{CS}\approx E_C/R_C$。在饱和状态下,三极管丧失电流放大能力的原因主要有:①集电结正偏,阻碍基区的自由电子向集电区漂移,因此,I_B 增大时,I_C 也不再增大。②集电极电流 I_C 是由集电极电源 E_C 提供的,且集电极电阻 R_C 为固定值,因此 $I_C\leqslant I_{CS}\approx E_C/R_C$。三极管工作在饱和状态的特点是:三极管的发射结正偏,集电结也正偏。

当三极管发射结反偏,基极电流 $I_B\approx 0$,$I_C\approx 0$,此时三极管处于截止状态,三极管没有电流放大能力。实际上即使发射结正偏,三极管也可能处于截止状态。这是因为当 NPN 型硅三极管 $U_{BE}<0.7\text{ V}$ 或 NPN 型锗三极管 $U_{BE}>-0.3\text{ V}$ 时,基-射极间的电压不能使发射结内电场变得足够的薄,发射区多数载流子扩散到基区的数量较少。扩散后大都与基区由基极电源提供的少数载流子复合,形成基极电流。这样穿过基区到达集电结的载流子非常少,不能有效形成集电极电流,三极管也就处于截止状态,没有电流放大能力。

三极管通电后到底工作在什么状态,是由外部电路的设置保证的。外部电路设置不同,三极管两个 PN 结的正、反偏状态不同,三极管的工作状态也不同。发射结零偏或反偏,三极管处于截止状态;发射结正偏(且大于死区电压)且集电结反偏,三极管处于放大状态;发射结和集电结都正偏,三极管处于饱和状态。

〖思维点拨〗

三极管处于放大状态需要什么条件?有什么结论?

1) 三极管的特性

三极管的特性主要有输入特性和输出特性。输入、输出特性曲线是描述三极管各个电极之间电压与电流关系的曲线,是三极管内部载流子运动规律在管子外部的表现,是分析放大电路技术指标的重要依据。具体型号三极管,其典型特性曲线一般可从产品手册上查到,也可采用实验方法绘制某个具体三极管的特性曲线。

三极管特性曲线主要是以如图 4-2-4(a)所示电路为基础得到的。由此图可见,发射极是作为输入(U_{BE})和输出(U_{CE})的公共端,因此又称为共发射极电路。三极管输入特性曲线指 U_{CE} 保持不变时,基极电流 I_B 与发射结压降 U_{BE} 之间的关系曲线。如图 4-2-6 所示,硅管特性的三条曲线分别对应于 $U_{CE}=0\text{ V}$,$V_{CE}=0.5\text{ V}$ 和 $V_{CE}=1\text{ V}$ 时,I_B 与 U_{BE} 的关系曲线。

当 $U_{CE}=0$，集电极与发射极短路，相当于发射结和集电结并联，其特性为两个二极管并联特性，因此输入特性与二极管正向伏安特性曲线相似。当 U_{CE} 增大时，曲线将向右移。因为是相同的 U_{BE}，集电结变厚，电子漂移运动加强，与基区空穴复合的电子数减少，即相应基极电流减小。或者说，要得到相同基极电流，应增大发射结电压 U_{BE}，即曲线向右移。

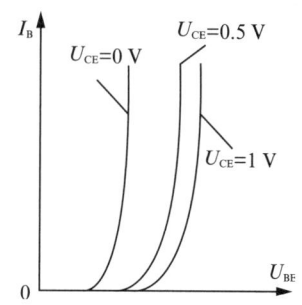

图 4-2-6 I_B 与 U_{BE} 之间的关系曲线

实际上，当 U_{CE} 增大到一定值（如 1 V）以后，集电结已完全反偏，其内电场足够强，由发射区进入基区的电子绝大部分漂移到集电极，此时即使增大 U_{CE}，I_B 也不会明显减少，曲线不会再明显地向右移（相当于只有一个二极管单独的伏安特性）。因此 $U_{CE}>1$ V 后，对应于不同 U_{CE} 的各条输入特性曲线几乎重合在一起。实际三极管起放大作用时，U_{CE} 一般都大于 1 V，所以输入特性一般可取 $U_{CE}=1$ V 的曲线（其实质为发射结的伏安特性）。

三极管输入特性曲线特点如下。①三极管输入特性曲线与普通二极管特性正向曲线相似，都存在死区电压，只有 U_{BE} 大于死区电压，才能使 I_B 随 U_{BE} 增加而增加。一般硅管死区电压约为 0.5 V，锗管死区电压为 0.1～0.2 V。②三极管正常导通时，U_{BE} 变化范围不大，硅管 U_{BE} 为 0.6～0.7 V 之间，锗管 U_{BE} 为 0.2～0.3 V 之间。

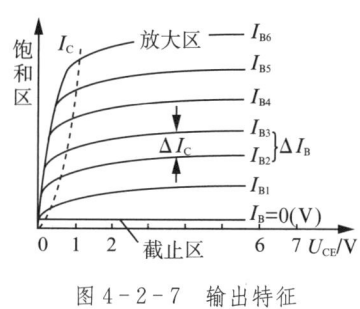

图 4-2-7 输出特征

三极管输出特性指保持基极电流 I_B 为某个固定值时，集电极电流 I_C 与管压降 U_{CE} 的关系曲线。改变 I_B 值，就有一条 I_C 与 U_{CE} 的关系曲线对应。如图 4-2-7 所示，三极管输出特性是一组曲线。

对应于不同基极电流 I_B 的每条特性曲线，其起始部分都较陡，在 U_{CE} 小于 1 V 范围内，U_{CE} 略有增加，集电极电流 I_C 就迅速增大。这是由于集电结反向电压 U_{BC} 较小，扩散到集电结附近的电子不能漂移到集电极，因此 I_C 受 U_{CE} 影响较大。在 $U_{CE}>1$ V 以后，集电结的反向电压已使基区中自由电子绝大部分都漂移到集电极，即使再增加 U_{CE}，已无电子可漂移，因此 I_C 也几乎不变，其曲线变得较平坦（几乎与横轴平行）。

曲线平坦说明：当 I_B 一定时，I_C 基本不变；因此，可以说三极管具有恒流源的特性。当然，实际曲线并不完全平坦。当 U_{CE} 达到一定值后，U_{CE} 再增大，集电极电流 I_C 增加的速度变得很小，而且增加速度基本不变。

$U_{CE}<1$ V，I_C 受 U_{CE} 影响很大的区域称为输出特性曲线的饱和区；$U_{CE}>1$ V，I_C 基本不受 U_{CE} 影响的区域称为输出特性曲线的放大区。除饱和区、放大区外，在图 4-2-7 中的输出特性曲线还有一个截止区（$I_B\approx 0$ 的区域）。输出特性曲线的三个区，对应于三极管的三种工作状态：截止、放大和饱和状态。

2) 三极管的主要参数

三极管的参数是作为设计电路时选用的依据，用于表征三极管各方面性能和适用性。三极管的主要参数有电流放大系数、三极管极间电流和极限参数等。

(1) 电流放大系数 $\bar{\beta}$ 和 β。三极管电流放大系数主要有直流电流放大倍数 $\bar{\beta}$ 和交流电流放大倍数 β。三极管直流电流放大倍数 $\bar{\beta}=I_C/I_B$，交流电流放大倍数

$$\beta=\Delta I_C/\Delta I_B \tag{4-2-3}$$

式中：β 为三极管交流电流放大倍数；ΔI_B 和 ΔI_C 分别是包含有交流分量的基极电流和集电极电流，是针对交流信号进行定义的。如图 4-2-4 所示电路，基极为直流电流 I_B，若在 I_B 基础上再叠加一个信号电流，如图 4-2-8 所示。此时，基极电流是一个变化电流。基极电流发生变化后，集电极电流也将随之变化。如果基极变化的电流为 ΔI_B，集电极变化的电流为 ΔI_C，其比值就是交流电流放大倍数。

应该说，$\bar{\beta}$ 与 β 含义不同，其值也不一样，但在输出特性曲线近似平行、等距的情况下，$\bar{\beta}$ 与 β 两者在数值上比较接近。因此，在进行参数估算时，通常可以近似认为 $\bar{\beta}=\beta$。

(2) 集-射穿透电流 I_{CEO}。集-射极间的穿透电流 I_{CEO} 指基极开路、U_{CE} 为某一定值时，集电极与发射极之间的反向漏电流，其是在集电极反向偏置时，由集电区少数载流子漂移而形成的。因为它是从集电极穿透管子而到达发射极的，所以又简称穿透电流。穿透电流的大小同样受温度的影响较大，硅管的热稳定性相对较好，其穿透电流相对较小。

(3) 极限参数 I_{CM}，U_{BRCEO} 和 P_{CM}。所谓极限参数，是指三极管使用时必须限制的参数，其只有在所限制的范围内工作，才能保证三极管的安全和正常使用。三极管极限参数主要有：①集电极最大允许电流 I_{CM}；②集-射极击穿电压 U_{BRCEO}；③集电极最大允许耗散功率 P_{CM}。

三极管集电极电流 I_C 在相当大范围内与基极电流 I_B 成比例地变化，即 β 值基本保持不变。当 I_C 大到一定数值时，β 值将下降。当集电极电流增大到使 β 值下降到正常值的 2/3 时，称之为集电极最大允许电流 I_{CM}。实际使用时，若 $I_C>I_{CM}$，三极管不一定损坏，但由于 β 值大大下降，电流放大能力大大削弱，将使电路不能正常工作。因此，实际使用时集电极电流 I_C，不应超过最大允许电流 I_{CM}。

集-射极（反向）击穿电压指基极开路加在集电极与发射极之间的最大允许电压。使用时，若管子集-射极间电压和集电极电流 I_C 急剧增大，将导致三极管击穿，造成永久性损坏。因此，选择集电极电源时，E_C 不能选择过高，否则易击穿管子。为保证使用安全，一般三极管集电极电源 E_C 应小于集-射极（反向）击穿电压的 1/2。同时应注意：当温度升高时，U_{BRCEO} 数值将下降，实际使用时还需考虑温度升高造成的影响。

三极管工作时，集电极电流在集电结上将产生热量，产生热量所消耗的功率就是集电极功耗，功耗使集电结温度升高，从而引起三极管参数发生变化或损坏。为保证在实际使用时集电结温度在允许的范围内，对集电极的功耗有一个允许的限制值，这就是集电极最大允许耗散功率 P_{CM}。集电极的耗散功率 P_C 在数值上等于集-射极间电压（管压降）U_{CE} 与集电极电流 I_C 的乘积，即

$$P_C=U_{CE}I_C \tag{4-2-4}$$

当集电极最大允许耗散功率 P_{CM} 确定后，若集电极电流 I_C 增加，要求集-射极间电压降低；若 U_{CE} 升高，则要求 I_C 减小。U_{CE} 与 I_C 之间的关系是双曲线关系，只要知道 P_{CM} 的

值,就可在输出特性上做出三极管的允许功耗线,如图 4-2-9 虚线所示。图中功耗曲线左下方为安全的工作区,右上方为过损耗区。P_{CM} 主要受管子集电结温度限制,锗管一般允许结温为 70~90 ℃,硅管则约为 150 ℃。一般产品手册可查到环境温度为常温(25 ℃)时,三极管最大允许功耗 P_{CM} 值。

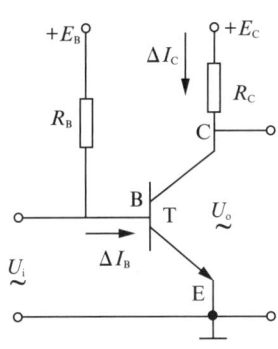

图 4-2-8 交流信号输入

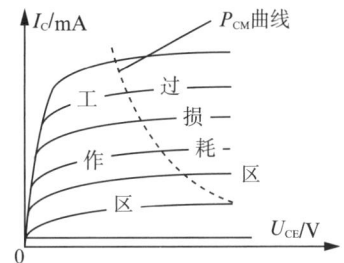

图 4-2-9 允许功耗曲线

(4) 温度对三极管参数的影响。实际使用中,三极管受温度影响较大,尤其是对 β,I_{CEO} 和 U_{BE} 等受温度影响最大,当温度升高时,三极管的电流放大系数 β 增大,在相同的基极电流 I_B 情况下,集电极电流 I_C 增加。一般而言,温度每上升 1 ℃,β 值增大 0.5%~1.0%。对于漏电流 I_{CEO},一般温度每升高 10 ℃,三极管的 I_{CEO} 约增加 1 倍。硅管的 I_{CEO} 较小,因温度升高造成 I_{CEO} 增大的影响相对较小。对于小功率锗管,I_{CEO} 增加量较大,不仅影响电路正常工作性能,还会造成管子结温升高,增加管子散热负担,甚至可能烧坏管子。温度对三极管工作影响较大,使用时应根据实际情况采取有效的措施,比如增大散热片的面积,增加通风冷却的效果等,以降低温度对三极管工作的影响。

4. 单管交流电压放大器

增加电信号幅值或信号功率的三极管电路称为三极管放大电路,其核心元件是三极管,放大电路就是利用三极管的电流放大能力实现信号幅值或信号功率的放大的。要实现放大电路信号幅值或信号功率的放大,就必须提供电源,只有消耗电源的电功率,信号的幅值或功率才能够得到放大。三极管放大电路的电源是直流电源。除三极管和直流电源外,三极管放大电路还必须有电阻、电容等辅助元件,辅助元件的作用是提供信号通路和保证三极管处于放大状态。

三极管放大电路的分类方法很多:根据放大元件的不同可分为三极管放大电路、集成放大电路和其他放大元件构成的放大电路;根据放大信号的类型可分为直流放大电路、交流放大电路;根据采用放大元件的多少可分为单管放大电路和多管放大电路。交流放大电路可分为电压放大电路、功率放大电路等。

三极管基本放大电路是最简单、最基本的放大电路;其他放大电路可在基本放大电路的基础上进行扩充,增加其他功能或增强信号放大的性能。三极管基本放大电路,通常指对交流信号电压进行放大的最基本的放大电路,具体主要有共发射极电路、共基极电路和共集电极电路等三种形式,如图 4-2-10 所示,三极管某一极为输入、输出信号共用,就以该极进行命名。

注意:这里的共××极电路,是对于交流信号而言的。由于电容具有"隔直通交"的特点,因此对于交流信号,电容可近似认为短路。此外,对于交流信号直流电压源也可认为是短路的。

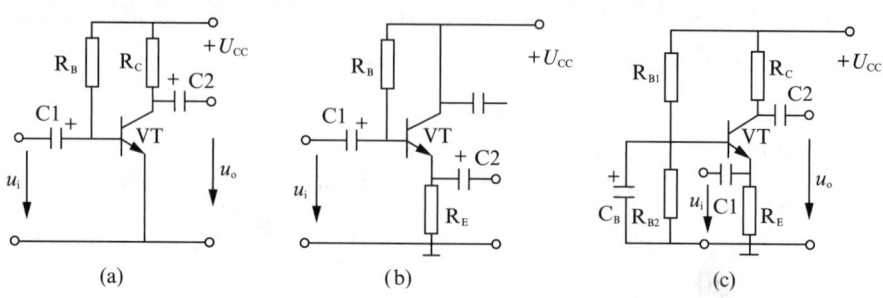

图 4-2-10 三极管基本放大电路

如图 4-2-10(b)所示,输入 u_i 与输出 u_o 公共端是"地"($\perp$)。"地"通过直流电压源 U_{CC} 与集电极连接,对于交流信号,U_{CC} 相当于短路,因此该电路称为共集电极放大电路。如图 4-2-10(c)所示,输入信号 u_i 与输出信号 u_o 的公共端是"地","地"通过电容 C_B 与基极连接,对于交流信号,C_B 相当于短路,因此该电路称为共基极放大电路。

1) 单管交流电压放大器的组成和作用

三极管共射极放大电路如图 4-2-11 所示。三极管 T 是放大电路的核心器件,用来实现电流放大。电容 C1 和 C2 称为隔直电容或耦合电容,其在电路中的作用是使输入信号和输出信号的交流成分基本无衰减地通过,而直流成分则被隔离。U_{CC} 是放大电路直流电源,作用是为三极管提供工作电源,并为输出信号提供能量。R_C 是集电极电阻(其数值为几千欧至几十千欧),作用是将三极管的集电极电流的变化转变为集电极电压的变化。R_B 为基极电阻(其数值为几十千欧至几百千欧),称为基极偏置电阻,与电源 U_{CC} 共同作用,为基极提供一个合适的基极电流 I_B(即偏置电流,简称偏流)。

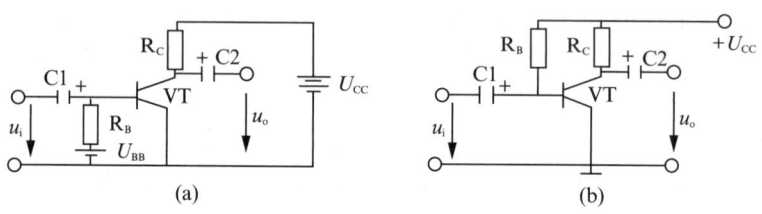

图 4-2-11 单管交流电压放大器

2) 单管共发射极电路静态分析

如图 4-2-11 所示,发射极电路有两种,实际一般使用单电源电路。当放大器输入信号 $u_i=0$ 时,即输入端短路时的状态称为放大器的静态。静态时三极管各极电流和电压均为恒定直流量,所以静态也称直流工作状态。通常用静态基极电流、静态集电极电流、静态基极和发射极电压、静态集电极和发射极电压来描述静态工作(I_{BQ},I_{CQ},U_{CEQ},U_{BEQ}),在三极管的输入特性曲线和输出特性曲线上与各静态值相对应的这个点 Q 称为静态工作点。必须选择合适的静态工作点,否则放大器放大后信号将会产生失真,另外,还会影响放大器的其他一些性能。

对于图 4-2-11(b),因为电容 C1 与 C2 对直流电相当于断路,则放大器的直流通路如图 4-2-12 所示。

(1) 确定静态工作点。若已知三极管的电流放大倍数 β，可估算出静态工作点。电源通过电阻 R_B，三极管的发射结 (B,E) 对三极管提供静态的基极电流，该电路称为偏置电路。可见

$$I_{BQ}=\frac{U_{CC}-U_{BEQ}}{R_B} \quad (4-2-5)$$

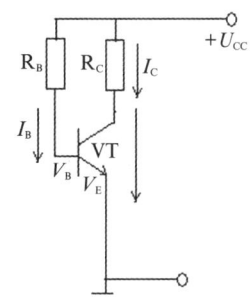

图 4-2-12 放大器的直流通路

U_{BEQ} 很接近 PN 极的导通电压，计算时，硅管取 0.7 V，锗管取 0.3 V。

根据三极管的电流放大关系，可得静态集电极电流 I_{CQ} 为

$$I_{CQ}=\beta I_{BQ} \quad (4-2-6)$$

由三极管输出回路可得

$$U_{CEQ}=U_{CC}-I_{CQ}R_C \quad (4-2-7)$$

可见，在 U_{CC} 一定时，改变 R_B 值，可改变 I_{BQ}，I_{CQ}，U_{CEQ}。

例 4-2-1 如图 4-2-11(b) 所示，已知 $U_{CC}=20$ V，$R_B=470$ kΩ，$R_C=5$ kΩ，$C_1=C_2=20$ μF，VT 为 3DG100 型三极管，$\beta=45$，求三极管静态工作点。

解：

$$I_{BQ}=\frac{U_{CC}-U_{BEQ}}{R_B}=\frac{(20-0.7)}{470}\approx 40 \ \mu A$$

$$I_{CQ}=\beta I_{BQ}=45\times 40=1.8 \ mA$$

$$U_{CEQ}=U_{CC}-I_{CQ}R_C=20-1.8\times 5=11 \ V$$

静态时三极管的功率损耗 P_{CM} 为

$$P_{CM}=I_{CQ}\times U_{CEQ}=1.8\times 11=20 \ mW$$

(2) 影响静态工作点的因数。

①基极偏置电阻 R_B 的影响：在其他条件都不变的情况下，增大基极偏置电阻 R_B，则基极电流减小，而直流负载线不变，静态工作点将沿直流负载线向下移动；反之，Q 点将沿直流负载线向上移动。

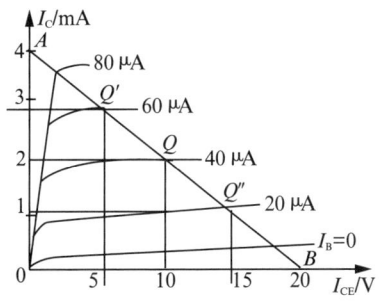

图 4-2-13 R_B 对静态工作点的影响

基极偏置电阻 R_B 的变化对静态工作点的影响最明显，调试放大器时，常采用调节 R_B 来改变 Q 点 (图 4-2-13)。为避免调试中 R_B 过小引起三极管过电流而损坏，通常在调试时用一个固定电阻与一个电位器串联代替 R_B。调试完毕，用一个等值固定电阻代替上述的串联电阻作为确定的 R_B。

②集电极负载电阻 R_C 的影响：在其他条件都不变的情况下，改变 R_C，改变直流负载线的斜率，减小 R_C，变陡，Q 点移到 Q_1 点，增大 R_C，则 Q 点移到 Q_2 点

(如图4-2-14所示)。

③电源电压 U_{CC} 的影响：在其他条件都不变的情况下，增大电源电压 U_{CC}，直流负载线向右平移，斜率不变，而 I_{BQ} 增大，Q点右移到 Q_1 点；反之，Q点向左偏（图4-2-15）。

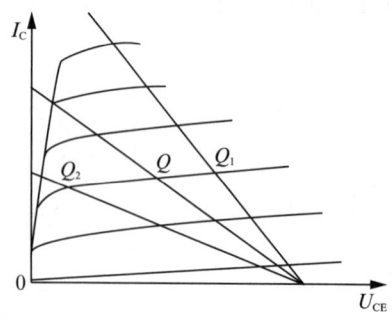

图4-2-14　R_C对静态工作点的影响

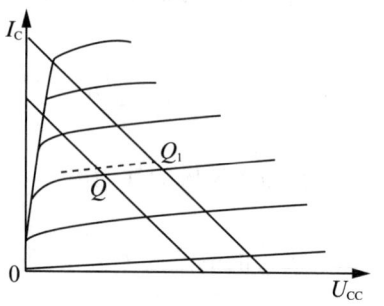

图4-2-15　U_{CC}对静态工作点的影响

④温度的影响：温度升高，三极管的 β 增大，对应同样的基极电流 I_B，集电极电流 I_C 增加，向饱和区方向移动，如果进入饱和区则会引起饱和失真。在实际使用中，温度的变化带来的影响较大，为减小温度的影响，需要在偏置电路中采取一些温度补偿措施，以稳定静态工作点。此外，随着三极管老化，其特性参数也会产生改变，从而引起静态工作点变化。

〖思维点拨〗
影响三极管工作点稳定的主要因数是什么？调节工作点一般先调节什么？

例4-2-2　如图4-2-16所示的电路，已知 VT 为 3DG100 三极管，$\beta=80$，$R_B=120\text{ k}\Omega$，$R_C=2.4\text{ k}\Omega$，$U_{BB}=3\text{ V}$，$U_{CC}=12\text{ V}$。

(1) 求电路静态工作点，并说明该管处于什么工作状态。

(2) 若要求 $U'_{CEQ}=6\text{ V}$，仅改变 R_B，此时的基极偏置电阻 R'_B 变成多少？

(3) 若把 U_{BB} 改为 $U''_{BB}=10\text{ V}$，求此时三极管的静态工作点，并说明三极管处于什么工作状态。

解：(1) $I_{BQ}=\dfrac{U_{BB}-U_{BEQ}}{R_B}=\dfrac{3-0.7}{120}=19.2\text{ μA}$

$I_{CQ}=\beta I_{BQ}=80\times 19.2=1.54\text{ mA}$

$U_{CEQ}=U_{CC}-I_{CQ}R_C=12-1.54\times 2.4=8.3\text{ V}$

因为 $V_B=0.7\text{ V}$，$V_C=8.3\text{ V}$，$V_C>V_B$，则三极管发射结正偏，集电极反偏，所以三极管工作在放大状态。

(2) $U'_{R_C}=U_{CC}-U'_{CEQ}=12-6=6\text{ V}$

$I'_{CQ}=\dfrac{U'_{R_C}}{R_C}=\dfrac{6\text{ V}}{2.4}=2.5\text{ mA}$

$I'_{BQ}=\dfrac{I'_{CQ}}{\beta}=31.3$

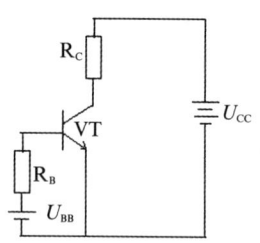

图4-2-16　例4-2-2的电路

$$R_B' = \frac{U_{BB} - U_{BE}}{I_{BQ}'} = \frac{3 - 0.7}{31.3} = 73.5 \text{ k}\Omega$$

(3) $I_{BQ}'' = \dfrac{U_{BB}'' - U_{BE}}{R_B} = \dfrac{10 - 0.7}{120} = 77.5 \ \mu A$

$\beta I_{BQ}'' = 80 \times 77.5 \ \mu A = 6.2 \text{ mA}$

三极管的集电极饱和电流

$$I_{CS}'' = \frac{U_{CC} - U_{CES}}{R_C} = \frac{12 - 0.3}{2.4} = 4.88 \text{ mA}$$

因为 $I_{CS}'' < \beta I_{BQ}''$，所以三极管工作在饱和状态。此时：$I_{BQ}'' = 77.5 \ \mu A$，$I_{CQ}'' = I_{CS}'' = 4.88$ mA，$U_{CEQ}'' = U_{CES} = 0.3$ V，β 无意义。

5. 分压偏置式放大电路

如图 4-2-11(b)所示，当电源电压不变时，静态基极电流也基本不变，所以这种偏置电路称为固定偏置电路。其具有元件少、电路简单、放大倍数高等优点，但三极管的静态工作点受温度影响较大。

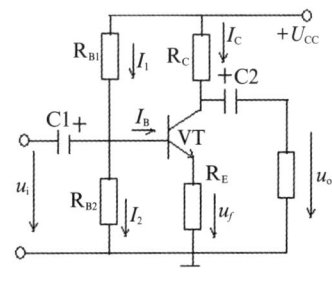

图 4-2-17 分压偏置式放大电路

分压偏置式放大电路如图 4-2-17 所示，其是一种常见的放大电路。图中上偏置电阻 R_{B1} 与下偏置 R_{B2} 串联后接于电源两端，流过的电流分别为 I_1 和 I_2。

调整 R_{B1} 能改变基极电位 V_B，从而改变三极管的静态工作点。发射极电阻 R_E 既是输入电路的一部分，也是输出电路的一部分。

如果 $I_2 \gg I_B$，$V_B \gg U_{BE}$ 两个条件满足，那么由第一个条件可得 $I_1 \approx I_2$，则 I_B 的微小变化不影响 V_B，故

$$V_B = I_2 R_{B2} = \frac{U_{cc}}{R_{B1} + R_{B2}} \times R_{B2} = 定值$$

又因为 $V_B = U_{BE} + V_E$，只要满足第二个条件，则 U_{BE} 的微小变化不影响发射极电位 V_E，因此 V_E 是定值，则

$$I_{EQ} = \frac{V_E}{R_E} = \frac{V_B - U_{BE}}{R_E} = 定值 \approx I_{CQ}$$

$$U_{CEQ} = U_{CC} - I_{CQ} R_C - I_{EQ} R_E = 定值$$

实际只要满足 $I_2 = (5 \sim 10) I_{BQ}$；$V_B = (5 \sim 10) U_{BE}$。

满足上述两条件就能保证放大器静态工作点不随三极管的 β 和环境温度变化而变化，仅与电源电压和各个偏置电阻有关，电路的静态工作点就相当稳定，只要电路设计合理，即使更换三极管也无须再调整。

原理是：如果温度升高，三极管的 β 增大，则 I_C 增加，I_E 也增加，R_E 两端压降增加，使得 V_E 升高，由于 V_B 不变，则 U_{BE} 必然减小；由输入特性曲线可知，I_B 随之减小，带来 I_C 减小的趋势，这样就维持 I_C 的稳定。

电路输入交流信号时，发射极电阻 R_E 使得放大器的电压放大倍数减小，因此，采取在 R_E 两端并联发射极旁路电容器 C_E（图 4-2-18）。对于低频放大器，C_E 一般取几十至几

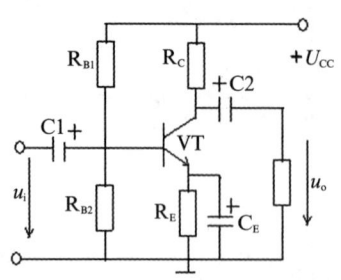

图 4-2-18 并联旁路电容器放大电路

百微法,这样 C_E 的容抗较小,交流信号直接通过,不经过 R_E,因此 A_u 不受影响;但对直流电,电容器表现出很大阻碍,电流只能经 R_E 流过。这样,既不影响放大倍数,又能稳定静态工作点。在小电流下工作,R_E 取几百至几千欧姆;在大电流下工作,R_E 取几欧至几十欧姆。

如图 4-2-18 所示电路,已知 VT 为 3DG100 型三极管,$\beta=60$,$R_{B1}=33$ kΩ,$R_{B2}=10$ kΩ,$R_C=2$ kΩ,$R_E=910$ Ω,$U_{CC}=15$ V。

(1) 验证电路是否满足稳定静态工作点的两个条件,并求三极管的静态工作点。

(2) 若测得 $U_{CE}=0.3$ V,试判断故障原因。

解:(1) $$V_B = I_2 R_{B2} = \frac{U_{CC}}{R_{B1}+R_{B2}} \times R_{B2} = \frac{15}{33+10} \times 10 = 3.49 \text{ V}$$

$$V_E = V_B - U_{BE} = 3.49 - 0.7 = 2.79 \text{ V}$$

$$I_{EQ} = \frac{V_E}{R_E} = \frac{2.79}{0.91} = 3.07 \text{ mA}$$

$$I_{CQ} \approx I_{EQ} = 3.07 \text{ mA}$$

$$I_{BQ} = \frac{I_{CQ}}{\beta} = \frac{3.07}{60} = 0.051 \text{ mA}$$

$$U_{CEQ} = U_{CC} - I_{CQ} R_C - I_{EQ} R_E = 6.07 \text{ V}$$

$$I_2 = \frac{U_{CC}}{R_{B1}+R_{B2}} = \frac{15}{43} = 0.35 \text{ mA}$$

$$\frac{I_2}{I_{BQ}} = \frac{0.35}{0.051} = 6.86$$

因为 $I_2 = 6.86 I_{BQ}$,$V_B = 3.49$ V,所以该电路满足稳定静态工作点的两个条件。

(2) 若 $U_{CE}=0.3$ V,最大可能是 C_E 击穿,发射极直接接地,此时

$$I_1' = \frac{U_{CC} - U_{BE}}{R_{B1}} = \frac{15-0.7}{33} = 0.433 \text{ mA}$$

$$I_2' = \frac{U_{BE}}{R_{B2}} = \frac{0.7}{10} = 0.07 \text{ mA}$$

$$I_{BQ}' = I_1' - I_2' = 0.433 - 0.07 = 0.363 \text{ mA}$$

$$\beta I_{BQ}' = 60 \times 0.363 = 21.8 \text{ mA}$$

实际上 I_{CQ}' 不可能达到 21.8 mA,因为 VT 集电极饱和电流 I_{CS} 为

$$I_{CS} = \frac{U_{CC} - U_{CES}}{R_C} = \frac{15-0.3}{2} = 7.35 \text{ mA}$$

所以三极管必定工作在饱和状态。

6. 功率放大器

交流电压放大器的主要功能是把微弱的输入电压信号放大到幅度较大的输出电压信号。放大信号的最终目的是控制某种执行机构动作，如扬声器发声等。这就要求输出不仅要有足够高的电压，还要有足够大的电流，即要求输出足够大的、不失真的推动功率。这种用来增大输出功率的放大器称为功率放大器。

1) 功率放大器的特点

功率放大器与电压放大器对信号的放大原理基本相同。为输出足够大的不失真的功率，对功率放大器有如下特殊要求。

(1) 输出功率尽可能大。为使输出功率足够大，三极管的工作电压和电流均接近极限参数，三极管的功率损耗较大。因此，一方面，应考虑三极管的散热，如安装散热片；另一方面，应采取特殊的电路结构，选择合适的静态工作点，以降低三极管的静态损耗。

(2) 非线性失真尽可能小。功率放大器处于大信号工作状况，动态范围大，容易产生非线性失真，应采用特殊的电路结构，尽可能减小非线性失真，并需匹配合适的负载阻抗，以获得最大的不失真功率。

(3) 效率尽可能高。功率放大器的效率 η 为放大器信号输出功率比上放大器直流输入功率。放大器的直流输入功率一部分转换为输出信号功率，其余主要为三极管集电结的损耗功率。降低静态功耗可以提供放大器的效率，降低功耗可通过减小静态电流值实现。

2) 功率放大器的分类

(1) 甲类功率放大器。这种放大器的电路模式与电压放大器相同，通常把三极管的静态工作点设置在负载线的中点，以获得尽可能大的动态范围，输出尽可能大并且不失真的功率。在输入正弦波信号时，能同样输出具有正、负半波的正弦波信号。由于此类放大器的静态工作点电流较大、静态功耗大、效率低，仅适用于小功率放大器。

(2) 乙类功率放大器。此类放大器把静态工作点设置在截止区（静态基极和集电极电流为零），这样就可把静态功耗降为最低。此类放大器在输入正弦波信号时，三极管在半个周期内处于放大状态，另半个周期处于截止状态，输出只有半个周期波形。因此，为获得完整的正弦波输出波形，必须采用两个三极管轮流工作在半个周期，一个负责正半周，一个负责负半周，在输出端合成得到完整波形。由于三极管存在死区电压，输入小于死区电压部分就没有输出，只有大于死区电压才有输出，造成输出的每半个波形在底部存在失真，如图 4-2-19(a) 所示。推挽放大时，在两个三极管交接的一小段时间内发生交越失真，如图 4-2-19(b) 所示。

(3) 甲、乙类功率放大器。为避免出现交越失真，必须给三极管提供静态基极偏置电流，使三极管静态电流稍大于零（一般为几毫安至几十毫安），使得三极管的静态工作点刚好偏离截止区，进入放大区。甲、乙类功率放大器就是出于这样的考虑，这样静态功耗仍较小，并能避免交越失真；同时，由于采用双管推挽式放大电路，大大地扩大动态范围。因此，甲、乙类功率放大器得到广泛应用。

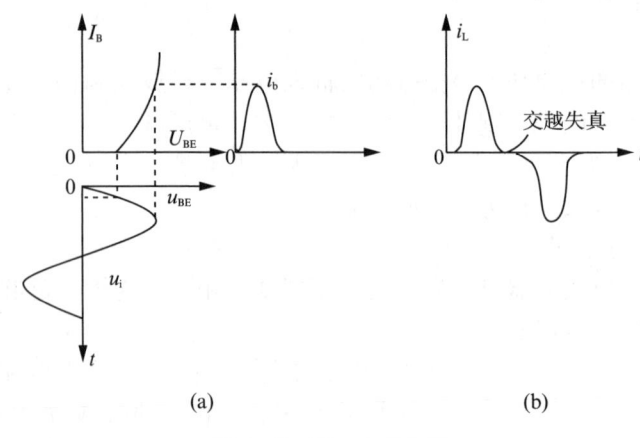

图 4-2-19 交越失真

3) 典型功率放大器

由于双管推挽功率放大器具有效率高、失真小、输出功率大等优点,因此,功率放大器常采用推挽式放大器。推挽式功率放大器大多采用对称放大电路。互补对称放大电路又分为无输出电容型功率放大电路(OCL)和无输出变压器功率放大电路(OTL)。这两类放大电路是目前应用最为广泛的功率放大电路。

(1) OCL 功率放大电路。OCL 功率放大器的基本电路如图 4-2-20 所示。电路需用 $+U_{CC}$ 和 $-U_{CC}$ 极性相反、大小相等的电源供电:$+U_{CC}$ 的正极接三极管 VT1 的集电极,负极接地;$-U_{CC}$ 的负极接三极管 VT2 的集电极,正极接地。VT1 为 NPN 型,VT2 为 PNP 型,其制造材料及特性参数相同,两个基极并接的 B 点作为信号的输入端,负载直接接于两个三极管发射极接点 E 与地之间。

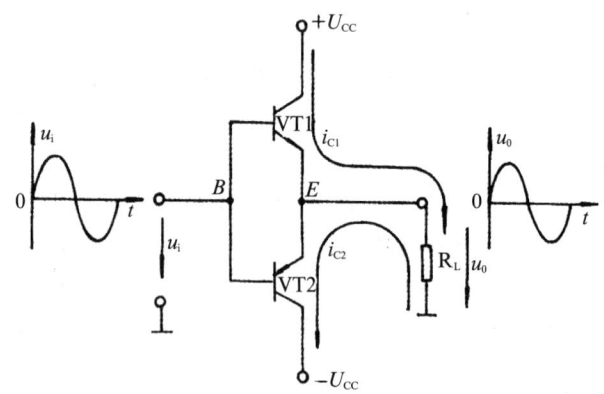

图 4-2-20 OCL 功率放大器的基本电路

静态时,由于两个三极管特性相同,供电电源对称,所以发射极接点 E 为零,输出电压为零。

动态时,在输入正弦波信号 u_i 正半周时,B 点电位升高,VT1 发射结正向偏置而导通,电流 i_{C1} 从 $+U_{CC}$ 端流经 VT1 的 C、E 极,对负载 R_L 供电,输出正半周信号,此时 VT2 发射结处于反向偏置而截止,i_{C2} 等于零。在输入正弦波信号 u_i 负半周时,B 点电位降低,使

VT1发射结反向偏置而截止,使VT2发射结正向偏置而导通,i_{C2}从地经R_L、VT2的E、C极回到$-U_{CC}$端,在R_L两端产生负半周输出信号。因此,两个三极管轮流导通,产生的两个半波电流流过R_L的方向正好相反,因此负载得到的是一个完整的正弦波信号。为避免交越失真,实际电路还需设置偏置电路,使三极管工作在甲、乙类功率放大器状态。

这种电路结构对称,在工作过程中NPN型与PNP型三极管相互补偿,输出端未接输出电容器,而是直接与负载相连,故称为无输出电容的互补对称式功率放大电路。

互补对称式功率放大电路实质上是由两个互补的射极输出器组成的,因此,输出电阻很小,带负载能力很强。由于其输入、输出均采用直接耦合,频率响应好,特别适用于用作音响设备的功率放大器。集成功率放大器也大多数采用此电路结构。

(2) OTL功率放大电路。由于OCL功率放大电路采用双电源供电,使用不太方便。若采用单电源供电,把VT2的集电极接地,则发射极接点E的静态电位就不可能为零,负载将有静态电流通过,影响负载的工作性能。为能采用单电源供电,又不让静态电流通过负载,可在发射极输出端与负载间串联一个输出电容器(如图4-2-21所示)。

静态时,由于两管对称,所以E点电位为U_{CC}的一半,输出电容器C被充电至U_{CC}的一半,极性为左正、右负。由于C的隔直流作用,无静态电流通过负载,输出电压为零。

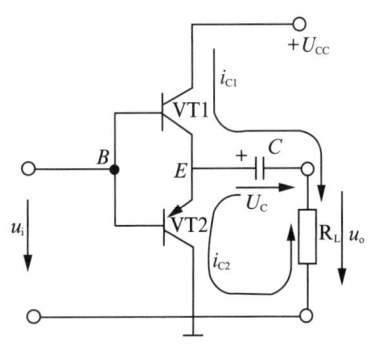

图4-2-21 OTL功率放大电路

动态时,当输入信号为正弦波的正半周时,VT1因基极电位提高而导通,电流i_{C1}从$+U_{CC}$端经VT1的C,E极→电容C→R_L→地,此时电容器继续充电,充电电流经过R_L产生正半周的输出电压,而VT2处于截止状态。在输入信号为正弦波的负半周时,由于B点电位下降,致VT1处于截止,VT2导通,电容C经VT2放电,放电路径为电容器C的左极板→VT2的E,C极→地→R_L→电容器C的右极板,此时电容器充当电源的作用,因为流过负载R_L的方向相反,所以产生负半周的输出电压。因此,在整个周期中,负载得到完整的正弦波信号。

为使充放电回路工作对称,要求输出电容器在充、放电期间两端电压基本上不发生变化,因此要求充放电时间常数足够大,所以C的电容量选得较大,一般为几百微法至几千微法。实际电路也需要设置偏置电路,以使三极管工作在甲、乙类功率放大器状态。

7. 差分放大电路的工作原理

单级放大器的放大倍数一般只有100倍左右,而实际上放大器输入信号都很微弱,为推动负载工作,必须由多级放大电路对微弱信号进行连续多次放大。一般放大电路由输入级、中间级、末前级和输出级组成。输入级、中间级主要是放大信号的电压;末前级、输出级为功率放大级。多级放大电路的总倍数为各级电压放大倍数的乘积。

在多级放大器中,每相邻两级放大器之间的连接称为级间耦合电路。常见低频放大器级间耦合电路有三种:阻容耦合、变压器耦合、直接耦合。其中阻容耦合、变压器耦合只能耦合交变信号,不能耦合直流信号。在自动测量和自动控制系统中,需要放大的往往是一些变化缓慢的非周期信号或缓慢变化的直流信号,这种信号无法用阻容耦合、变压器耦合电路传送,只能采用直接耦合的方式,即把前级输出端与后级的输入端直接或通过电阻相连。直接耦合的放大器既能放大直流,也能放大交流,是通用放大器,因此得到广泛应用。

集成运算放大器就是一种性能优越的直流放大器集成模块。由于集成运算放大器采用的是多级直接耦合放大器,会出现以下问题:①前后级工作点相互影响;②如何做到无输入才能无输出;③由于温度变化、电源电压波动、元器件参数变化等因素会引起工作点的不稳定,造成输入信号为零时,输出发生时大时小、时快时慢不规则缓慢波动的现象,这种现象叫零点漂移。前两个问题较易解决,但零点漂移问题较难解决。减小零点漂移能提高元器件质量和电源电压稳定性,可采用温度补偿电路的方法,但最有效的方法是采用差动放大器,其能有效解决零点漂移问题。

1) 基本差动放大器

差动放大器是由两个特性相同的三极管 VT1,VT2 构成的两个单管放大器组合而成的,其中的偏置电阻也对应相等,所以电路呈对称形式(图 4-2-22)。

(1) 无输入信号时的状态。由于电路对称性,输出端信号取自于两个三极管集电极电位之差,如果输入端不加输入信号,那么两个三极管的集电极电位相等,则输出信号为零,即具有零输入时零输出的状态。

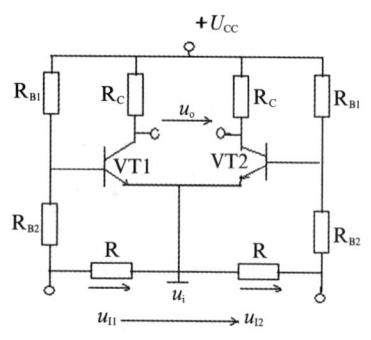

图 4-2-22 基本差动放大器电路

当温度升高使得三极管 VT1,VT2 的集电极电流都增加,并且增加量相同时,两个三极管集电极电位下降幅度相同,两个三极管的集电极电位之差仍为零,从而有效抑制零点漂移。

(2) 输入差模信号时的状态。当两个三极管输入端加入两个大小相等、极性相反的信号 u_{I1},u_{I2} 时,此输入称为差模输入,必然一个三极管基极电位提高,另一个基极电位下降,这样一个三极管的集电极电流上升,一个集电极电流下降,造成一个集电极电位下降,一个集电极电位上升。由于电路对称,两个三极管集电极电位一降一升,并且数值相等,那么差模信号输入的输出电压 $u_o = u_{o1} - u_{o2} = 2u_{o1}$,输入的差模输入电压 $u_{ID} = u_{I1} - u_{I2} = 2u_{I1}$,则差动放大器的差模电压放大倍数 A_{UD} 为

$$A_{UD} = \frac{u_{OD}}{u_{ID}} = \frac{2u_{o1}}{2u_{I1}} = A_U \qquad (4-2-8)$$

式中:A_U 为其中一个三极管的电压放大倍数。这种放大电路从放大能力上看与一个三极管的放大倍数一样,此电路具有抑制零点漂移的能力。

(3) 输入共模信号时的状态。输入共模信号就是在两个三极管各加上大小相等、极性相同的信号电压 u_{I1},u_{I2}。很显然,两个三极管的基极电位、集电极电位都会作相同的变化(等量升或降),这样两个三极管的集电极电位之差为零,即输出为零。差动放大器量输入端加上共模信号没有输出。温度变化、外界干扰信号均会使两个三极管输入端、输出端电位作等量相同变化,因此无输出。这说明此电路抑制零点漂移和抗干扰能力都很强。

(4) 共模抑制比。实际上输入信号常常是差模信号和共模信号的组合,有用的信号通常做差模输入,干扰往往是共模信号。当其一起进入差动放大器时,为剔除干扰信号,放大

有用信号,要求差动放大器的差模电压放大倍数 A_{UD} 尽量大,共模电压放大倍数 A_{UC} 尽量小。

把差动放大器的 A_{UD} 与 A_{UC} 的比值称为共模抑制比,用 K_{CMR} 表示:

$$K_{CMR} = \left| \frac{A_{UD}}{A_{UC}} \right| \qquad (4-2-9)$$

若以分贝为单位,则

$$K_{CMR} = 20\lg \left| \frac{A_{UD}}{A_{UC}} \right| \qquad (4-2-10)$$

共模抑制比是差动放大器性能的一项重要指标。K_{CMR} 越大,不仅说明该放大器对差模信号有足够的放大能力,同时说明该放大器抑制零点漂移能力和共模信号的影响能力强。理想差动放大器 $K_{CMR} \to \infty$,实际差动放大器的 K_{CMR} 为 $10^3 \sim 10^4$。

〖思维点拨〗
差动放大器为什么能抑制零点漂移?采用差动放大器放大倍数和单管放大器有变化吗?

2)典型差动放大器

典型差动放大器电路如图 4-2-23 所示。与基本差动放大器电路相比,典型差动放大器电路增加调零电位器,目的是克服两个三极管及偏置电阻存在的误差,在无输入时保证无输出。增加发射极电阻 R_E,目的是进行温度补偿,当温度升高时,两个三极管的集电极电流都提高,则流过 R_E 的电流也增加,R_E 两端电压提高;由于两个三极管的基极电位不变,则两个三极管的 U_{BE} 都下降,I_B 随之下降,抑制由于温度升高带来的 I_C 的增加。可见,发射极电阻 R_E 的作用就是抑制零点漂移,对差模信号无影响。加上发射极电阻 R_E 后,导致各管的动态范围减小。为既抑制零点漂移,又不降低各管的动态范围,在发射极回路中接入辅助电源 U_{BE}。差动放大器输入-输出形式有双端输入-双端输出、单端输入-单端输出、双端输入-单端输出和单端输入-双端输出。单端输入-单端输出如图 4-2-24 所示。

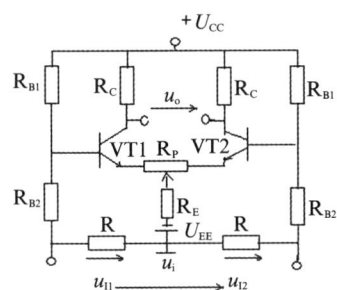

图 4-2-23　典型差动放大器电路

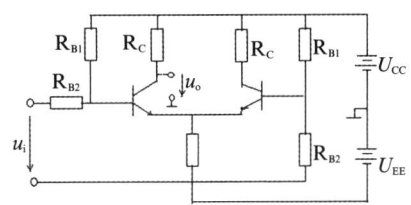

图 4-2-24　单端输入-单端输出形式

8. 运算放大器

集成运算放大器(简称运放)是应用很广的模拟线性集成电路,因为早期用于计算机的数学运算而得名,应用时只要在外围加上元件就构成不同功能的电路,因此在测量、自动控制、信号处理等方面应用广泛。

1) 运算放大器的基本结构和分类

集成运算放大器是一种高放大倍数、高输入阻抗和低输出阻抗多级直接耦合的线性直流放大器。内部电路一般有输入级、中间级、输出级和偏置电路四部分。

为有效抑制零点漂移，尤其是输入级的零点漂移，运算放大器的输入级采用差动放大器。中间级承担电压放大任务。为具有较强的带负载能力，输出较大功率，输出级一般由互补射极输出器构成。偏置电路的任务是给整个电路提供合适的工作点。

运算放大器有金属圆形封装、扁平式封装、陶瓷或塑料双列直插式封装多种形式（如图4-2-25所示）。不论哪种形式，运算放大器通常有多个引出脚，比如CF741CP有8个引出脚，在分析应用此电路时，其内部结构无关紧要，直接有关的是两个输入端和一个输出端。运算放大器的图形符号如图4-2-25(e)所示。其中，"＋""－"号表示信号的相位关系：当信号从标有"－"端进入时，输出信号与输入信号反相；当信号从标有"＋"端进入时，输出信号与输入信号同相。符号"▷∞"表示开环，电压放大倍数极大。

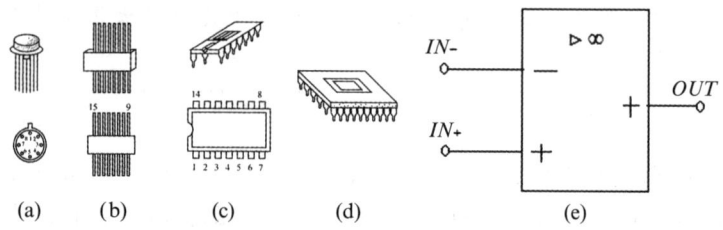

图4-2-25 集成运算放大器的外形

集成运算放大器按其性能指标可分为通用型和专用型两大类。专用型运算放大器指某项性能指标较为突出，其他指标仍为一般的运算放大器，包括高速型、高压型、高精度型、低功耗型等，以适用于特殊需求。

另外，按照一个封装内所包含的运算放大器的数目分为单运放（一个封装内只有一个运放）、双运放（一个封装内含有两个运放）和四运放（一个封装内含有四个运放）。如CF741CP为符合国家标准的通用型741系列单运放（属线性放大器），工作温度为0~70℃，外形结构为塑料双列直插式封装，共有8个引出端，其中：1,5端为失调调整端（OA_1, OA_2）；4端为负电源的负端；7端为正电源的正端；2为反相输入端；3端为同相输入端；6端为输出端；8端为空脚端。CF741CP外端管脚排列如图4-2-26所示。

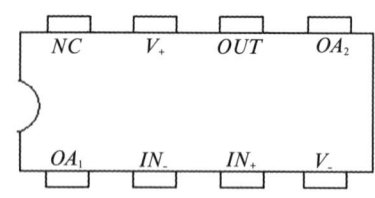

图4-2-26 CF741CP管脚排列

2) 运算放大器的主要参数

为能正确使用运算放大器，了解其参数及其意义很有必要，其参数如下：

(1) 开环差模电压增益 A_{UOD}。A_{UOD}是运算放大器在开环情况下的差模电压放大倍数，即在输入、输出端之间不接任何元件，输出端不接负载情况下的直流差模放大倍数。当外电路闭环（即输入、输出端之间接入元件）的差模电压增益称为闭环差模电压增益，用A_{UFD}表示。

(2) 输入失调电压 U_{IO}。理想的运算放大器在输入电压为零时，其输出电压也为零。实际上，运算放大器的差动输入很难做到完全对称，因此，在输入电压为零时，还需在输入端附加一定的补偿电压才能使输出电压为零。这个补偿电压叫输入失调电压。U_{IO}越小,说明电路对称性越好。

(3) 共模抑制比 K_{CMR}。运算放大器的共模抑制比 K_{CMR} 与差动放大器共模抑制比 K_{CMR} 相同。运算放大器的共模抑制比 K_{CMR} 最高可达 160 dB。

(4) 差模输入电阻 R_{ID}。R_{ID} 为输入差模电压与输入差模电流之比。开环时差模输入电阻 R_{IOD} 一般为几百千欧至几兆欧。

(5) 电源电压范围 U_{SR}。U_{SR} 表示运算放大器的正常使用电源电压范围,超过此范围,可能损坏运算放大器。

3) 运算放大器的基本特性

运算放大器有两个输入端,因此有三种输入形式:①双端输入,把信号加在两输入端之间,也称差动输入。②反相输入,把输入信号加在反相输入端与地之间,此时同相输入端接地。③同相输入,把输入信号加在同相输入端与地之间,此时反相输入端接地。

反相输入和同相输入均为单端输入,其效果与双端输入是一样的。如图 4-2-27 所示,两个输入信号电压 u_{I+},u_{I-} 分别加在同相、反相输入端与地之间,其差值即为双端输入电压 u_I,即

$$u_I = u_{I-} - u_{I+} \qquad (4-2-11)$$

u_I 根据 u_{I-} 和 u_{I+} 大小可正可负,也可为零。

4) 运算放大器的输入-输出特性

运算放大器的电压放大倍数较大,微小的输入电压就能产生很大电压输出,但输出电压的最大值受电源电压的限制。当电源电压为 15 V 时,输出电压最大值不会超过15 V。假设运算放大器的 $A_{UOD} = 10^4$,当输入电压为 0~1.5 mV 时,输出电压相应为 0~15 V;若输入电压大于 1.5 mV,则输出电压不会超过 15 V,这是因为放大器进入饱和区,输出电压只能保持 15 V。

运算放大器由正电源 U_{CC} 和负电源 U_{EE} 双电源供电,其输入-输出特性曲线如图 4-2-28所示。其反映开环时输出电压 u_o 与输入电压 u_I 之间的关系。

运算放大器的输入-输出特性曲线可分为三个工作区:线性放大区、正向饱和区和负向饱和区。

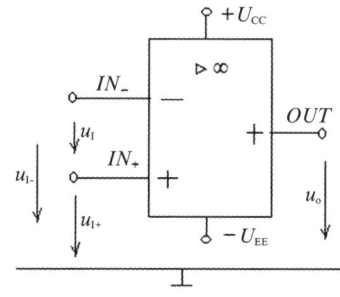

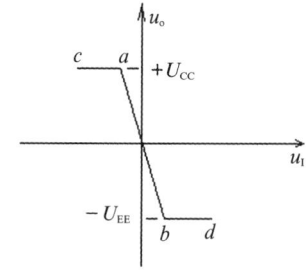

图 4-2-27 单端输入与双端输入关系　　图 4-2-28 运算放大器输入-输出特性曲线

(1) 线性放大区。如图 4-2-28 所示的 ab 段,差模输入电压 u_I 很小(如$|u_I| >$ 1.5 mV),输出电压 u_o 将随着输入电压 u_I 的变化而迅速变化,两者保持线性关系,该区间

处于线性放大状态。其关系如下：

$$u_o = A_{UOD}u_I = A_{UOD}(u_{I-} - u_{I+}) \qquad (4-2-12)$$

从图 4-2-28 可见，u_o 与 u_I 反相。当 $u_I > 0$，即 $u_{I-} - u_{I+} > 0$，$u_o < 0$，其临界值为 $-U_{EE}$；当 $u_I < 0$，即 $u_{I-} - u_{I+} < 0$，$u_o > 0$，其临界值为 $+U_{CC}$。

（2）正向饱和区。图中 ac 段，当差模输入电压 $u_I < 0$，且绝对值达到并超过某一临界值时，输出电压达到正的极限值，等于 $+U_{CC}$，继续增加 u_I，输出电压 u_o 不再变化。

（3）负向饱和区。图中 bd 段，当 $u_I > 0$，且绝对值达到并超过某一临界值时，输出电压达到负的极限值，等于 $-U_{EE}$，继续增加 u_I，输出电压 u_o 不再变化。

如果要放大信号必须工作在线性放大区，处理数字脉冲信号时，其就需工作在非线性区。

5）理想集成运算放大器

在分析运算放大器组成的各种电路时，常将实际的运算放大器理想化。理想运算放大器有如下特点：

（1）开环差模电压增益 A_{UOD} 趋于无穷大，即 $|A_{UOD}| \to \infty$；

（2）开环差模输入电阻 R_{IOD} 趋于无穷大，即 $R_{IOD} \to \infty$；

（3）开环差模输入电阻 R_{OOD} 趋于零，即 $R_{OOD} \to 0$；

（4）开环共模抑制比 K_{CMRO} 趋于无穷大，即 $K_{CMRO} \to \infty$。

由理想集成运算放大器的四大特点可以归纳出放大器两个输入端间是"虚短"和"虚断"。"虚短"表示两个输入端电位相等，即 $V_- = V_+$；"虚断"表示两个输入端没电流流入、流出放大器，即 $I_- = I_+ = 0$。

6）运算放大器的应用

运算放大器的应用主要有线性应用和非线性应用两大类。

（1）线性应用。

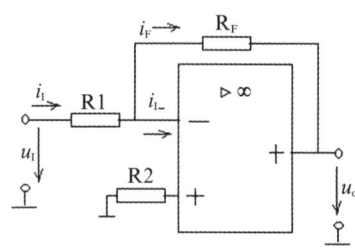

图 4-2-29 反相输入比例运算电路

①反相输入比例运算电路。反相输入比例运算电路如图 4-2-29 所示。输入信号加在反相输入端，根据"虚短"可知，$V_- = V_+$，又因为 $V_+ = 0$，故 $V_- = V_+ = 0$，根据"虚断"，没电流流入、流出放大器，则

$$i_{I-} = i_{I+} = 0，又因为 i_I = i_{I-} + i_F，则 i_I = i_F$$

故 $\dfrac{u_I - V_-}{R_1} = \dfrac{V_- - u_o}{R_F}$

则 $\dfrac{u_I - 0}{R_1} = \dfrac{0 - u_o}{R_F}$

得 $u_o = -\dfrac{R_F}{R_1}u_I$（负号表示输出电压和输入电压反相）。

可见放大器闭环差模电压放大倍数仅与放大器外围电阻有关，与放大器本身参数无关，因此，只要把电阻的精度和稳定性提高到一定程度，就可获得稳定的差模放大倍数。

当 $R_1 = R_F$ 时，$u_o = -u_I$，这就构成反相器，即输入、输出电压大小相等，相位相反。

②同相输入比例运算电路。同相输入比例运算电路如图 4-2-30 所示。信号从同相输入端进入，根据"虚短"可知，$V_- = V_+$，由"虚断"可知，没电流流入放大器，则电阻 R_2 上

无电压,故 $V_+ = u_1$,所以 $V_- = V_+ = u_I$

根据"虚断"可知 $V_- = V_+ = u_I$

则 $\dfrac{0 - u_I}{R_1} = \dfrac{u_I - u_o}{R_F}$

整理得 $u_o = (1 + \dfrac{R_F}{R_1}) u_I$,由此式可得若 $R_F = 0$(短接)或 $R_1 \to \infty$(开路)

则 $u_o = u_I$

此时电路没有电压放大,为电压跟随器,但使得输入电阻更大,输出电阻更小。

③双端输入比例运算电路如图 4-2-31 所示。

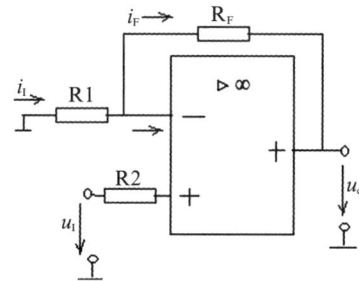

图 4-2-30 同相输入比例运算电路　　图 4-2-31 双端输入比例运算电路

输入信号分别加在正、反相输入端,根据"虚断",则 $i_{I-} = i_{I+} = 0$,

故, $i_3 = i_2$,则 $V_+ = \dfrac{u_{I2}}{R_2 + R_3} R_3$

根据"虚短" $V_- = V_+ = \dfrac{u_{I2}}{R_2 + R_3} R_3$

又因为 $i_1 = i_F$,则 $\dfrac{u_{I1} - V_-}{R_1} = \dfrac{V_- - u_o}{R_F}$

把 $V_- = V_+$ 代入上式整理得

$u_o = -\dfrac{R_F}{R_1}(u_{I1} - u_{I2})$

输出电压的相位由两输入信号的差来确定。若 $R_F = R_1$,则 $u_o = -(u_{I1} - u_{I2})$,故又称减法运算。

④反相输入加法运算电路如图 4-2-32 所示。反相输入加法运算电路就是在反相输入端增加若干个输入支路,同时对应若干个输入电压。

根据"虚断", $I_- = I_+ = 0$　则　$i_1 + i_2 = i_F$

根据"虚短", $V_- = V_+ = 0$

则 $\dfrac{u_{I1}}{R_1} + \dfrac{u_{I2}}{R_2} = -\dfrac{u_o}{R_F}$

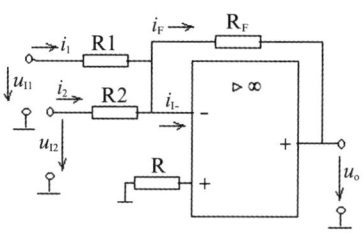

图 4-2-32 反相输入加法运算电路

整理得 $u_o = -(\dfrac{R_F u_{I1}}{R_1} + \dfrac{R_F u_{I2}}{R_2})$

当 $R_F = R_2 = R_1$　则　$u_o = -(u_{I1} + u_{I2})$

上式表明输出电压为各输入电压之和,实现加法运算。

⑤积分运算电路是测量和控制系统中的重要单元电路,利用其可实现延时、定时和波形变换。尤其由运算放大器构成的积分运算电路,因运算精度高而得到广泛应用。

积分运算电路如图 4-2-33 所示。此电路就是把反相输入比例放大器中的反馈电阻 R_F 换成电容 C,便构成积分运算电路。

电容器两端的电压取决于电荷在极板上的积累。设电容器初始电压为零,则通过电容器的电流为 i_C,则有 $u_C = \frac{1}{C}\int i_C \mathrm{d}t$

根据"虚短",$V_- = V_+ = 0$

则 $u_o = -u_C$

根据"虚断",$I_- = I_+ = 0$

则 $i_C = i_1 = \frac{u_I}{R_1}$

整理得 $u_o = -\frac{1}{R_1 C}\int u_I \mathrm{d}t$

可见,输出电压是输入电压对时间的积分成正比,负号表示输出电压与输入电压反相。其中 $\tau = R_1 C$,称为积分时间常数。

当输入电压为固定值时,$u_I = E$,则 $u_o = -\frac{E}{R_1 C} t$

⑥微分运算电路。微分也是一种基本运算,是积分的逆运算。只要把积分运算电路中电阻与电容交换位置就构成微分电路(如图 4-2-34 所示)。

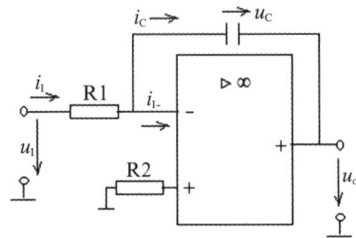

图 4-2-33　积分运算电路

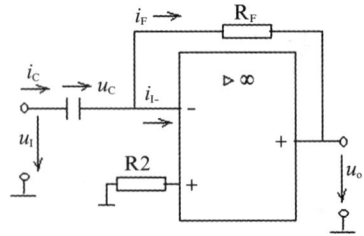

图 4-2-34　微分运算电路

根据电容器的电流与电压的关系可得

$i_C = C\frac{\mathrm{d}u_C}{\mathrm{d}t}$

根据"虚短" $V_- = V_+ = 0$

则 $u_C = u_I$

根据"虚断" $i_C = i_F = -\frac{u_o}{R_F}$

整理得 $u_o = -R_F C\frac{\mathrm{d}u_I}{\mathrm{d}t}$

上式表明,输出电压与输入电压对时间的微分成正比,负号表示输出电压与输入电压反相,其中 $\tau = R_F C$,称为微分时间常数。

以上介绍的运算电路均为模拟信号的数学运算。虽然随着数字脉冲技术的发展,精度更高、速度更快、运算能力和抗干扰能力更强的数字信号的数学运算电路已被广泛应用,但在许多简单的实时控制和物理量的测量方面,模拟运算电路仍有其应用空间。

(2)非线性应用。当运算放大器处于开环状态时,就进入非线性饱和区。常用于电压比较器和波形发生及变换电路。

在自控系统中,经常需要对信号的幅度进行比较和选择,按其结果决定执行机构的动作状态,这就需要比较器。电压比较器就是把输入电压的幅度与某一给定值进行比较,根据结果输出电压信号。

①单门限(阀值)电压比较器。其是只给定一个阀值电压的电压比较器,其电路如图 4-2-35 所示。输入电压加在反相输入端,阀值电压加在同相输入端。由于处于开环状态,则工作状态只有两种饱和状态。

当 $u_I > U_T$ 时,$u_o = U_{OL} \approx -U_{EE}$

当 $u_I < U_T$ 时,$u_o = U_{OH} \approx +U_{CC}$

比较器的输出电压 u_o 与输入电压 u_I 之间关系曲线称为比较器的传输特性。

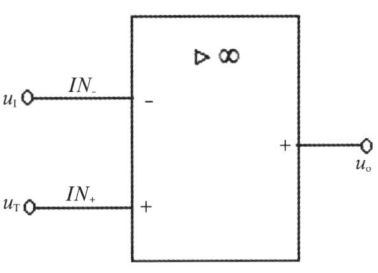

图 4-2-35 单门限电压比较

若 $U_T > 0$,则比较器的传输特性如图 4-2-36(a)所示。当 $u_I > U_T$ 时,$u_o = U_{OH}$;随着 u_I 增加,u_o 维持 U_{OH};一旦 $u_I = U_T$ 时,比较器的输出电压就产生突变,u_o 由 U_{OH} 跳变为 U_{OL};随着 u_I 继续增加,u_o 维持为 U_{OL}。在 u_I 减小的过程中,一旦 $u_I = U_T$ 时,u_o 即由 U_{OL} 跳变为 U_{OH};随着 u_I 继续减小,u_o 维持 U_{OH} 不变。

当 $U_T < 0$,则比较器的传输特性如图 4-2-36(b)所示。

当 $U_T = 0$,则比较器的传输特性如图 4-2-36(c)所示。这种比较器称为过零电压比较器。

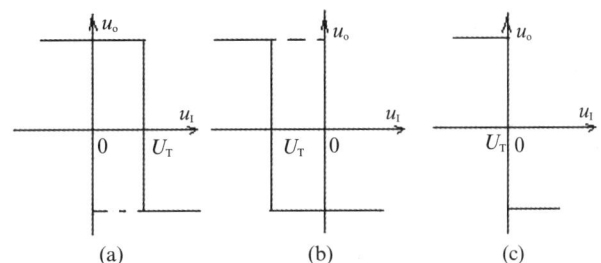

图 4-2-36 比较器的传输特性

②双门限电压比较器(施密特触发器)。单门限电压比较器在 u_I 接近于 U_T 时,u_o 很容易受干扰信号的影响而产生误跳变。而双门限电压比较器有上、下两个阀值电压 U_{TH},U_{TL},其回差 $U_T = U_{TH} - U_{TL}$ 可人为设计确定,以增大这种滞回特性,提高电路的抗干扰能力。此外,双门限电压比较器还能实现上、下阀值双位自动控制。双门限电压比较器电路图 4-2-37。

输入电压 u_I 加在反相输入端,给定参考电压 U_R 通过 R2 加在同相输入端。输出高电平电压 U_{OH} 和低电平电压 U_{OL} 经过 R_F 和 R2 与 U_R 叠加,成为上、下两个阀值电压 U_{TH},U_{TL}。

根据叠加原理,当 $u_o = 0$,U_R 单独作用,则

$$U_T' = \frac{R_F}{R + R_F} U_R$$

当 $U_R=0$，$u_o=U_{OH}$ 单独作用时，则

$$U_{TH}'=\frac{R}{R+R_F}U_{OH}$$

叠加后得　　$U_{TH}=U_T'+U_{TH}'=\frac{R_F}{R+R_F}U_R+\frac{R}{R+R_F}U_{OH}$

同理可得　　$U_{TL}=U_T'+U_{TL}'=\frac{R_F}{R+R_F}U_R+\frac{R}{R+R_F}U_{OL}$

当 $u_o=U_{OH}$ 时，阀值电压为 U_{TH}；当 $u_I<U_{TH}$ 时，u_o 维持为 U_{OH}；当 u_I 增加到 $u_I=U_{TH}$ 时，u_o 迅速跳变为 U_{OL}，电路翻转，相应阀值电压变为 U_{TL}；u_I 继续增加，u_o 维持为 U_{OL}。当 u_I 减小时，必须达到 $u_I=U_{TL}$ 时，电路才会再一次翻转，使 u_o 从 U_{OL} 迅速跳变为 U_{OH}；u_I 继续减小，u_o 维持为 U_{OH}。双门限电压比较器的传输特性如图 4-2-38 所示。

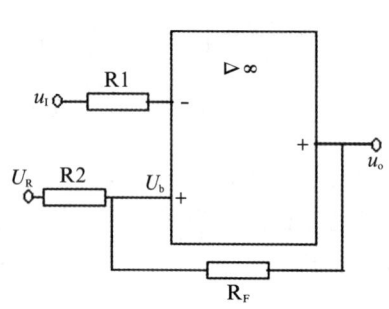

图 4-2-37　双门限电压比较器电路

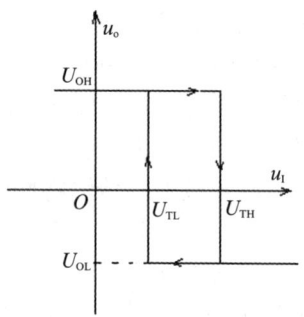

图 4-2-38　双门限电压比较器的传输特性

③运算放大器的应用举例。在对温度、压力、速度等物理量的自动控制中，运算放大器对这些参数实施监控，一旦超过正常值就报警，如图 4-2-39 所示。

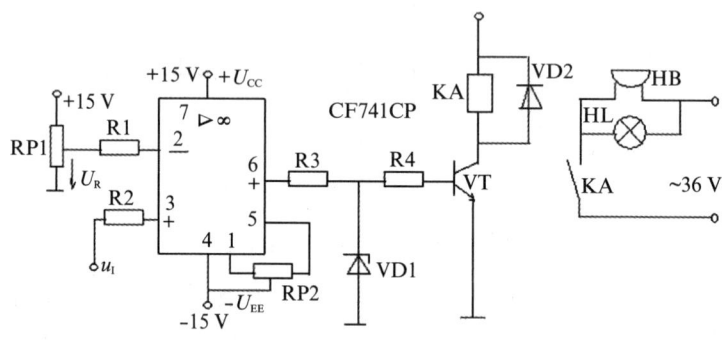

图 4-2-39　监控报警电路

从传感器取得的信号电压 u_I 送入单门限电压比较器的同相输入端，给定的阀值电压 U_T 由 +15 V 经电位器 RP1 分压设定，送入反相输入端。

在正常状态下，$u_I<U_T$，比较器输出负电压 U_{OL}，三极管 VT 截止，继电器 KA 不吸合，表示正常工作。当该参数超过正常的给定值，$u_I\geq U_T$，比较器输出 U_{OH}，使 VT 饱和，继电器 KA 吸合，其常开触点闭合，接通蜂鸣器 HB 及报警信号灯 HL，发出声光报警。

RP2 为调零电位器。稳压管 VD1 起限幅作用，避免过高的输出电压烧坏三极管 VT。VD2 为续流二极管。

【任务实施】

一、任务要求

能进行无线电元器件的识别和检测,熟悉元器件外形、类别型号和管脚判定;熟练使用万用表判定器件是否损坏;熟练掌握电子元器件的焊接工艺和方法,或者熟练使用面包板搭接电路;能根据原理图检测接线是否正确,并能通电调试电路,若发现问题,能根据故障现象排除故障,在通电时注意安全。

二、任务准备

准备材料清单见表 4-2-1。需要准备的工具包括万用表、电烙铁、焊锡丝、松香等。

表 4-2-1 元器件和材料清单

符号	规格/型号	名称	符号	规格/型号	名称
V1	9011(β>140)	三极管	R2	5.1 kΩ/0.121 5 W	电阻器
V2	9011(β>140)	三极管	VD	IN4148	二极管
V3	9011(β>140)	三极管	J	G5 V-1DC5 V	继电器
R	RG-CdS-A	光敏电阻	S	自制	触摸开关
R_W	1388-150 kB	电位器	—	SYB-130	面包板
R1	5.1 kΩ/0.121 5 W	电阻器	—	ϕ=0.6 mm	单股绝缘导线

三、任务操作

1. 元器件识别和测量

1) 三极管

(1) 三极管的常用标示方法。三极管的实物如图 4-2-40 所示。可以从三极管的管壳上了解三极管的型号等其他信息,国产的三极管型号一般由 5 个代码段组成,如 3AX31。第一部分用阿拉伯字表示器件的电极数目,3 代表三极管。第二部分用一位字母表示材料和极性:A 为 PNP 型锗材料;B 为 NPN 型锗材料;C 为 PNP 型硅材料;D 为 NPN 型硅材料;E 为化合物材料。第三部分用一位字母表示用途或类型:A 为高频大功率管;D 为低频大功率管;G 为高频小功率管;K 为开关管;X 为低频小功率管;U 为光电管。1 W 及以上为大功率管;1 W 以下为小功率管;3 MHz 及以上为高频管;3 MHz 以下为低频管。第四部分用阿拉伯字表示序号。第五部分表示器件规格(放大倍数 $\bar{\beta}$ 的范围),由于元件参数的分布特性,$\bar{\beta}$ 值一般在生产出来后才进行检测分类,因此有些三极管不一定进行标记。

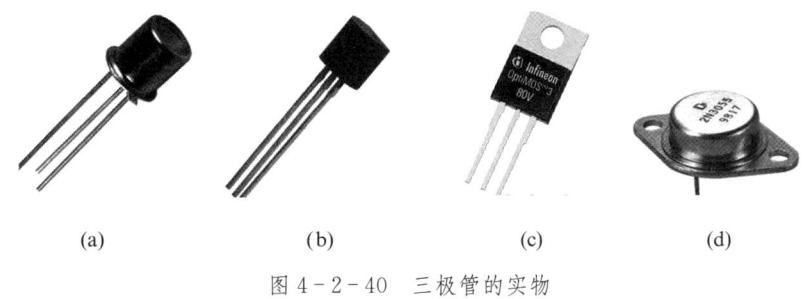

图 4-2-40 三极管的实物

(2) 三极管极性和损坏判定。

① 三极管的型号和引脚判别。三极管的型号和管脚可从外观初步确定。部分国产三极管管脚的排列情况如图4-2-41所示。带有定位标记的三极管如图4-2-41(a)所示，从定位标记开始，按顺时针方向，三个管脚的排列顺序为e-b-c。图4-2-41(b)所示个管脚都在半圆范围内，按顺时针方向，三个管脚的排列顺序为e-b-c。两个管脚的三极管如图4-2-14(c)所示，其外壳为c，两管脚与其所偏向边的安装孔构成一个三角形，安装孔为管脚c，则三个管脚按顺时针方向的排列顺序为e-b-c。图4-2-41(d)所示三个管脚在一个半圆的圆周上，其管脚按顺时针方向的排列顺序也为e-b-c。现在的三极管不仅生产厂家繁多，型号也各不相同，由外观只能初步了解管脚排列，要真正确定三极管的三个管脚通常还应通过万用表进行测量。

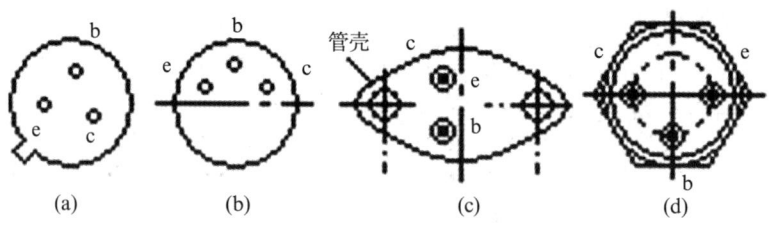

图4-2-41 部分国产三极管管脚排列

判断一个三极管的类型和确定其三个管脚的步骤如下。

a. 首先将万用表设置在"R×1 kΩ"或"R×100 Ω"挡，并进行调零。

b. 判断三极管是硅管还是锗管。测量任意两个管脚之间的正向和反向电阻。若反向电阻在500 kΩ或以上，可判断该三极管为硅管；若反向电阻在100 kΩ左右，则为锗管。

c. 判断基极b并判断三极管的类型。用黑表笔接任意一个管脚，红表笔分别接另外两个管脚。如果两次测量的阻值相差很大，则更换黑表笔所接的管脚，再分别用红表笔接另外两个管脚，直到两次测量的阻值相差不大为止。此时，黑表笔所接管脚就是三极管的基极b。如果两次测量的阻值都较大，说明该三极管为PNP管；如果两次测量阻值都较小（硅管为3～10 kΩ，锗管为0.5～2 kΩ），则说明该三极管为NPN管。如果两次测量时指针都指向∞，说明三极管内部存在断路故障；如果两次测量时指针都指向0，说明三极管内部存在短路故障。断路和短路故障都说明三极管已经损坏，不能使用。

d. 测量c-e间的电阻。按图4-2-42所示，将三极管的一个管脚通过一个约为100 kΩ的电阻、开关S与三极管的基极b连接，将万用表的两个表笔与三极管除基极外的两个管脚连接。合上开关S，观察并记录万用表的读数。对调除基极外的两个管脚，再测一次。

e. 判断发射极e和集电极c。如果所测三极管为PNP管，两次测量中电阻值较小的那次测量时黑表笔所连接的管脚为发射极e，与电阻和红表笔连接的管脚为集电极c。如果所测三极管为NPN管，两次测量中电阻值较小的那次测量时红表笔所连接的管脚为发射极e，与电阻和黑表笔连接的管脚为集电极c。

f. 如果暂时找不到100 kΩ电阻和开关S，也可用嘴巴含住或以潮湿的手指捏住电极和基极代替（如图4-2-43所示），但应注意避免集电极与基极碰在一起，以免损坏三极管。

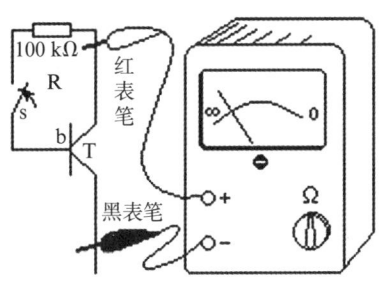
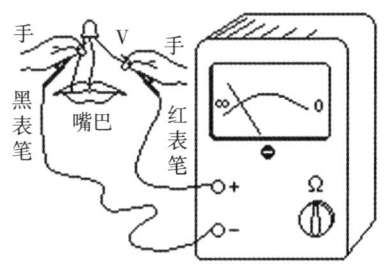

图4-2-42 管脚的判别　　　　　图4-2-43 100 kΩ电阻的替代

②三极管性能估测。以 NPN 为例,基极开路,用黑表笔接 c,红表笔接 e(测量 PNP 管两笔对调),测其电阻,一般在几十千欧以上,阻值越大,穿透电流越小,性能越稳定。通常硅材料管的穿透电流小于锗材料管的穿透电流。

在 B-C 间接入 100 kΩ 电阻,红表笔接 e 脚,黑表笔接 c 脚,万用表指针将向右偏转,偏转角越大,说明 $β$ 值越大。

2) 光敏电阻

光敏电阻是光电导型器件,最常用的光敏电阻型号为 cds,pbs,Insb,其中,最常见的是 cds,其光谱响应特性最接近人眼光谱光视效率。实物光敏电阻如图 4-2-44 所示。

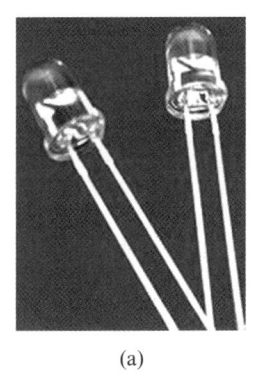
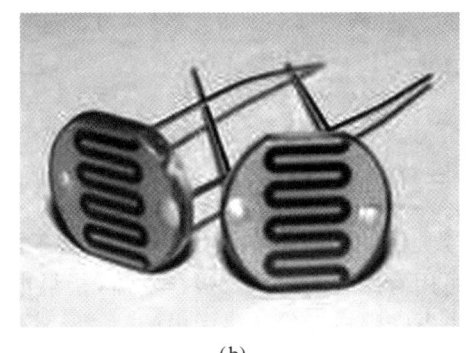

(a)　　　　　　　　　(b)

图4-2-44 实物光敏电阻

光敏电阻的参数有多个,可利用万用表检测其光电阻和暗电阻。所谓暗电阻就是把光敏电阻置于完全黑暗的环境中,用万用表测得的电阻值。若此时给它加一规定的电压,则流过它的为暗电流。例如,用 CdS 材料制成的光敏电阻,其暗电阻一般大于几百千欧。

光电阻就是把光敏电阻完全置于光照的环境中,用万用表测得的电阻值。若此时给它加一规定的电压,则流过它的为光电流。例如,用 CdS 材料制成的光敏电阻,其暗电阻一般小于几十千欧。

3) 直流继电器

继电器是电磁能与机械能转换的装置,是电子线路中应用较为普遍的一种终端执行机构。按其线圈中通入电源的不同,可分为直流继电器和交流继电器。这里仅介绍直流继电器,其常见外形如图 4-2-45(b)所示。

(1) 基本结构。继电器就是利用其线圈通入直流电产生电流,其电流产生磁场直接或间接控制其触点的状态。直流继电器的基本结构如图 4-2-45(a)所示。在线圈不通电时,不产生吸力,衔铁不动作,其相应的触点保持原有状态,原常开的保持常开,原常闭的保持常闭。当线圈中通入直流电后,线圈产生吸力,吸动衔铁动作,带动触点动作,原常开的闭合,原常闭的断开。吸力大小与产生的磁通大小有关,而磁通大小与电流大小有关,如果已吸合,逐渐减小电流值,吸力将会减小,到一定值时被吸合的衔铁将被释放,其所有触点将恢复常态。

电磁继电器的线圈符号用长方框表示。其触点有三种形式,如图4-2-45(c)所示,触点就画在线圈旁,按不通电时画出。

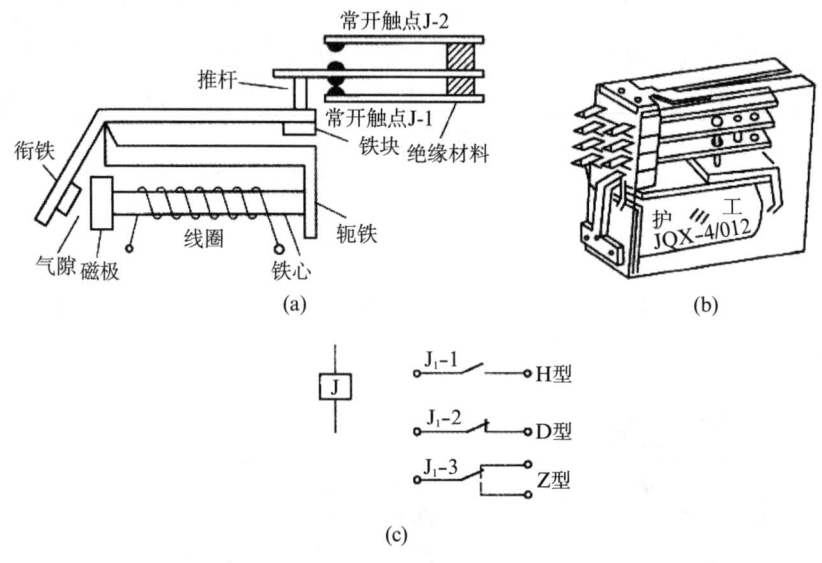

图 4-2-45 直流继电器

(2) 基本参数:①线圈额定电压(指线圈正常工作时所接电源电压);②直流电阻(线圈的直流电阻,可用万用表测量);③吸合电流(指继电器正常吸合的最小电流);④释放电流(指吸合的继电器能释放动作的最大电流)。

(3) 继电器的测试。①触点检查。用万用表的"R×1"挡测试触点间的电阻:若常开则电阻无穷大;若常闭触点则电阻应为零。同时区分常开、常闭触点。②测线圈电阻。用万用表的"R×10"挡测试触点间的电阻,可判定线圈是否开路。③测量吸合电压和吸合电流。用一台可调的0~30 V直流稳压源,在线圈回路上串接直流电流表,同时在线圈两端并接一直流电压表,然后接在稳压源的电源输出端。从低开始调高电压,当听到线圈吸合衔铁发出"嗒"声时,记下电压和电流表的读数。然后再调小稳压源的电压输出,当听到铁芯释放声音时,记下电压、电流读数为继电器的释放电压和电流值。

2. 电路的连接

1) 电路原理分析

本任务根据光控开关原理图完成接线测试,首先理解此电路共有三级直接耦合放大器,其中:V1,V3三极管构成共发射极放大电路;V2构成射极输出器。此电路的关键元件是光敏电阻,当其接受外来光线发生强弱变化时,其阻值发生变化,会影响此电路中各级三极管的各个管脚电位发生变化,从而使流过直流继电器中的电流发生变化。当外界光线变强时,光敏电阻阻值变小,因此V1管的I_{b1},I_{c1}均变大,则V_{c1}降低,V2管的V_{b2}降低,射极输出器的输出也降低,V3管的基极电位V_{b3}也降低,I_{b3}和I_{c3}都降低,流过直流继电器中电流小于其吸合电流,直流继电器不吸合,其常开触点不动作,因而灯不亮。

2)电路的连接

根据原理图,利用单股绝缘导线在面包板上完成电路的连接。

3.电路的检测和调试

1)目视检查

电路连接完成后,不要忙于通电,应对着接线图,逐个元器件检查连线是否正确、连线是否牢靠和接通、元器件极性是否正确。

2)通电测试

电路接通电源后,首先将整个电路置于光亮的环境中,同时用万用表欧姆挡测量继电器未接入电路中的其他触点,可以判定继电器什么时间动作。然后将整个电路置于黑暗环境中,此时应听到继电器的吸合声;若此时不吸合,应调整电位器,直至继电器吸合。若仍不能吸合,说明电路有故障。

【任务评价】

任务考核要求及评分标准见表4-2-2。

表4-2-2 任务考核要求及评分标准

任务2 光控开关的制作					
班级:		姓名:		组号:	
任务	配分	考核要求	评分标准	扣分	得分	备注
---	---	---	---	---	---	---
组装焊接	30	(1)能正确测量元器件; (2)元器件连线正确,布线符合工艺要求	(1)安装不规范或焊点不规范,扣2分/处; (2)损坏元器件,扣2分/处; (3)错装或漏装,扣2分/处			
通电调试	15	(1)正确输出电压; (2)正确输出电流	(1)电压无输出或输出电压不对,扣2分; (2)不会使用仪表测试,扣2分			
故障分析	15	(1)能正确分析故障原因; (2)能据故障现象判定故障范围	(1)故障分析与现象不符,扣2分; (2)故障范围分析过大,扣1分; (3)不会分析,扣10分			
故障检修	30	(1)正确使用仪表; (2)检修方法正确; (3)正确排除故障	(1)错误使用仪表,扣2分; (2)排除故障方法错误,扣2分; (3)重复检修一次,扣2分			

(续表)

任务 2 光控开关的制作					
班级：		姓名：		组号：	
任务	配分	考核要求	评分标准	-扣分	得分	备注
安全、文明	10	(1) 安全用电,无人为损坏设备或器件现象； (2) 小组成员协同合作； (3) 遵守校纪、校规	(1) 发生安全事故,扣10分； (2) 人为损坏设备或器件,扣10分； (3) 不遵守纪律,不文明协作,扣5分			
时间			(1) 提前完成加2分； (2) 超时完成扣2分			
总分						

【课后练习】

(1) 三极管正常放大时为什么要建立合适工作点？怎样确定工作点？影响静态工作点的因素有哪些,主要是什么？

(2) 三极管正常工作时如果散热不畅会带来什么后果？为了消除温度变化带来不利影响应采取什么措施？

(3) 怎样理解差动放大器的工作原理？它为什么通常用作集成放大器的输入级？采用差动放大器对放大倍数有什么不同？

(4) 如果一个放大器静态工作点确立合适且稳定,为什么输入信号时照样发生失真？怎样理解？

(5) 用万用表测试三极管时,怎样用测量电阻方法就能判定它的放大能力、热稳定性？

任务 3 调光灯的制作

【任务描述】

本任务是制作晶闸管调光灯。通过改变晶闸管导通程度控制流过灯泡的电流实现灯光可控,晶闸管导通程度依靠其控制极触发脉冲产生的时刻来确定,而触发脉冲靠 RC 充放电产生；调节可变电阻器大小,调节电容充电的快慢。

学习晶闸管的结构、触发导通原理、触发导通后的正常关断原理；理解调光灯的工作原理,能识别桥式整流器、双基极二极管、晶闸管、稳压管、可变电阻器、电阻和电容。在技能上,学会用万用表测试电容、可变电阻器、二极管、晶闸管管脚及判定其性能；学会面包板的使用；根据原理图进行元器件的连接,并通电检测,以便及时排除故障。

【学习目标】

(1) 理解晶闸管正向和反向阻断和触发导通；理解晶闸管组成的可控整流原理。

(2) 识别晶闸管、电阻、电位器、二极管、稳压二极管、单结晶体管、晶闸管、变压器、电容结构和符号;能用万用表测试其所用电子元器件管脚及判定其性能。

(3) 学会使用 SYB-130 型面包板及布线工具;学会元器件和材料的预处理和电路连接。

(4) 学会电子线路的分析方法及排除常见故障的思维和方法。

【相关知识】

1. 晶闸管的结构、特性和主要参数

晶闸管是硅晶体闸流管的简称,俗称可控硅(SCR),其正式名称是反向阻断式三端晶体闸流管,是一种具有三个 PN 结、四层结构的大功率半导体器件。

1) 晶闸管的结构原理

常见晶闸管的电路外形和符号如图 4-3-1 所示。大电流螺栓式和平板式分别如图 4-3-1(a) 和 4-3-1(b)所示,小电流螺栓式如图 4-3-1(c)所示,塑封式如图 4-3-1(d)所示,其电路符号如图 4-3-1(e)所示。晶闸管的三个极分别为是阳极 A,阴极 K 和门极 G(又称为控制极)。晶闸管是电力电子器件,一般需要配装散热器。螺栓式的阳极 A 做成螺栓可直接装在散热器上;平板式由两个彼此绝缘的散热器紧夹在中间,散热方式可采用风冷或水冷,以获得较好的散热效果,一般电流在 200 A 以上的晶闸管都采用平板式;塑封式的电流较小,但一般也需安装散热器。

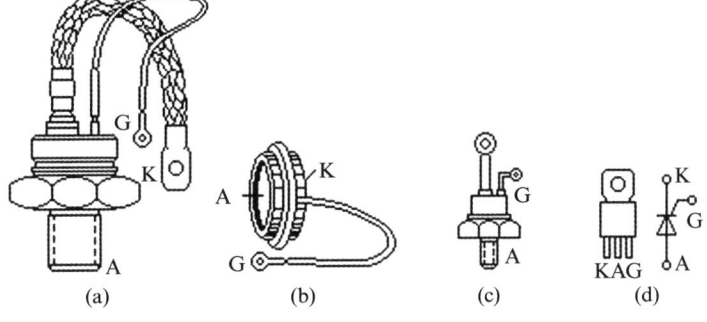

图 4-3-1 晶闸管的外形和符号

晶闸管的主要应用场合为可控整流、逆变、交流调压、电流变换等领域。因其电流容量大、耐压等级高(目前可达:4 500 A/6 500 V)、导通的可控性,晶闸管是品种最多的电力器件,广泛应用于特大功率、低频(200 Hz 以下)装置中。晶闸管分类方法较多,本节主要介绍普通晶闸管。

普通晶闸管的内部结构原理如图 4-3-2(a)所示,由四层半导体 P1,N1,P2 和 N2 紧靠在一起组成,共有三个 PN 结,即 J1,J2 和 J3,阳极 A,阴极 K 和门极 G 分别从 P1,N2 和 P2 引出。

如图 4-3-2(a)所示,晶闸管结构实际可看成由一个 NPN 三极管与一个 NPN 三极管串联起来的等效结构。用三极管符号表示的等效电路如图 4-3-2(c)所示。若将晶闸管的阳极 A 和阴极 K 串接到如图 4-3-2(d)所示的直流电源 E_1 向灯 EL 供电的电路中,阴极 K 接电源的负极,阳极 A 通过灯 EL 和开关 S1 与电源的正极相连,并将门极 G 通过开关 S2 接入另一直流电源 E_2($E_2 < E_1$)。将开关 S1 闭合,在 S2 未闭合之前,电路中的灯 EL 不会亮,这说明晶闸管处于截止(高阻)状态。

S1 闭合后,再将 S2 闭合。可以发现,在 S2 闭合的瞬间,灯 EL 点亮。这是因为,S2 闭合时,给 NPN 三极管的基极提供一个正向电压,NPN 管导通。NPN 管导通的同时,NPN 管的集电极(与 PNP 管的基极相连)变成低电位。于是 PNP 管的发射结正偏,PNP 管也导通。PNP 管导通后,其集电极电流流入 NPN 管的基极,使 NPN 管的集电极电流增大。NPN 管集电极电流增大后,PNP 管基极电流进一步增大,形成正反馈,两个管瞬间达到饱和导通,阳极 A 与阴极 K 之间呈现低阻状态,外部电路接通,灯 EL 点亮。灯点亮后,将 S2 断开,EL 不会熄灭,这是因为 PNP 和 NPN 三极管饱和导通后,E2 是否存在已经不会影响这两个管的状态。要让灯 EL 熄灭,可以将开关 S1 断开。S1 断开后,线路的电流为零,晶闸管(两个等效三极管)又恢复截止状态。

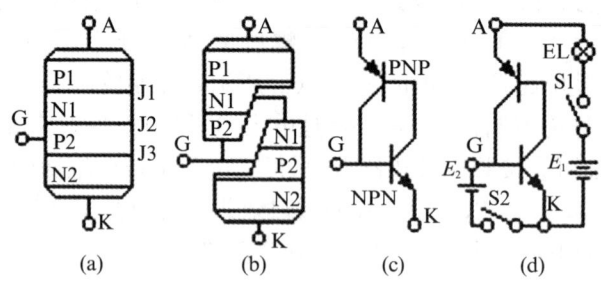

图 4-3-2 晶闸管的工作原理

实际上,要使处于导通状态的晶闸管恢复截止,还可以在阳极 A 与阴极 K 之间加上反偏电压或使流过晶闸管电流小于维持电流(保持晶闸管正向导通的最小电流)。

由上述分析可知,普通晶闸管可等效为一个 PNP 与一个 NPN 三极管的串联,其工作的主要特点归纳如下。①导通条件:阳极电位高于阴极电位,同时门极有足够大正向触发电压和电流。②维持导通条件:阳极电位高于阴极电位,同时阳极电流大于晶闸管维持电流。③恢复截止条件:阳极电位低于阴极电位,或阳极电流小于维持电流。

在门极加足够大的正向电压和电流,同时保证阳阴极正向电压,使晶闸管导通,称为晶闸管触发导通。为减少晶闸管门极损耗,避免工作时 PN 结温度过高,一般在晶闸管导通后就应去掉门极电压和电流。因此,晶闸管门极一般采用脉冲进行触发控制。触发脉冲的电压和电流比晶闸管阳极 A 和阴极 K 承受的电压和导通的电流小很多。因此,晶闸管是采用小电流触发信号控制导通,使阳极和阴极之间通过大电流,这是其区别于普通二极管的重要特征。

普通晶闸管一旦导通,门极就失去其控制作用。也就是说,普通晶闸管导通是可控的,而其截止则是不可控的,因此,其属于半控器件。为使其及时截止,早期往往采用各种复杂电路进行关断。为解决这方面的问题,研制出门极可关断晶闸管(GTO),这种晶闸管能够在导通状态下通过控制恢复截止。可关断晶闸管(GTO)导通时,可在门极施加反向电压使其截止,属于全控型电力电子器件。除 GTO 外,可实现全控的新型电力电子器件不断推陈出新,例如,集成门极换流晶闸管(IGCT)、静电感应晶闸管(SITH)[也称为场控晶闸管(FCT)]等都是属于全控型电力电子器件。

〖思维点拨〗
晶闸管的导通能控制,但其关断能控制吗?怎样理解全控型电力电子器件?

2)晶闸管的特性和主要参数

(1)晶闸管的伏安特性。晶闸管的特性主要是晶闸管的伏安特性,是指阳极与阴极间的电压和阳极电流之间的关系曲线(如图4-3-3所示)。

晶闸管的伏安特性有正向和反向两个部分。从反向伏安特性来看,晶闸管阴极接电源的正极,阳极通过负载接电源的负极,晶闸管承受反向电压,此时不论控制极是否加有触发信号,晶闸管总是处于反向阻断状态。反向特性与二极管特性相同,当反向

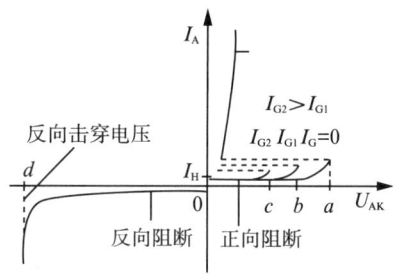

图4-3-3 晶闸管的伏安特性

电压达到反向击穿电压时,晶闸管将击穿损坏。由正向伏安特性可以看出,当阳极与阴极之间加上正向电压U_{AK}后,若门极无电流流过,则晶闸管处于正向阻断状态。在没有门极电流状态下,若所加正向电压U_{AK}不断增加,达到图中a点所对应电压值时,器件将自己导通(也称"硬开通"),导通后其特性与整流二极管正向伏安特性相似。因U_{AK}过高而自导通的点称为自然转折点,转折点所对应的电压为转折电压。

在阳极与阴极之间加上正向电压U_{AK},同时在控制极加上一定的控制极正向直流电压,控制极有电流流过,随门极电流的增加,能够使晶闸管导通的U_{AK}下降。图4-3-3中c和d点所对应的门极电压分别为I_{G2}和I_{G1},因为$I_{G2}>I_{G1}$,所以c点的导通电压小于d点所对应的导通电压。当门极电流I_G足够大,U_{AK}非常小,就使晶闸管导通,称为触发导通。导通后,若减小I_G至小于维持电流I_H时,管子则自动恢复阻断。应该说明的是,使晶闸管出现多次硬开通,管子将很容易损坏,因此晶闸管不允许硬开通。由伏安特性可知,晶闸管只能稳定工作在阻断与导通两个状态。

(2)晶闸管的主要参数。

①晶闸管的重复峰值电压U_{TN}:晶闸管有正反向两个重复峰值电压U_{DRM}和U_{RSM}。晶闸管铭牌标注的额定电压,通常取U_{DRM}与U_{RRM}中的最小值。实际选用时,U_{TN}的值应比实际正常工作时的最大电压大2~3倍。

②晶闸管的额定通态平均电流(又称额定电流)$I_T(AV)$:实际选用晶闸管额定电流至少应为最大计算电流的1.5~2.0倍,使其有一定电流裕量。

③门极触发电流I_{GT}和门极触发电压U_{GT}:由于晶闸管门极特性存在差异,其触发电流和电压相差很大,所以I_{GT}和U_{GT}一般只规定上、下限值。

④通态平均电压$U_T(AV)$:实际一般选择$U_T(AV)$小的管以减少损耗。

⑤维持电流I_H和擎住电流I_L:维持电流是指在室温与门极断开时,使晶闸管维持导通所需要的最小阳极电流;擎住电流是指从断态转入通态并移除触发信号后,使管能维持通态所需要的最小阳极电流。对同一晶闸管来说,擎住电流I_L要比维持电流I_H大2~4倍。

⑥通态电流临界上升率 di/dt：是允许的最大通态电流上升率，阳极电流上升太快，则会导致门极附近的 PN 结因电流密度过大而烧毁。

⑦断态电压临界上升率 du/dt：在规定条件下不会导致晶闸管从断态转为通态所允许的最大阳极电压上升率。

除上面七个主要参数外，工作频率要求较高的场合，通常还考虑晶闸管导通和关断时间等。此外，普通晶闸管还有额定结温等其他参数，一般可在铭牌上或产品手册中查到。

2. 可控整流电路

1) 单相可控半波整流

将不可控半波整流电路中的二极管用晶闸管替代，就得到半波可控整流电路(如图 4-3-4(a)所示)。半波可控整流电路工作时：若晶闸管 V 正偏，在控制极(门极)加上触发脉冲，晶闸管导通；若晶闸管处于反偏，则晶闸管自动截止。通过控制脉冲的触发时刻，可以控制输出整流电压的大小，其电压波形如图 4-3-4(b)所示。

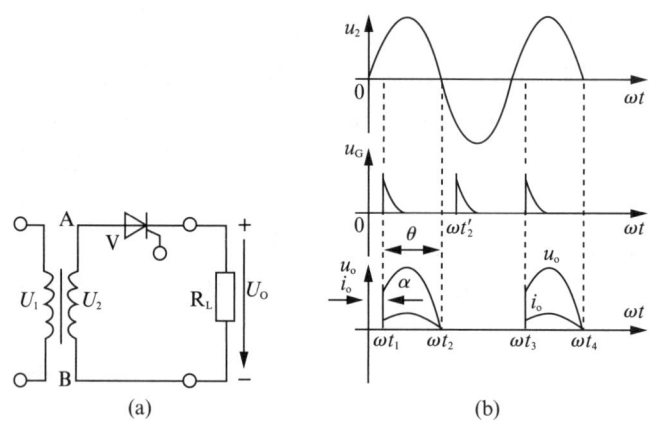

图 4-3-4 半波可控整流

波形图中，触发脉冲 u_G 应与变压器二次侧电源电压 u_2 同步，在 u_2 的每个过零点开始，经过 α 角后(ωt_1, $\omega t_2'$ 和 ωt_3 时刻)，触发电路发出触发脉冲。若晶闸管正偏，触发脉冲到来时，晶闸管导通，如图所示的 ωt_1 和 ωt_3 时刻；若晶闸管反偏，则触发脉冲到来时晶闸管仍然保持截止状态，如图所示 $\omega t_2'$ 时刻。晶闸管导通后输出电压 u_o 波形为缺一个角的正弦半波，$0\sim\omega t_1$ 对应的是 α 度的相位角，α 角称为控制角。若整流电路负载为电阻性负载，输出电流 i_o 与 u_o 同相位，在 ωt_2 时刻，$u_o=u_2$, $i_o=0$，晶闸管截止，在 $\omega t_1—\omega t_2$ 期间，晶闸管导通，对应相位角用 θ 表示，称为导通角。由图 4-3-4(b)的波形可知，α 越大，θ 就越小，U_o 也将越小。在电阻性负载时，α 与 θ 之间存在如下的关系：

$$\alpha+\theta=180° \qquad (4-3-1)$$

通过控制晶闸管控制角 α 的大小，就可控制可控整流电路输出平均直流电压 U_o 的大小，因此，可控整流电路输出电压 U_o 与控制角 α 有关，其关系为

$$U_o=0.45U_2\frac{1+\cos\alpha}{2} \qquad (4-3-2)$$

式中：U_2 为变压器副边电压有效值。可控整流电路输出平均电流为 $I_o=U_o/R_L$，晶闸管承

受的最大反向电压与二极管单相半波整流时一样。

若整流输出带感性负载,半波可控整流电路中晶闸管关断时间将延迟,其波形如图 4-3-5 所示。由于感性负载电流滞后电压,$u_2=0$ 时,输出电流不为零。因此,晶闸管并不在 $u_2=0$ 时截止,而是将延迟至输出电流小于维持电流后才关断。

由于晶闸管的延时关断,因此输出电压波形不仅有脉动分量,还存在负值,如图所示阴影部分为晶闸管导通状态。当负载所含的电感很大时,输出电压平均值将大幅减小,甚至接近于零。解决此问题的方法是在可控制整流电路输出端并接一个二极管 V2,称为续流二极管(如图 4-3-6 所示)。V2 的作用是为感性负载电流提供延迟流通路径,保证 V1 在 $u_2=0$ 时关断截止。提供续流二极管 V2 后,负载感性电流通过 V2 续流,V1 则因 $u_2<0$ 反偏关断而截止。

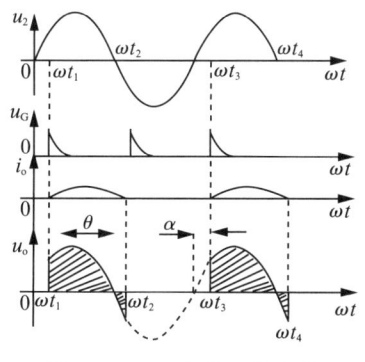

图 4-3-5　感性负载波形

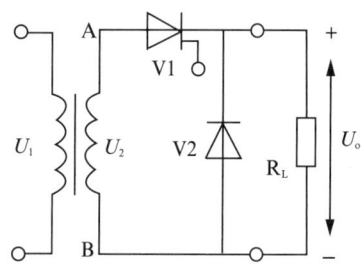

图 4-3-6　续流二极管

2) 单相可控桥式整流

单相全控桥式整流电路如图 4-3-7 所示,两组晶闸管 V1,V4 和 V2,V3,在正、负半周轮流触发导通,并向负载提供电流。改变导通角可控制输出电压的大小。带电阻性负载时(图 4-3-8),其输出电流波形与输出电压波形同相位,输出直流电压平均值 U_o 为

$$U_o = 0.9 U_2 \frac{1+\cos\alpha}{2} \tag{4-3-3}$$

输出直流电流平均值为 $I_o = U_o/R_L$,晶闸管承受最大反向电压与二极管单相桥式整流电路一样。当带感性负载时,全控整流桥也存在晶闸管延迟关断问题,若负载为大电感,则输出电压平均值变小,其波形如图 4-3-9 所示。进一步分析可知,若 $\alpha > \pi/2$,则输出电流将出现断续现象,且输出电压平均值接近零。因此,当带电感性负载时,全控桥式整流电路也应采用续流二极管进行续流。

将如图 4-3-7 所示全控桥式整流电路中的晶闸管 V2 和 V4 换成整流二极管,就成为半控桥式整流电路(图 4-3-10)。半控整流桥在电阻性负载时的工作情况与全控整流桥完全相同,各参数计算也一样。其特点是:晶闸管在触发时刻换流(从一个晶闸管导通换到另一个晶闸管导通),二极管则在电源电压过零时换流(从一个二极管导通换到另一个二极管导通)。

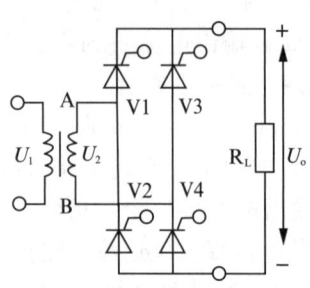

图 4-3-7 全控桥式整流

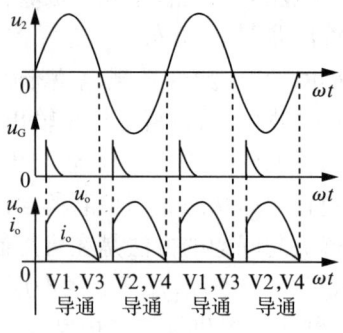

图 4-3-8 全控桥式整流波形

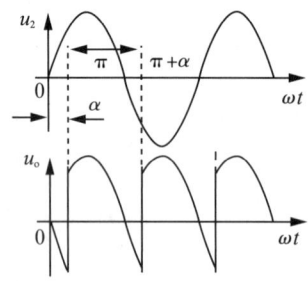

图 4-3-9 大电感负载波形

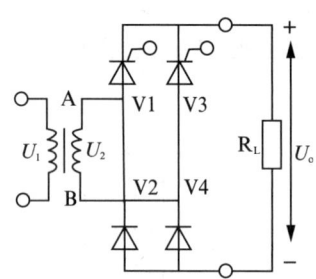

图 4-3-10 大电感负载

与全控桥不同的是,半控桥在大电感负载时由于 V2 和 V4 的自然换流作用,不会使 u_o 出现负半波。在大电感负载时,半控桥式整流电路一般也应连接续流二极管,以免失控(触发信号对输出电压失去控制作用)。半控桥输出平均直流电压与全控桥完全一样,却比全控桥式节省两个晶闸管。实际若对控制特性无特殊要求时,通常采用半控桥式整流电路。

3. 晶闸管的保护

晶闸管的主要弱点是过载能力差,短暂的过电压或过电流都会被损坏,故需采取过电流和过电压保护措施。

1) 晶闸管的过电流保护

造成晶闸管过电流的主要原因有电路过载或短路、整流元件反向击穿、误触发等。

采用快速熔断器是硅整流元件过电流保护的主要措施。由于快速熔断器采用变截面积的银片,其熔断时间比普通熔丝短得多,过电流时,能在晶闸管损坏前先熔断。

快速熔断器在电路中的接入方式有:串联在交流输入回路;串联在直流负载支路;串联在各晶闸管支路。

2) 晶闸管的过电压保护

由于电路中含有感性元件,当电路接通、断开或晶闸管状态转换时,电流的突变会产生很高的自感电动势,雷电和强干扰信号也会产生瞬间高压。这些过电压都可能击穿晶闸管。

晶闸管的过电压保护常采用两种措施:

(1) 阻容吸收装置。由电阻与电容器串联组成的阻容吸收装置能利用电容器吸收过电压,其实质是把过电压的磁场能变为电场能储存在电容器中,然后通过电阻慢慢地释放掉,阻容吸收装置能把操作中的过电压抑制在允许范围之内。

阻容吸收装置在电路中的接入方式有:并联在交流输入端;并联在直流负载端;并联在各晶闸管两端。

(2) 压敏电阻。压敏电阻是一种新型的金属氧化物非线性电阻,由氧化锌、氧化铋等物质烧结而成。压敏电阻的图形符号如图 4-3-11 所示,文字符号为 R。

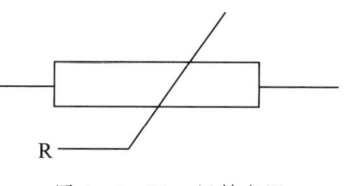

图 4-3-11 压敏电阻

压敏电阻具有很陡的正、反向对称的击穿特性,未击穿时的漏电流较小,类似于稳压管的反向特性,但击穿电流容量较大,可通过高达数千安的冲击电流,因此能吸收过电压的能量,把电压限制在一定幅度内,且短暂的过电压消失后,压敏电阻仍能恢复正常。

压敏电阻可以并接在交流侧或直流侧。

压敏电阻具有体积小、响应速度快、损耗小、可靠性高、价格低等优点,是一种较好的过电压保护元件,但持续的过电压会烧坏压敏电阻。

4. 晶闸管的触发电路

晶闸管的触发脉冲应满足如下要求:上升速度快;有足够的幅度和宽度;与主电源同步;有足够的移相范围。产生触发脉冲的电路形式很多,这里仅介绍单结晶体管触发电路。

1) 单结晶体管

单结晶体管又称为双基极二极管,其结构如图 4-3-12(a)所示。在有缝隙的镀金陶瓷片上,焊接一片低掺杂的 N 型硅片,两端分别引出第一基极 B1 和第二基极 B2,在第二基极 B2 处制成一个 PN 结,从 P 区引出发射极 E,因此 E 极与 B1 或 B2 极间都存在单向导电性。单结晶体管的图形符号如图 4-3-12(b)所示,文字符号为 VT。

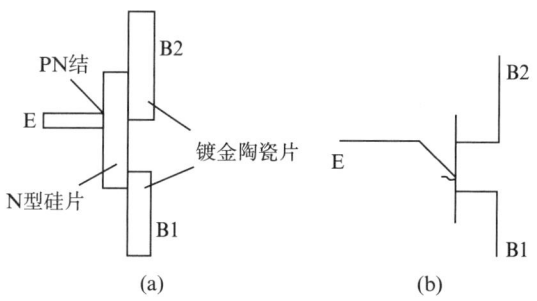

图 4-3-12 单结晶体管结构和图形符号

单结晶体管的等效电路如图 4-3-13 所示。PN 结等效为二极管 VD,r_{B1},r_{B2} 分别为两个基极至 PN 结之间的电阻。因为 N 区型硅片掺杂少,当发射极开路时,两个基极之间的电阻 $r_{BB}=r_{B1}+r_{B2}$ 较大,为 $2\sim15$ kΩ。当在 B1,B2 之间加上电压 U_{BB},其中 B2 接正,B1 接负,且 E 极开路时,在 r_{B1} 上分得的电压 U_A 为

$$U_A=\frac{r_{B1}}{r_{B1}+r_{B2}}U_{BB}=\frac{r_{B1}}{r_{BB}}U_{BB}=\eta U_{BB}$$

式中：η 为单极晶体管的分压比，一般在 0.3～0.8 之间。

用图 4-3-13 电路可测得单极晶体管的伏安特性曲线。如图 4-3-14 所示，纵坐标表示发射极电压 U_E，横坐标表示发射极电流 I_E。调节 U_{EE}，可改变 U_E 的大小。当 $U_E < U_A + U_F = \eta U_{BB} + U_F = U_P$（其中 U_F 为硅材料 PN 结正向导通压降，U_P 为晶闸管的峰点电压）时，PN 结承受反向电压而截至，I_E 仅为微安级的反向电流，单极晶体管处于截止状态，对应曲线的 DP 段。当 $U_E = U_P$ 时，PN 结导通，便有大量空穴注入 N 型硅片下半部分，使 r_{B1} 迅速减小，I_E 迅速增大，而发射极电压随之下降，相应的动态电阻 $\frac{\Delta U_E}{\Delta I_E}$ 为负值，单极晶体管处于负阻状态，对应曲线的 PV 段。随着 I_E 的增加，U_E 降至谷点电压 U_V 后，若 I_E 能继续增加，U_E 将随之增大，动态电阻变为正值，单极晶体管进入饱和状态，对应曲线中 V 点右侧区域。单极晶体管进入负阻区域后，$U_E < U_V$，即从导通状态变为截止状态，然后 U_E 必须重新达到 U_P 时才能第二次导通。

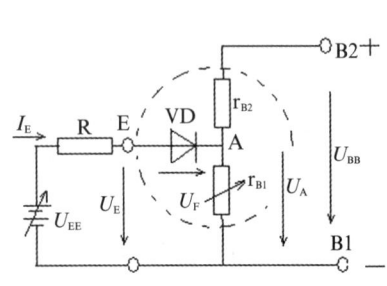

图 4-3-13 单极晶体管等效电路

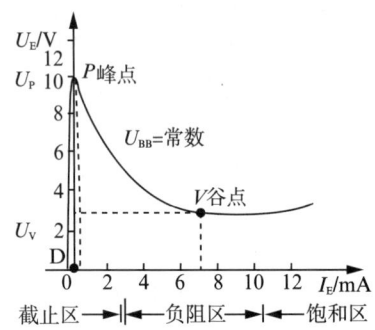

图 4-3-14 单极晶体管的伏安特性曲线

综上所述单极晶体管有如下特性：

(1) 当发射极电压高达峰点电压 U_P 时，单极晶体管导通，当发射极电压低于谷点电压 U_V 时，单极晶体管恢复截止；

(2) 峰点电压 U_P 及谷点电压 U_V 与外加电压 U_{BB} 及单极晶体管的分压比 η 有关。

2) 单极晶体管触发的可控整流电路

用单极晶体管触发的可控整流电路如图 4-3-15 所示，主电路是单相桥式半控整流电路，由 220 V 交流电源直接供电。晶闸管 VS1，VS2 的控制极得到相同的触发脉冲，只有受到正向电压的一只触发脉冲能被触发导通。

220 V 交流电压经同步变压器 TS 降压，又经二极管 VD1，VD2，VD3，VD4 桥式整流后的电压 u_{10}（各波形如图 4-3-16 所示）送到由 R1 与稳压管 VD5 组成的并联型直流稳压电路，得到梯形波电压 u_{20}，其幅值为稳压管的稳定电压 U_Z。该电压一方面经 R3，R4 送到单极晶体管 VT 的 B2，B1 极，作为 U_{BB}；另一方面经电位器 R_P 与电阻 R2 对电容器 C 充电。设电容器两端电压 u_{30} 的初始值为零，然后按时间常数 $\tau = (R_P + R2)C$ 的指数规律上升，因 u_{30} 就是单极晶体管的发射极电压，当 u_{30} 小于峰点电压 U_P 时，VT 截止；又因为 r_{BB} 较大，所以流过 R4 的电流很小，$u_{40} \approx 0$，即晶闸管的控制极电压 $u_G \approx 0$，VS1，VS2 均处于关断状态，负载 R_L 两端电压 $u_o = 0$。当 u_{30} 上升到 U_P 时，VT 迅速导通，其内阻 r_{B1} 迅速减小，电容器储存的电荷经 E 极→B1 极→R4 迅速放电，该瞬时的大电流脉冲在 R4 两端形成一个正向上升电压,用以触发晶闸管。随着电容器的放电,u_{30}按指数规律下降,u_{40}也相应下降,当u_{30}降至谷点电压U_V时,VT由导通变为截止,于是u_{30}重复充电过程的上升规律,u_{40}回复至零,等待出现第二只脉冲。但由于晶闸管已导通,在该半周内的以后脉冲均不起作用,直至交流电压过零时,晶闸管才关断。

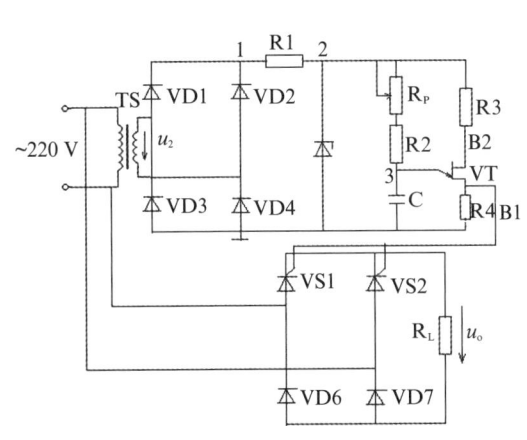

图4-3-15 单极晶体管触发的可控整流电路

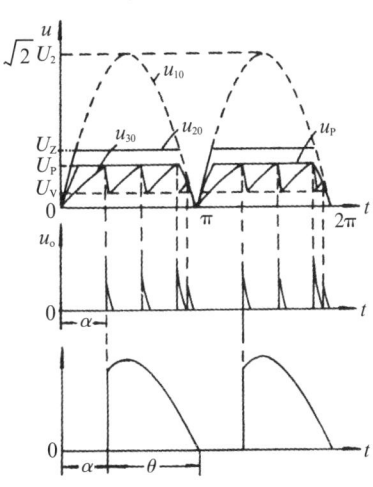

图4-3-16 用单结晶体管触发的可控整流各波形

显而易见,增大电位器R_P的阻值,电容器的充电时间常数增加,出现第一只触发脉冲的时间滞后,晶闸管的控制角α增大,输出电压U_o减小,因此,调节U_o的大小较为方便。

同步变压器TS的一次侧绕组与主电路由同一交流电源供电,使主电路交流电源电压过零点时,触发电路电源电压u_{20}也刚刚好过零点,使电容器两端电压放电至零,从而保证电源每次从零开始时,u_{30}均从零开始上升,使单极晶体管在每个半周中产生的第一只触发脉冲的时间保持不变,因此晶闸管的控制角α就为定值,输出电压才能稳定不变。可见,在可控整流电路中,必须保持触发电路的电源与主电路电源同步,不然电路不能正常工作。

电阻R3起温度补偿作用。因为$U_P = \eta U_{BB} + U_F$,但PN结的正向导通电压随温度升高而稍有下降,由此U_P随之降低,使控制角α变小,影响输出电压的稳定性。由于r_{BB}随温度升高而增大,又因为u_{20}为恒定值,因此把不随温度变化的电阻R3与r_{BB}串联后,当温度升高时,r_{BB}两端的分压U_{BB}将增大,从而弥补U_F的减小,保持U_P恒定。R3一般取300~600 Ω。

单结晶体管的分压比越大,在相同电源电压下,输出脉冲的幅度越大。

5. 交流调压电路

1)用反向阻断晶闸管的交流调压电路

利用上述晶闸管的可控特性还能调节交流电压和作为交流无触点开关。利用两个晶闸管组成的交流调压电路如图4-3-17所示。

当正弦交流电压u_2正半周时,晶闸管VS1受到正向电压。在$\omega t = \alpha$时,触发导通VS1,输出电压$u_o = u_2$,为上正下负;在$\omega t = \pi$时,VS1关断。当u_2负半周时,VS2受到正向电压。在 $\omega t = \pi + \alpha$ 时，触发导通 VS2，u_o 为上负下正。因此，负载 R_L 得到的是缺少一小块的正弦交流电压 u_o。

显然触发脉冲的有无也决定交流电路的通断。因此，VS1，VS2 也是交流无触点开关，其具有开关速度快、无火花等特点，特别适用于要求防爆、防火的场合。仅用一个晶闸管的交流调压电路如图 4-3-18 所示。

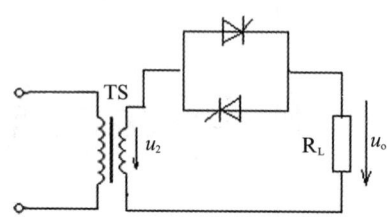 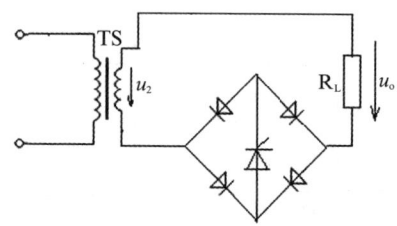

图 4-3-17　两个晶闸管交流调压电路　　　图 4-3-18　一个晶闸管交流调压电路

2）用双向晶闸管的交流调压电路

双向晶闸管是专门用于交流电路的特殊晶闸管，其具有正、反向都能受控导通的特性，且触发电路简单，工作稳定可靠，避免由两个反向阻断晶闸管组成的交流调压电路中需要两套彼此绝缘的触发电路的缺点，因此在灯光调节、温度控制及各种交流调压和无触点开关电路中得到广泛应用。

（1）双向晶闸管和双向二极管。双向晶闸管为 NPNON 五层结构，可以看成是一对反向并联的反向阻断晶闸管。其外形与反向阻断晶闸管相似，也有三个电极，分别为第一阳极 A1，第二阳极 A2 及控制极 G。其图形符号如图 4-3-19 所示，文字符号也是 VS。

双向晶闸管的导电特性无论在两个阳极所加交流电压为正或负，控制极未加触发脉冲电压时，双向晶闸管总是不导通的，只要在控制极和第二阳极间加上负脉冲或正脉冲，都能使双向晶闸管正向或反向导通。所谓负脉冲是指脉冲的负端接 G 极，脉冲正端接 A2 极。由于负脉冲触发所需的触发电压和电流较少，控制可靠，因此常采用负脉冲触发。双向晶闸管一旦导通后，除去触发脉冲，能继续维持导通。当两个阳极间电压为零，双向晶闸管自行关断。

双向晶闸管的触发器件常采用双向二极管。双向二极管也是一个五层半导体器件，但没有控制极，只有两个阳极 A1，A2，图形符号如图 4-3-20 所示，文字符号为 VD。

双向二极管的导电特性类似于两个反向串联的稳压管，即在其两端加上一定值的正向或反向电压，均能使其迅速击穿，该电压消失后，仍能恢复正常，其正、反向伏安特性是对称的。

（2）采用双向晶闸管的调光电路如图 4-3-21 所示，触发元件为双向二极管。当交流电压为正半周时，在 VS 导通前，电源电压 u 经照明灯 EL 和电位器 R_P 对电容器 C 充电，因为电位器 R_P 值很大，EL 两端电压为零。当电容器两端电压上升到 VD 转折电压时，VD 击穿，给 VS 施加正触发脉冲，VS 正向导通，接通主电路，并短接触发电路，使 C 放电。当电源电压 u 为零时，VS 关断。当交流电压为负半周时，首先 C 被反向充电，当反向的电容电压上升到 VD 转折电压时，VD 被击穿，给 VS 施加负触发脉冲，VS 反向导通。由此 EL 得到受控的交流电压。只要调节 R_P，改变充电时间常数，就能改变晶闸管的导通角，达到调节灯光亮度的目的。

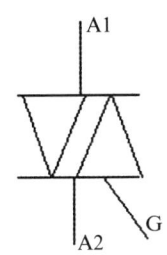
图 4-3-19 双向二极管图形符号

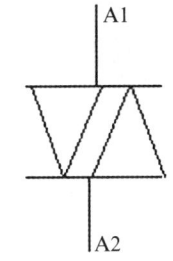
图 4-3-20 双向晶闸管图形符号

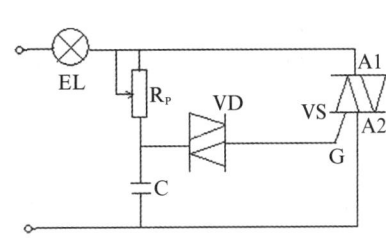
图 4-3-21 采用双向晶闸管的调光电路

【任务实施】

一、任务要求

能进行无线电元器件的识别与检测，熟悉元器件外形、类别型号、管脚判定；熟练使用万用表判定器件性能；熟练掌握电子元器件的焊接工艺和方法，或者熟练使用面包板搭接电路；能根据原理图检测接线是否正确，并能通电调试电路，若发现问题，能根据故障现象排除故障，在通电时注意安全。

二、任务准备

准备材料清单见表 4-3-1，需要准备的工具包括万用表、电烙铁、焊锡丝、松香等。

表 4-3-1 元器件和材料清单

符号	规格/型号	名称	符号	规格/型号	名称
VD1~VD4	IN4001	二极管	R3	100 Ω	电阻器
TF	5T01	电源变压器	R4	50 Ω	电阻器
Q2	MCR100-4	晶闸管	C1	0.2 μF	电容
Q1	2N2646	单结晶体管	VD_5	IN4747	稳压管
RP	20 kΩ	电位器	DS1	220 V/25 W	白炽灯泡
R1	2 kΩ	电阻器	—	SYB-130	面包板
R2	510 Ω	电阻器	—	$\phi=0.6$ mm	单股绝缘导线

二、任务操作

1. 元器件识别与测量

1）晶闸管

晶闸管的实物如图 4-3-22 所示。

图 4-3-22 晶闸管实物

(1) 晶闸管损坏及其管脚判断。

①将万用表设置在"R×100"挡,并调零。

②分别三次测量晶闸管两个管脚之间的正、反向电阻,并作记录。在三次测量结果中,正向电阻最小的那次测量,两个表笔所连接的是门极 G 与阴极 K,而且,黑表笔所接的为门极 G,红表笔所接的为阴极 K,另外一个管脚就是阳极 A。

③晶闸管的管脚还有一种测量的办法:先用万用电表"R×1"挡测量三个管脚之间的电阻值,阻值小的两脚分别为门极 G 和阴极 K,所剩的一脚为阳极 A。再将万用表置于"R×10 k"挡,用手指捏住阳极和另一脚,且不让两脚接触,黑表笔接阳极,红表笔接剩下的一脚,如表针向右摆动,说明红表笔所接为阴极,不摆动则为控制极。

万用表判别晶闸管好坏,主要按照晶闸管三个管脚之间电阻值进行检验:如果管脚间电阻值符合上面给出的电阻值范围,说明晶闸管性能正常;否则说明晶闸管异常或已经损坏。例如,用万用表"R×10 k"挡测量阳极 A 与阴极 K 间以及阳极 A 与门极 G 间的电阻值,无论黑、红表笔怎样调换,所测得的阻值均应为∞。否则,说明晶闸管已经损坏。

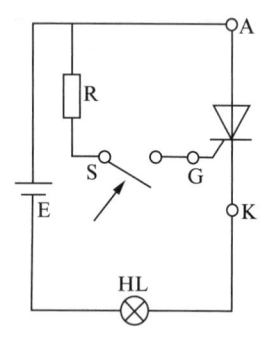

图 4-3-23 测试电路

还可采用如图 4-3-23 所示的简单电路来判别晶闸管是否损坏。开关 S 断开时,阳极 A 和阴极 K 处于阻断状态,HL 灯不亮;开关 S 闭合,HL 灯点亮。HL 点亮后再断开开关 S,灯不应熄灭。如果开关 S 断开时,阳极 A 和阴极 K 处于阻断状态,HL 灯却亮,说明晶闸管已经损坏。而 HL 点亮后再断开开关 S,灯的亮度反映晶闸管的内阻大小及其是否损坏:灯能够亮,说明被测晶闸管工作正常;灯的亮度高,说明被测管内阻小;如果指示灯不亮,说明被测晶闸管是坏的。

(2) 检测晶闸管的触发能力及粗测元件参数。检测晶闸管触发能力的电路如图 4-3-24 所示:E 是外接的一个 4.5 V 电池组,R 是为保护表头而串入的一只电阻,R=4.5/万用表电流挡的量程数,S 为控制触发电压的开关或按钮。按图接好电路后,将万用表置于 0.25~1.00 A 挡,当 S 处于断开位置时,万用表指针应处于最左边的位置不动;然后将开关 S 闭合,在晶闸管门极 G 加上正向触发电压,此时,万用表指针应明显向右摆,并停在某一位置,表明晶闸管已经导通;接着断开开关 S,万用表指针不动,说明晶闸管触发性能良好。

如果晶闸管门极 G 加上正向触发电压后,万用表指针不摆动,或摆动幅度很小,说明晶闸管不能正常触发。如果晶闸管导通后断开开关 S,万用表指针出现回摆,甚至回到 0 位,说明晶闸管已经损坏。不能正常触发和已经损坏的晶闸管都不能继续使用。

通过辅助电路,还可检测晶闸管导通与关断条件,粗测元件参数。晶闸管导通与关断条件检测电路如图 4-3-25 所示:A1,A2 为电流表,V1,V2 为电压表,W1,W2 为电位器,S1,S2 为开关,E 为独立的 12 V 直流电源,HL 为一盏灯。

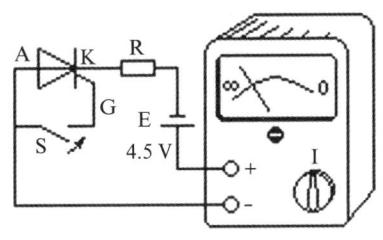

图 4-3-24 测试触发能力

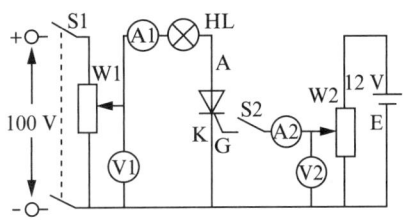

图 4-3-25 导通与关断条件检测

断开 S2 并合上开关 S1,将电位器 W1 的滑臂调到最上方,$V_1=100$ V,观察电流表 A1。对于良好的晶闸管,此时 A1 读数为 0,灯 HL 不亮。将电位器 W2 的滑臂调到最下方,$V_2=0$ V。合上开关 S2,然后将 W1 滑臂逐渐上调,使 V2 和 A2 的读数不断增加,直到晶闸管突然导通(A1 突然摆动,HL 突然点亮)。记录此时的 V2,A2 读数。重复做三次,取 V2 和 A2 的最小读数值作为晶闸管门极最小触发电压和电流。

在晶闸管导通状态下,断开 S2,对于良好的晶闸管,此时应保持继续导通。将电位器 W1 的滑臂逐渐下调,并观察注意观察 A2 的读数。直到晶闸管突然关断(灯 HL 突然熄灭),记下关断前瞬间 A2 的读数,即为晶闸管的维持电流 IH(可反复做三次,取最小值)。

2)电位器

电位器的实物如图 4-3-26 所示。

图 4-3-26 电位器实物

电位器性能测量方法:首先,选用万用表合适电阻挡位,测一下电位器两固定引脚间阻值是否与标称阻值相等,若测得值较标称阻值大或无穷大,说明此电位器已损坏或内部已开路;然后,选定一固定引脚和中间滑动端引脚间电阻,慢慢旋动电位器手柄,观察阻值的变化(要么慢慢变大,要么慢慢变小)。在整个旋动过程中,万用表指针应平稳变化,不应有跳动现象,否则说明电位器内部存在接触不良的故障。

3)单极晶体管

单极晶体管的实物如图 4-3-27 所示。

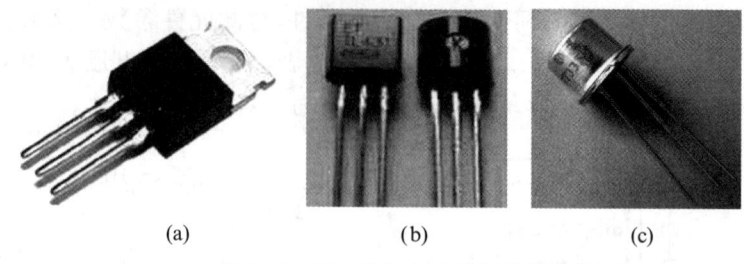

(a)　　　　　　　(b)　　　　　　(c)

图 4-3-27　单极晶体管的实物

（1）单极晶体管的管脚判定方法。万用表置于"R×100"或"R×1k"挡，黑表棒与假想发射极 E 接触，红表棒分别与另外两管脚接触测量，当两次测得阻值都很小，黑表棒所接的就是发射极 E；黑表棒继续与发射极 E 接触，红表棒分别与另外两管脚接触测量阻值大的一次，红表棒接触的就是 B1，余者为 B2。

（2）单极晶体管性能判定方法。用万用表测量三管脚间电阻值来判断单极晶体管的性能。万用表置于"R×1k"挡，黑表棒与发射极 E 接触，红表棒分别与 B1，B2 两管脚接触测量电阻，正常时均有几千欧至十几千欧；再把红表棒与发射极 E 接触，黑表棒分别与 B1，B2 两管脚接触测量电阻，正常时阻值均为无穷大。

B1，B2 两管脚间正反向电阻均为 2～10 kΩ，若测得电阻与正常值相差较大，说明该管已损坏。

2. 电路的连接

本任务将利用单股绝缘导线在面包板上完成电路的连接。调光灯原理如图 4-3-28 所示。

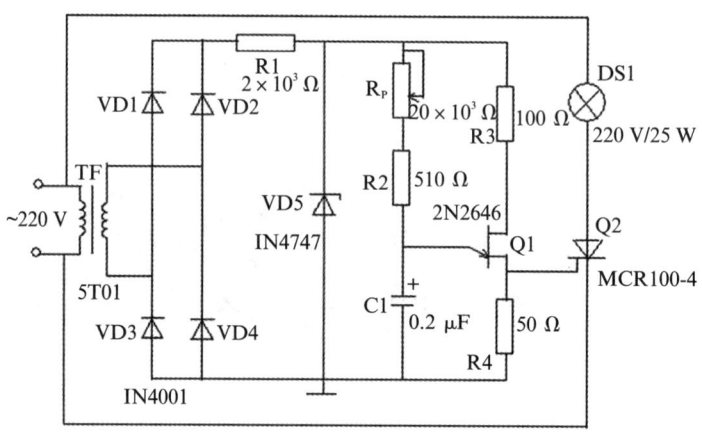

图 4-3-28　调光灯原理

本电路的主电路就是灯泡 DS1 和晶闸管 Q2 构成；而晶闸管的触发导通由触发电路来完成；220 V 交流电源经变压器降压，又经四个二极管组成的桥式整流后的电压送到由电阻 R1 和稳压管 VD5 组成的并联型稳压电路，经过削波后得到阶梯型电压；然后，一路经 R3，R4 送给单结晶体管 Q1 的双基极 B2，B1，另一路经给电位器 R_P 与电阻 R2 给电容器 C1 充电。电容器两端电压按时间常数 $\tau = (R_P + R_2)C$ 指数规律上升，当电容两端电压上升到单结晶体管 Q1 的峰点电压 U_P 时，晶体管 Q1 迅速导通，则电容器迅速通过 R4 放电，瞬时的大电流在 R4 两端形成一个正向上升电压脉冲，用以触发晶闸管，晶闸管导通灯泡亮,改变电位器阻值,进而改变电容器充电时间常数,即改变脉冲出现时刻,从而改变导通角度,改变加在灯两端的电压。

3. 电路的检测和调试

1) 目视检查

电路连接完成后,不要忙于通电,要对着接线图,逐个元器件检查连线是否正确,连线是否牢靠和接通,元器件极性是否正确。

2) 通电测试

把变压器一次侧接入电源,旋动电位器手柄,查看灯泡是否亮,亮度是否可变。若灯泡不亮,用万用表交流电压档测量晶闸管阳、阴极间电压,判定晶闸管是否触发导通;若没触发,检查触发电路,逆着电路顺序逐一检查。

【任务评价】

实现本任务考核要求及评分标准见表4-3-2。

表4-3-2 任务考核要求及评分标准

任务3 调光灯的制作					
班级:		姓名:			组号:
任务	配分	考核要求	评分标准	扣分	得分	备注
组装焊接	30	(1) 能正确测量元器件; (2) 元器件连线正确,布线符合工艺要求	(1) 安装不规范或焊点不规范,扣2分/处; (2) 损坏元器件,扣2分/处; (3) 错装或漏装,扣2分/处			
通电调试	15	(1) 正确输出电压; (2) 正确输出电流	(1) 电压无输出或输出电压不对,扣2分; (2) 不会使用仪表测试,扣2分			
故障分析	15	(1) 能正确分析故障原因; (2) 能据故障现象判定故障范围	(1) 故障分析与现象不符,扣2分; (2) 故障范围分析过大,扣1分; (3) 不会分析,扣10分			
故障检修	30	(1) 正确使用仪表; (2) 检修方法正确; (3) 正确排除故障	(1) 错误使用仪表,扣2分; (2) 排除故障方法错误,扣2分; (3) 重复检修一次,扣2分			
安全、文明	10	(1) 安全用电,无人为损坏设备或器件现象; (2) 小组成员协同合作; (3) 遵守校纪、校规	(1) 发生安全事故,扣10分; (2) 人为损坏设备或器件,扣10分; (3) 不遵守纪律,不文明协作,扣5分			
时间			(1) 提前完成加2分; (2) 超时完成扣2分			
总分						

【课后练习】

(1) 怎样理解晶闸管的触发导通？一旦导通后怎样正常关断？

(2) 晶闸管如果不加触发电压能导通吗？怎样理解晶闸管是半控器件？

(3) 晶闸管有哪些作用？主要作用是什么？

(4) 怎样用万用表测试晶闸管的管脚？怎样测试触发导通？

(5) 怎样用万用表判定电位器的性能？

任务4　双音门铃的制作

【任务描述】

本任务是采用555定时器构成多谐振荡器制作双音门铃。首先从理解其电路原理开始，从组合逻辑电路的分析设计来讲述基本门电路和组合门电路；从时序逻辑电路讲述"记忆"概念，引出触发器，重点讲述常见的双稳态触发器的构成和原理；从CB555集成定时器的结构、内部电路组成、惯用框图、引出端及含义、外围连接元器件来分析其工作原理和应用。在理解555定时器原理的基础上，理解由555定时器构成的多谐振荡器的工作原理，然后理解双音门铃电路。

能识别电阻、电容、二极管、555定时器、扬声器、按钮开关。在技能方面：学会用万用表测试电容、电阻、扬声器、二极管管脚及其性能；学会使用面包板搭接电路；学会检查电路，并训练通电检测，遇到故障时有排除故障的能力。

【学习目标】

(1) 理解数字电路与二进制的关系，掌握逻辑函数、基本逻辑门电路及组合门电路，并会用其设计组合逻辑电路。

(2) 掌握触发器的概念及常见双稳态触发器的构成和原理；掌握CB555集成定时器的内部电路、外部引脚、外部连接元件、工作原理。

(3) 能识别双音门铃所有元器件，并能用万用表测试其所用电子元器件管脚和性能。

(4) 学会使用SYB-130型面包板及其布线工具；学会元器件和材料的预处理和电路连接。

(5) 学会电子线路的分析方法及排除常见故障的思维和方法。

【相关知识】

1. 数制与码制

模拟电路是用来传送和处理模拟信号的。数字电路是用来传送和处理数字信号的。模拟电路和数字电路是电子技术的重要基础。随着集成电路的高速发展，数字集成电路正日益广泛地应用于数字通信、电子计算机、自动控制、数字测量仪表以及家用电器等各个领域。

1) 常用数制

数制是一种计数的体制，即一种数的表示方法，包括码和数的进位规则。在日常生活中，用到各种进制，例如，60 s为1 min，60 min为1 h，这是六十进制，但更习惯于用十进制进行计数。而半导体三极管C,E间只有导通和截止两种状态，对应两个数码，因此在数字电路中采用二进制,并且为书写方便采用十六进制。

(1) 十进制数是以 10 为基数的计数体制,其每一位最多有 0,1,2,3,4,5,6,7,8,9 十个数码。任何一位满 10 即向高位进 1,其计数规则为"逢十进一",同一个数码在不同的位置上代表的数值是不同的。如 4567 四位十进制数可写成:

$$4\,567 = 4 \times 10^3 + 5 \times 10^2 + 6 \times 10^1 + 7 \times 10^0$$

可见,在某一位数须乘上一个因子,如 $10^3,10^2,10^1,10^0$ 等,这些因子称为某位数的"权",是基数 10 的幂。第 n 位上的"权"为 10^{n-1}。

十进制数可在数码尾加字母 D 表示,如 4 567D,但一般不标。

(2) 二进制数。二进制是以 2 为基数的计数体制,二进制只有 0 与 1 两个数码。任何一位满 2 进 1,其计数规则为"逢 2 进 1",即 $1+1=10$(读为"壹零")。例如,四位二进制数 1101 可写成:

$$1\,101 = 1 \times 2^3 + 1 \times 2^2 + 0 \times 2^1 + 1 \times 2^0$$

可见,二进制数第 n 位数的"权"为 2^{n-1}。二进制数可在数码尾加字母 B 表示,如 1 101B。

(3) 十六进制数是以 16 为基数的计数体制,十六进制数有 0～9 十个数码,在加上 A,B,C,D,E,F 六个英文字母分别表示 10,11,12,13,14,15 六个数,因此共有 0～F 十六个数码。

十六进制数的计数规则为"逢 16 进 1",即 $F+1=10$(读为"壹零")。十六进制数第 n 位数的"权"为 16^{n-1}。例如,A67 可以写成:

$$A67 = A \times 16^2 + 6 \times 16^1 + 7 \times 16^0$$

十六进制数常在数码尾加字母 H 表示,如 A67H。

2) 常用数制之间的转换

(1) 十进制数转换为二、八、十六进制数。十进制数采用"除 2 取余,余数倒读"法转换为二进制数,具体采用短除法:每次除以 2,得到一个商和余数,取出余数 0 或 1,将所得商再一次除以 2,再得到一个商和余数,取出余数 0 或 1,如此一直除下去,直至商为零;然后将每次所得余数,按倒序排列。

例 4-4-1 将十进制数 92 转换为二进制数。

解:92=1011100B

```
2 | 92
2 | 46  …… 余0      低位
2 | 23  …… 余0       ↑
2 | 11  …… 余1       |
2 |  5  …… 余1       |
2 |  2  …… 余1       |
2 |  1  …… 余0       |
    0  …… 余0      高位
```

把十进制数转换为八进制数可以采用"除 8 取余,余数倒读"法。同理,把十进制数转换为十六进制数可以采用"除 16 取余,余数倒读"法。

例 4-4-2 将十进制数 92 转换为十六进制数。

解：92＝5CH

```
16 | 92          低位
16 |  5  …… 余12→C ↑
   |  0  …… 余5   高位
```

（2）二、八、十六进制数转换为十进制数。把给定的二、八、十六进制数从左到右,采用"按权展开,然后相加"方法。

例 4-4-3 将 1011100B 转换为十进制数。

解：$1011100B = 1\times2^6 + 0\times2^5 + 1\times2^4 + 1\times2^3 + 1\times2^2 + 0\times2^1 + 0\times2^0$
$= 64+0+16+8+4+0+0 = 92$

例 4-4-4 将 5CH 转换为十进制数。

解：$5CH = 5\times16^1 + 12\times16^0 = 80+12 = 92$

（3）二进制数转换为十六进制数的方法是：从低到高,四位一组,对应转换。

例 4-4-5 将二进制数 10011010B 转换为十六进制数。

解：二进制数……1001,1010
　　　　　　　　↓　　↓
　　十六进制数……9　　A

十六进制数转换为二进制数方法是：十六进制数每一位对应转换为四位二进制数。

例 4-4-6 将 9BH 转换为二进制数

解：十六进制数……9　　B
　　　　　　　　↓　　↓
　　二进制数……1001 1011

2. 常用码制

不同进制数的不同数码组合不仅可以表示数量大小,而且可以用来表示某些特定对象。在数字电路系统中,常用二进制数表示一些特定对象,这些二进制数不仅具有数值的意义,还具有其他的特定意义,故称为代码。用这种用代码表示特定对象的过程称为编码。例如,给运动员编上不同号码的过程就是编码,号码即是运动员的代码。为便于记忆、查找和区别,编码总是遵循一定规律,这种编码所遵循的规律称为码制。下面介绍最常用的两种码制。

1) BCD 码

BCD 码是二-十进制编码(Binary Coded Decimals)的简称,表示用 4 位二进制数来表示 10 个十进制数码。由于 4 位二进制数码有 2^4 种组合状态,而十进制数码只有 10 个,因而还有 6 种组合多余,因此按选取方式的不同,可得到不同的 BCD 码,例如 8421BCD 码、2421BCD 码、5421BCD 码等。其中,8421BCD 码容易识别且转换方便,是最常用的 BCD 码。

2) ASCII 码

ASCII 码是美国信息交换标准码(American Standard Code Information Interchange)的简称,是用 7 位二进制数来表示一些特定对象的一种编码方式,ASCII 码的编码及其所代表的对象见表 4-4-1。7 位二进制数有 2^7 种组合状态,可以表示 128 个对象。

表 4-4-1 ASCII 码

$b_3b_2b_1b_0$ \ $b_6b_5b_4$	000	001	010	011	100	101	110	111
0000	NUL	DLE	SP	0	@	P	`	p
0001	SOH	DC1	!	1	A	Q	a	q
0010	STX	DC2	"	2	B	R	b	r
0011	ETX	DC3	#	3	C	S	c	s
0100	EOT	DC4	$	4	D	T	d	T
0101	ENQ	NAK	%	5	E	U	E	U
0110	ACK	SYN	&	6	F	V	F	V
0111	BEL	ETB	'	7	G	W	G	W
1000	BS	CAN	(	8	H	X	H	X
1001	HT	EM	)	9	I	Y	I	Y
1010	LF	SUB	*	:	J	Z	J	z
1011	VT	ESC	+	;	K	[	K	{
1100	FF	FS	,	<	L	\	L	|
1101	CR	GS	-	=	M	]	m	}
1110	SO	RS	.	>	N	∧	N	~
1111	SI	US	/	?	O	-	o	DEL

3. 基本逻辑函数、逻辑门和逻辑代数的运算

所谓逻辑指某一事件发生的"条件"与产生的"结果"之间的关系，也就是因果关系。实现某种逻辑关系的电路叫逻辑电路，最基本的逻辑电路是门电路。所谓门电路，是一种开关，当条件满足时，允许逻辑信号通过；当条件不满足时，不允许逻辑信号通过。

当用一些逻辑变量表示"条件"，另一些逻辑变量表示"结果"时，逻辑关系变成可以用数学表达式表示的代数关系，即逻辑代数。表示某种逻辑关系的逻辑代数式称为逻辑函数式或逻辑函数表达式。

在逻辑电路中常用"1"和"0"两个数码表示信号电位的高低。如果用"1"表示高电位，"0"表示低电位，称之为正逻辑；反之称为负逻辑。本书采用正逻辑。

1）基本逻辑函数和逻辑门电路

逻辑函数有三种最基本的运算关系，即与逻辑、或逻辑和非逻辑，对应地实现这三种逻辑运算的电路分别称为与门、或门和非门。

(1) 与逻辑和与门。如图 4-4-1 所示的两个开关串联控制一盏灯的电路，只有两个开关 A 和 B 都闭合灯才能亮，如只有一个开关闭合灯不亮。开关闭合是条件，灯亮是结果，这样就构成逻辑关系，这种逻辑关系成为与逻辑，即只有决定某一结果的所有条件都具备结果才发生。实现这种逻辑关系的电路称为与门，其逻辑图形符号如图 4-4-2 所示。

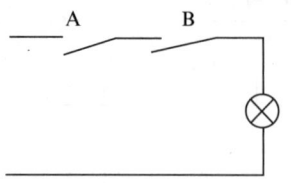
图 4-4-1 与逻辑关系

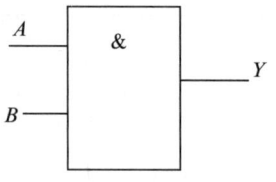
图 4-4-2 与门图形符号

如果规定开关闭合为"1",开关断开为"0",灯亮为"1",灯灭为"0",那么就可用逻辑函数代数式表示。与逻辑可用逻辑函数式表示为

$$Y=A\times B=AB \qquad (4-4-1)$$

由于与逻辑运算与普通代数的乘法相似,所以与逻辑又称逻辑乘。该逻辑函数式读为:Y 等于 A 与 B。当 A 和 B 取不同值(只有两种取值 0 和 1),Y 得到不同值,即得到与门真值表(表 4-4-2)。

表 4-4-2 与门真值表

A	B	Y
0	0	0
0	1	0
1	0	0
1	1	1

(2) 或逻辑和或门。如图 4-4-3 所示的两个开关并联控制一盏灯的电路,开关 A 和 B 只要一个闭合,灯就亮,两个开关都断开灯才灭。开关闭合是条件,灯亮是结果,这样就构成逻辑关系,这种逻辑关系成为或逻辑,实现这种逻辑关系的电路称为或门,其逻辑图形符号如图 4-4-4 所示。

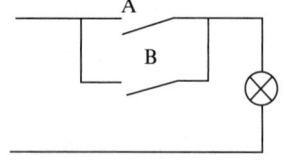
图 4-4-3 或逻辑关系

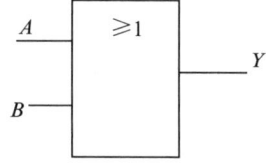
图 4-4-4 或门图形符号

如果规定开关闭合为"1",开关断开为"0",灯亮为"1",灯灭为"0",那么就可用逻辑函数代数式表示。或逻辑可用逻辑函数式表示为

$$Y=A+B \qquad (4-4-2)$$

由于或逻辑运算与普通代数的加法相似,所以或逻辑又称逻辑加。式中"+"号为逻辑加号。该逻辑函数式读为:Y 等于 A 或与 B。当 A 和 B 取不同值(只有两种取值 0 和 1),Y 得到不同值,即得到或门真值表(表 4-4-3)。

表4-4-3　或门真值表

A	B	Y
0	0	0
0	1	1
1	0	1
1	1	1

(3) 非逻辑和非门。如图4-4-5所示的电路中,开关仅有一个,当开关A闭合时,灯不亮,开关断开时灯亮。开关闭合是条件,灯亮是结果,这样就构成逻辑关系,这种逻辑关系成为非逻辑,实现这种逻辑关系的电路称为非门,其逻辑图形符号如图4-4-6所示,输出端的小圆圈表示"非"或"反"的意思。

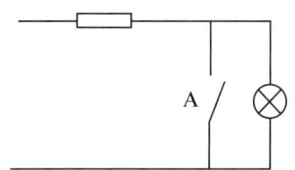
图4-4-5　非或逻辑关系

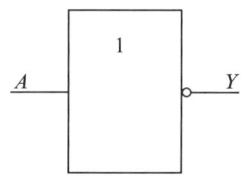
图4-4-6　非门图形符号

如果规定开关闭合为"1",开关断开为"0",灯亮为"1",灯灭为"0",可以列出非逻辑的真值表(见表4-4-4),用逻辑函数代数式表示非逻辑函数式为

$$Y=\overline{A} \tag{4-4-3}$$

由于非逻辑运算的输入与输出的状态是相反的,所以非逻辑又称为逻辑反。式中 A 上面的"－"表示相反的意思,该逻辑表达式读为:Y 等于 A 非。

表4-4-4　非门真值表

A	Y
0	1
1	0

2) 常用的组合逻辑门电路

(1) 与非门电路。将与门与非门连接起来就可构成与非门。与非门的逻辑功能是:有0出1,全1出0。其逻辑图形符号见图4-4-7。其真值表见表4-4-5。其逻辑函数表达式为

$$Y=\overline{AB} \tag{4-4-4}$$

该逻辑函数式读为:Y 等于 A 与 B 的非。

(2) 或非门电路。将或与门与非门连接起来就可构成或与非门。或与非门的逻辑功能是:有1出0,全0出1。其逻辑图形符号如图4-4-8所示。其真值表见表4-4-6。其逻辑函数表达式为

$$Y=\overline{A+B} \tag{4-4-5}$$

该逻辑函数式读为：Y 等于 A 或与 B 的非。

（3）异或门电路。异或门的逻辑功能是：相异出 1，相同出 0。其逻辑图形符号如图 4-4-9 所示。其真值表见表 4-4-7。其逻辑函数表达式为

$$Y = A\overline{B} + \overline{A}B = A \oplus B \tag{4-4-6}$$

该逻辑函数式读为：Y 等于 A 异或 B。

（4）异或非门电路。异或非门又称为同或门，其逻辑功能正好与异或门相反。异或非门的逻辑功能是：相同出 1，相异出 0。如图 4-4-10 所示，其逻辑图形符号为异或门的输出端加上一个小圆圈。其真值表见表 4-4-8。其逻辑函数表达式为

$$Y = AB + \overline{AB} = \overline{A \oplus B} \tag{4-4-7}$$

该逻辑函数式读为 Y 等于 A 异或 B 的非；也可读为 Y 等于 A 同或 B。

表 4-4-5

A	B	Y
0	0	1

表 4-4-6

A	B	Y
0	0	1

表 4-4-7

A	B	Y
0	0	0

表 4-4-8

A	B	Y
0	0	1

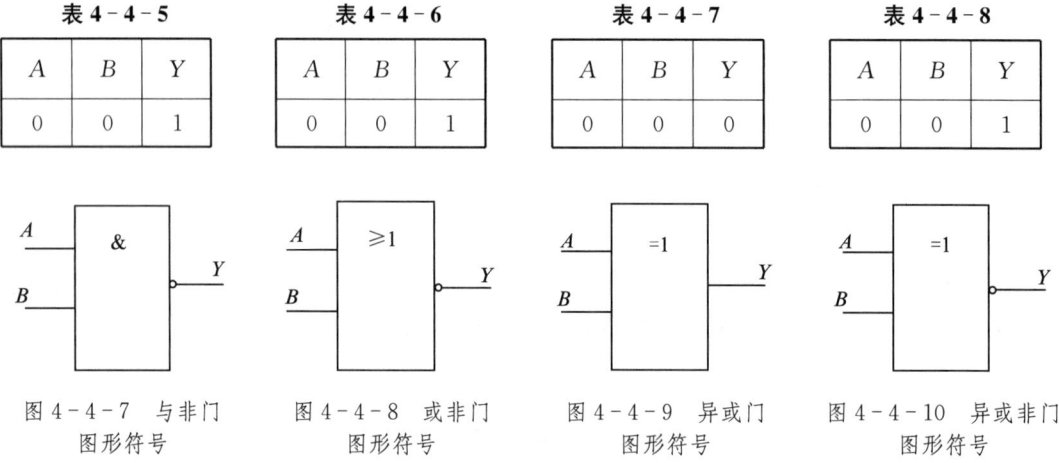

图 4-4-7 与非门图形符号　　图 4-4-8 或非门图形符号　　图 4-4-9 异或门图形符号　　图 4-4-10 异或非门图形符号

集成电路根据集成规模（一片半导体芯片上集成的门数或者元件数）的不同可分为：大、中、小和超大规模集成电路。

小规模集成电路（SSI）：一片芯片上有 1~12 个门或有 10~100 个元器件，如门电路、触发器等。

中规模集成电路（MSSI）：一片芯片上有 13~99 个门或有 100~1 000 个元器件，如编码器、译码器、寄存器和计数器等。

大规模集成电路（LSI）：一片芯片上有 100~1 000 个门或有 10^3~10^5 个元器件，如存储器、可编程器件和大规模移位寄存器等。

超大规模集成电路（VLSI）：一片芯片上有大于 10^4 个门或有 10^5 个元器件。当前超大规模集成电路已可在一片芯片上集成 10^8 数量级的元件，并且这种趋势在迅速发展。例如，单片机、计算机中的 CPU 芯片就应用了此类超大规模集成电路。

常见数字集成电路有两大类：TTL 集成电路和 MOS 集成电路。

TTL 集成电路是双极性集成电路，其优点是工作速度快、参数稳定、工作可靠，适宜制作中、小规模高速和超高速逻辑集成电路，其电源电压一般为 5 V。

MOS 集成电路的主要优点是功耗低、抗干扰能力强、集成度高、成本低，特别适宜制作中、大和超大规模集成电路，其中以 CMOS 集成电路（互补对称金属-氧化物-半导体场效

应管集成电路)应用最广,其电源电压一般为 3~18 V。

集成门电路是一种数字集成电路。数字集成电路由于具有体积小、运算速度快、功耗小、价格低、可靠性高等优点而得到越来越广泛的应用。

3) 逻辑代数的运算法则

逻辑代数可以用字母等表示变量,逻辑变量的取值只有逻辑"0"和逻辑"1"两种,而且这里的"0"和"1"不是表示数值的大小,只是表示两种相反的逻辑状态("是"或"否"、"高电位"或"低电位"等)。逻辑代数是分析与设计逻辑电路的数学工具。逻辑代数的基本运算公式见表 4-4-9。

【思维点拨】

怎样理解逻辑电路？它的输入输出是什么关系？它与二进制数的物理含义有什么关系？

表 4-4-9 逻辑代数基本运算公式

名称	逻辑与	逻辑或
01 律	$A \cdot 0 = 0$	$A + 1 = 1$
同一律	$A \cdot 1 = A$	$A + 0 = A$
交换律	$A \cdot B = B \cdot A$	$A + B = B + A$
结合律	$A \cdot (B \cdot C) = (A \cdot B) \cdot C$	$A + (B + C) = (A + B) + C$
分配律	$A \cdot (B + C) = AB + AC$	$A + BC = (A + B)(A + C)$
互补律	$A \cdot \overline{A} = 0$	$A + \overline{A} = 1$
重叠律	$A \cdot A = A$	$A + A = A$
反演律(摩根定律)	$\overline{A \cdot B} = \overline{A} + \overline{B}$	$\overline{A + B} = \overline{A} \cdot \overline{B}$
还原律	$\overline{\overline{A}} = A$	

逻辑代数运算不存在减法和除法,因此等式两边的"项"不能随便消去。

例 4-4-7 运用逻辑代数公式化简。

(1) $Y = A + \overline{A}B$；(2) $Y = (A + B)(A + C)$；(3) $Y = \overline{A}B + \overline{A}C + BC$。

解：(1) $Y = A + \overline{A}B$
$= (A + \overline{A})(A + B) = (A + B)$

(2) $Y = (A + B)(A + C)$
$= AA + AC + AB + BC$
$= A + AC + AB + BC$
$= A(1 + C + B) + BC$
$= A + BC$

(3) $Y = \overline{AB} + \overline{AC} + BC$

$\quad = A(\overline{B} + \overline{C}) + BC$

$\quad = A\overline{BC} + BC$

$\quad = (A + BC)(\overline{BC} + BC)$

$\quad = (A + BC)$

例 4-4-8 化简 $Y = A + \overline{\overline{B} + CD} + \overline{AD} + \overline{B}$。

解：$Y = A + B \cdot \overline{CD} + AD + B$

$\quad = A(1 + D) + B(\overline{CD} + 1)$

$\quad = A + B$

一个逻辑函数常用三种最基本的方法表示：真值表、逻辑函数式和逻辑图。一个逻辑函数的真值表是唯一的，而逻辑函数式和逻辑电路不是唯一的，可以有多种形式。为使逻辑电路尽可能简单，经常要对复杂的逻辑函数代数式进行化简，最后一般化简成最简的与或表达式，有时候则根据具体要求而定。

4. 组合逻辑电路的分析与设计

数字逻辑电路按照逻辑功能可分为两大类：组合逻辑电路和时序逻辑电路。组合逻辑电路的功能特点为：任一时刻的输出信号仅仅取决于该时刻的输入信号，与输入信号前电路的状态无关，即组合逻辑电路无记忆功能，不包含记忆元件。比较常用的组合逻辑电路有编码器、译码器、数据选择器、运算器、比较器等。下面仅讨论编码器、译码器。

时序逻辑电路的功能特点为：任一时刻的输出信号不仅取决于该时刻的输入信号，而且取决于电路原来的状态，或者说还与以前的输入有关。也就是说，时序逻辑电路有记忆功能，电路必须包含具有记忆功能的基本逻辑单元。比较常见的时序逻辑电路主要有寄存器、计数器等。

1) 组合逻辑电路的分析

已知一个组合逻辑电路，对它进行分析得出其具有的逻辑功能，具体分析步骤见以下例题。

例 4-4-9 试分析如图 4-4-11 所示逻辑图的逻辑功能。

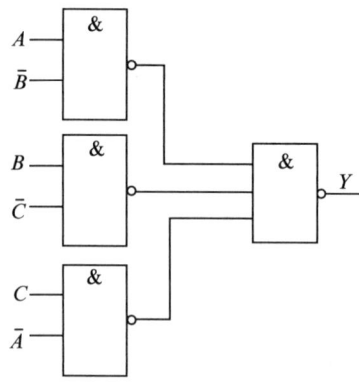

图 4-4-11 例 4-4-9 的逻辑图

解：(1) 根据逻辑图写出逻辑函数式并化简。

$Y = \overline{\overline{A\overline{B}} \cdot \overline{B\overline{C}} \cdot \overline{C\overline{A}}} = A\overline{B} + B\overline{C} + C\overline{A}$

(2) 根据逻辑函数式列出真值表,见表 4-4-10。

表 4-4-10

输入			输出
A	B	C	Y
0	0	0	0
0	0	1	1
0	1	0	1
0	1	1	1
1	0	0	1
1	0	1	1
1	1	0	1
1	1	1	0

(3) 功能分析:从真值表可以看出,当输入信号 A,B,C 相同时,输出 $Y=0$;当输入信号 A,B,C 不相同时,输出 $Y=1$。所以该电路是不一致鉴别器。

例 4-4-10 试分析如图 4-4-12 所示逻辑电路的逻辑功能。

解:(1) 根据逻辑图写出逻辑函数式并化简。

$$T_1 = \overline{AB}$$

$$T_2 = \overline{A\,\overline{AB}}$$

$$T_3 = \overline{B\,\overline{AB}}$$

$$Y = \overline{\overline{A\,\overline{AB}}\,\overline{B\,\overline{AB}}} = A\,\overline{AB} + B\,\overline{AB} = A(\overline{A}+\overline{B}) + B(\overline{A}+\overline{B}) = \overline{A}B + A\overline{B}$$

(2) 根据逻辑函数式列出真值表(见表 4-4-11)。

(3) 功能分析:由函数表达式和真值表可知,图 4-4-12 电路的逻辑功能为异或运算。

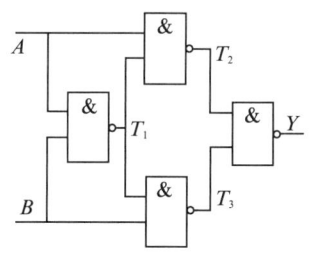

图 4-4-12 例 4-4-10 的逻辑图

表 4-4-11

A	B	Y
0	0	0
0	1	1
1	0	1
1	1	0

2) 组合逻辑电路的设计

组合逻辑电路的设计就是根据实际需求的逻辑功能,设计能完成这一功能的逻辑电路。用逻辑门实现组合逻辑电路时,要求使用的芯片最少且连线最少,其过程与逻辑电路的分析相反。电路设计步骤见例 4-4-11。

例 4-4-11 设计一个三人表决电路,多数人同意,提案通过,否则提案不通过。

解:(1) 根据题意,设定参加表决提案的三人分别以 A,B,C 作为输入变量,并规定同意提案时取 1,不同意时取 0;设提案是否通过为输出变量,用 Y 表示,提案通过时为 1,不通过为 0。这样列出输入的各种情况的输入输出关系表(真值表)见表 4-4-12。

(2) 由真值表写出逻辑表达式为

$$Y = \overline{A}BC + A\overline{B}C + AB\overline{C} + ABC$$
$$= \overline{A}BC + A\overline{B}C + AB\overline{C} + ABC + ABC + ABC$$
$$= AB + BC + AC$$
$$= \overline{\overline{AB} \cdot \overline{BC} \cdot \overline{CA}}$$

表 4-4-12

输入			输出
A	B	C	Y
0	0	0	0
0	0	1	0
0	1	0	0
0	1	1	1
1	0	0	0
1	0	1	1
1	1	0	1
1	1	1	1

(3) 根据化简的表达式,画出逻辑图(图 4-4-13)。不同的化简结果有不同的逻辑电路。

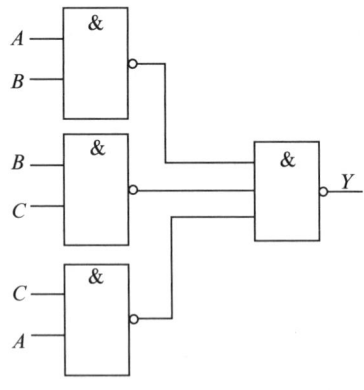

图 4-4-13 例 4-4-11 的逻辑图

5. 编码器和译码器

1) 编码器

能完成编码任务的数字电路称为编码器。其输出为与输入相对应的一系列二进制代码。一位二进制代码有 0 和 1 两种,可以表示两个信号;n 位二进制代码有 2^n 种,可以表示 2^n 个信号。下面以二-十进制编码器为例说明编码器的工作原理。

二-十进制编码器是将 10 个数码 0～9(实际也可以是 10 个不同的信号)编成二进制代码的电路。因为输入有 10 个数码,要求有 10 种状态,所以输出的是 4 位二进制代码。这 4 位二进制又称为二-十进制代码,即 BCD 码,这里选用 8421BCD 码。所以二-十进制编码器有 10 个输入端,4 个输出端,其方框图如图 4-4-14 所示。

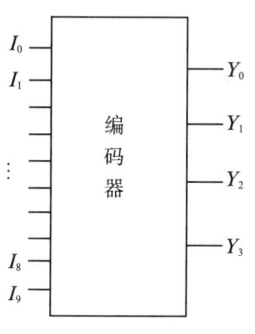

图 4-4-14 编码器方框图

若分别以 $I_0,I_1,I_2,I_3,I_4,I_5,I_6,I_7,I_8,I_9$ 表示 10 个输入信号,以 Y_3,Y_2,Y_1,Y_0 表示输出的 4 位二进制代码,则可列出编码器编码的真值表(也称编码表)见表 4-4-13(注意:该电路每次只允许对一个信号进行编码)。

表 4-4-13 8421BCD 编码表

十进制	输入信号										输出 8421BCD 码			
	I_0	I_1	I_2	I_3	I_4	I_5	I_6	I_7	I_8	I_9	Y_3	Y_2	Y_1	Y_0
0	0	0	0	0	0	0	0	0	0	0	0	0	0	0
1	0	1	0	0	0	0	0	0	0	0	0	0	0	1
2	0	0	1	0	0	0	0	0	0	0	0	0	1	0
3	0	0	0	1	0	0	0	0	0	0	0	0	1	1
4	0	0	0	0	1	0	0	0	0	0	0	1	0	0
5	0	0	0	0	0	1	0	0	0	0	0	1	0	1
6	0	0	0	0	0	0	1	0	0	0	0	1	1	0
7	0	0	0	0	0	0	0	1	0	0	0	1	1	1
8	0	0	0	0	0	0	0	0	1	0	1	0	0	0
9	0	0	0	0	0	0	0	0	0	1	1	0	0	1

由上表可列出输出代码的逻辑函数表达式:

$$Y_3 = I_8 + I_9 = \overline{\overline{I_8}\ \overline{I_9}}$$

$$Y_2 = I_4 + I_5 + I_6 + I_7 = \overline{\overline{I_4}\ \overline{I_5}\ \overline{I_6}\ \overline{I_7}}$$

$$Y_1 = I_2 + I_3 + I_6 + I_7 = \overline{\overline{I_2}\ \overline{I_3}\ \overline{I_6}\ \overline{I_7}}$$

$$Y_0 = I_1 + I_3 + I_5 + I_7 + I_9 = \overline{\overline{I_1}\ \overline{I_3}\ \overline{I_5}\ \overline{I_7}\ \overline{I_9}}$$

根据逻辑函数表达式利用与非门可画出逻辑图(图 4-4-15)。由逻辑图可以看出:如果 I_9 为 1,I_1～I_8 均为 0,则 $Y_3Y_2Y_1Y_0 = 1001$,完成对 I_9 的编码;如果 I_1～I_9 均为 0,则 $Y_3Y_2Y_1Y_0 = 0000$,此时输入端 I_0 可以省略。由表 4-4-13 可以看出,该编码器只允许一个输入端有信号(为"1"),如同时有两个或两个以上输入端有信号(为"1"),其输出端将出错。为正确编码,可以采用对优先权(事先设定)高的信号优先编码,即采用优先编码器。目前中规模集成编码器已得到广泛应用,包括 8 线-3 线优先编码器(CT74LS148),10 线-4 线优先编码器(CT74LS147)等(注:应用中通常习惯省略 CT,如用 74LS148 等表示)。

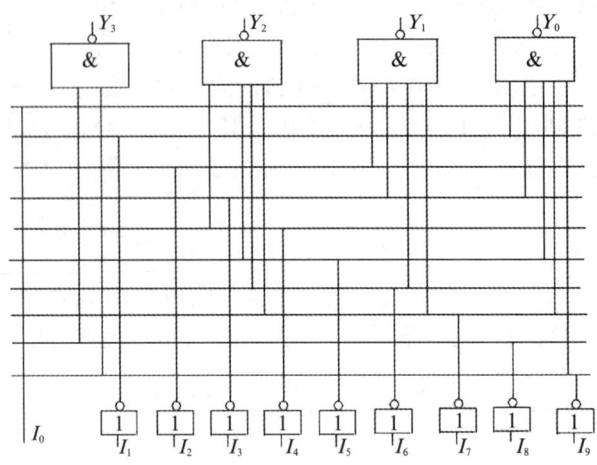

图 4-4-15　8421BCD 编码器逻辑图

2) 译码器

译码是编码的逆过程,其将编码时赋予代码的含义"翻译"过来。完成译码的逻辑电路称为译码器。

(1) 二进制译码器。二进制译码器的输入为一组二进制代码,输出为与输入代码相对应的一组代码或高、低电平信号。下面以三位二进制译码器为例来说明译码器的工作原理。

三位二进制译码器的输入为三位二进制代码,有 $2^3=8$ 种组合状态,因此,输出为与之相对应的 8 个输出代码,又称为 3 线-8 线译码器。设输入的二进制代码为 A_2,A_1,A_0,输出的信号为 $Y_0 \sim Y_7$,则可以列出译码器功能表(表 3-4-14)。

由译码表可以写出每一个输出信号的逻辑函数表达式为

$Y_0=\overline{A_2}\,\overline{A_1}\,\overline{A_0}$　　$Y_1=\overline{A_2}\,\overline{A_1}A_0$　　$Y_2=\overline{A_2}A_1\overline{A_0}$　　$Y_3=\overline{A_2}A_1\,A_0$

$Y_4=A_2\overline{A_1}\,\overline{A_0}$　　$Y_5=A_2\overline{A_1}A_0$　　$Y_6=A_2A_1\overline{A_0}$　　$Y_7=A_2A_1\,A_0$

显然可以用 8 个与非门构成上述 3 线-8 线译码器电路(图 4-4-16)。

表 4-4-14　3 线-8 线译码功能

输入代码	输出代码
$A_2\ A_1\ A_0$	$Y_0\ Y_1\ Y_2\ Y_3\ Y_4\ Y_5\ Y_6\ Y_7$
0　0　0	1　0　0　0　0　0　0　0
0　0　1	0　1　0　0　0　0　0　0
0　1　0	0　0　1　0　0　0　0　0

(续表)

输入代码	输出代码
$A_2\ A_1\ A_0$	$Y_0\ Y_1\ Y_2\ Y_3\ Y_4\ Y_5\ Y_6\ Y_7$
0 1 1	0 0 0 1 0 0 0 0
1 0 0	0 0 0 0 1 0 0 0
1 0 1	0 0 0 0 0 1 0 0
1 1 0	0 0 0 0 0 0 1 0
1 1 1	0 0 0 0 0 0 0 1

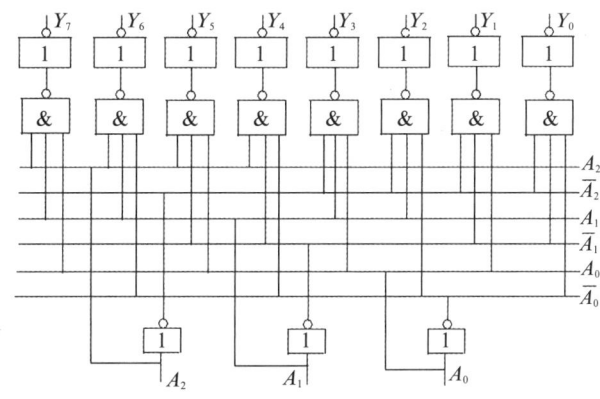

图 4-4-16　由与非门构成的 3 线-8 线译码器

（2）二-十进制译码器。二-十进制译码器输入为一组 BCD 代码，输出则是 10 个代码，可分别表示 1 位十进制数。二-十进制译码器按输入、输出线数又称为 4 线-10 线译码器，其译码原理与二进制译码器完全相同。

（3）显示译码器。在数字仪表、计数器和其他数字系统中，通常要把测量数据、运算结果用十进制数显示出来，这就要用到二-十进制显示译码器。二-十进制显示译码器的功能是将 BCD 代码译成可以用显示器显示十进制数的一组高、低电平信号。为加强带负载能力，通常需要在译码器与显示器电路之间接入驱动器，所以显示译码器一般由译码器、驱动器组成。目前许多集成显示译码器本身已带有驱动电路，例如，4 线-7 段译码/驱动器有 74LS248 等，均得到广泛应用。

数字显示器是用来显示数字或字符的一种器件，产品种类甚多，比较通用的是七段数字显示器。根据显示材料的不同，常用的数字显示器有半导体数码管（LED）、液晶数码管（LCD）、辉光数码管等。下面介绍常用的半导体数码管和液晶数码管。

① 半导体数码管也称为 LED 数码管。它把十进制数分成 7 段，每段由一个或若干个发光二极管组成，选择不同段发光，可以显示出不同的字形。另外还有 h 为小数点。LED 数码管按发光二极管连接方法的不同可分为共阳极接法和共阴极接法两种，其电路如图 4-4-17 所示。共阳极接法：某一段接低电平时发光；共阴极接法：某一段接高电平时发光。共阴极 LED 数码管的引出端排列及所显示的数字图形如图 4-4-18 所示，使用时每

一段发光二极管要串联限流电阻。LED 数码管既可以用半导体三极管驱动,也可以直接用 TTL 与非门驱动,驱动电路如图 4-4-19 所示。

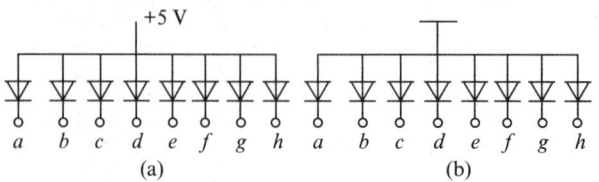

图 4-4-17 七段 LED 数码管接法

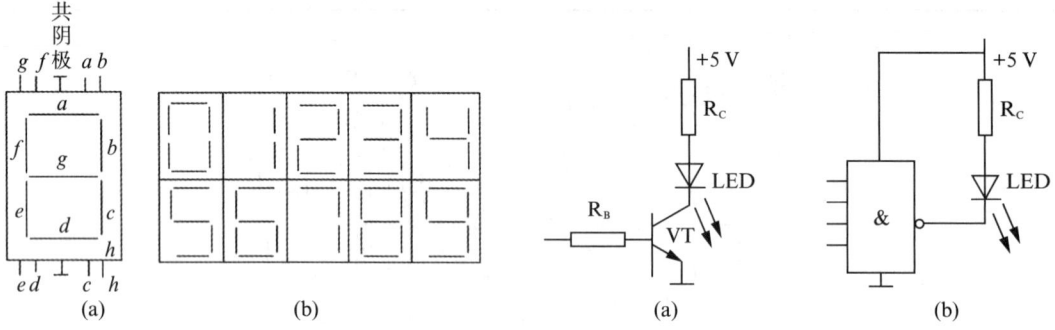

图 4-4-18 共阴极七段 LED 数码管　　　图 4-4-19 LED 数码管驱动电路

[思维点拨]

怎样理解编码器和译码器的工作原理?为什么要编码呢?

② 液晶数码管也称为 LCD 数码管。液晶是一种在一定范围内具有像液体一样的流动性,在光学上又有晶体的各向异性的芳香族有机化合物。液晶显示器是利用液晶在电场的作用下,分子的排列及光学性质发生变化从而达到显示效果的。LCD 数码管一般将液晶夹在两个平板玻璃之间,并在玻璃板上形成七段电极,当在某一段电极上加上一定电压时,就可以改变光学特性而显示。由于液晶本身不发光,所以需要借助外部光源才能显示数字。液晶显示器具有工作电压低、功耗小、体积小、结构简单等优点,是很有发展前途的显示器件。

6. 双稳态触发器

时序逻辑电路是具有记忆功能的逻辑电路,其包含记忆功能的基本逻辑单元——触发器。触发器具有"1"状态和"0"状态两个稳定状态,并且根据不同的输入信号被置成规定的状态,当输入信号被撤销后,触发器仍能维持原来的状态不变;因此,触发器是具有记忆功能的基本逻辑单元。触发器能接收、储存和输出数码"0"和"1",是组成时序电路的基本单元。根据逻辑功能的不同,触发器又可分为 RS 触发器、JK 触发器、D 触发器、T 触发器、T' 触发器等。由于其有两个稳定状态,故触发器又称双稳态触发器。

1) RS 触发器

(1) 基本 RS 触发器可以由两个与非门交叉连接而成,其逻辑图如图 4-4-20(a)所示,其逻辑图形符号如图 4-4-20(b)所示,输入端框外的小圆圈及 S,R 上面的"—"表示输入低电平有效。

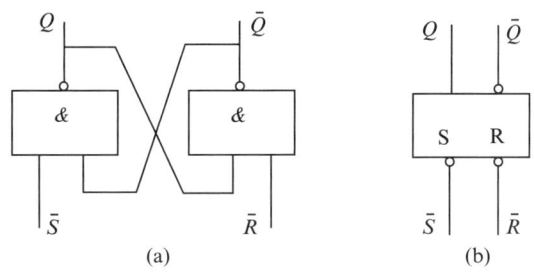

图 4-4-20　基本 RS 触发器

基本 RS 触发器有两个信号输入端 $\bar{S}$ 和 $\bar{R}$,其中 $\bar{S}$ 称为置位(Set)输入端,$\bar{R}$ 称为复位(Reset)输入端;触发器有两个输出端 Q 和 $\bar{Q}$,两者的逻辑状态在正常条件下保持相反。触发器的状态有 Q 确定,当 $Q=1$ 时,触发器处于"1"状态;当 $Q=0$ 时,触发器处于"0"状态。

触发器的状态由触发器原始状态和输入端输入共同决定,其中输入端 $\bar{S}$ 和 $\bar{R}$ 是低电平有效。

① 当 $\bar{S}=1,\bar{R}=0$ 时,两个输入端 $\bar{R}$ 输入有效,$\bar{S}$ 输入无效,不论触发器原始状态是"1"或"0",触发器立即置"0"状态,也称复位状态、清除状态,是触发器的一个稳定状态。

② 当 $\bar{S}=0,\bar{R}=1$ 时,两个输入端 $\bar{R}$ 输入无效,$\bar{S}$ 输入有效,不论触发器原始状态是"1"或"0",触发器立即置"1"状态,也称置位状态,是触发器的另一个稳定状态。

③ 当 $\bar{S}=1,\bar{R}=1$ 时,两个输入端 $\bar{R}$ 和 $\bar{S}$ 输入都无效,触发器将保持原有状态。若原始状态是"1",则触发器保持"1"状态;若原始状态是"0",则触发器保持"0"状态。

④ 当 $\bar{S}=0,\bar{R}=0$ 时,两个输入端 $\bar{R}$,$\bar{S}$ 输入都有效,则触发器的状态要同时处于 $Q=1$,$\bar{Q}=1$,这就不能满足两输出端逻辑反的要求,即触发器的状态将不能确定,由偶然因数决定。因此,这种情况称为不定状态,在使用时要避免出现。

基本 RS 触发器的状态见表 4-4-15。

表 4-4-15　基本 RS 触发器状态

$\bar{S}$	$\bar{R}$	Q
0	0	不定
0	1	1
1	0	0
1	1	保持

2) 同步 RS 触发器。为保持 R,S 脉冲的同步输入,RS 触发器常采用时钟脉冲 CP 控制。由时钟脉冲 CP 控制的 RS 触发器称为同步 RS 触发器,其逻辑图、逻辑图形符号如图 4-4-21 所示。

与基本 RS 触发器相比,同步 RS 触发器增加时钟脉冲输入端 CP、直接置位输入端 $\overline{S}_D$ 和直接复位输入端 $\overline{R}_D$。使用 $\overline{S}_D$ 和 $\overline{R}_D$ 端进行直接置位或复位时,不受 CP 端信号的控制,其功能与基本 RS 触发器相仿。同步 RS 触发器状态见表 4-4-16。

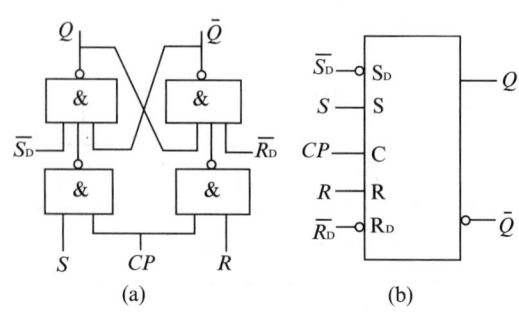

图 4-4-21 同步 RS 触发器

表 4-4-16 同步 RS 触发器状态

CP	S	R	Q^{n+1}
H	0	0	Q^n(保持)
H	0	1	0
H	1	0	1
H	1	1	×(不定)

同步 RS 触发器增加三个输入端,其中只有当时钟脉冲端 CP 为高电平时,R,S 才能输入信号;如果 CP 为低电平,R,S 不能输入信号。也就是说,R,S 输入必须在 CP 为高电平时才有效,低电平无效。

① 当 $S=0,R=0$,两个输入端输入信号无效,触发器将保持原有状态。

② 当 $S=0,R=1$,R 端输入有效,S 端输入无效,则触发器不论原始状态如何,触发器将置"0"状态。

③ 当 $S=1,R=0$,R 端输入无效,S 端输入有效,则触发器不论原始状态如何,触发器将置"1"状态。

④ 当 $S=1,R=1$,R 端输入有效,S 端输入有效,则触发器的状态要同时处于 $Q=1$, $\overline{Q}=1$,这就不能满足两输出端逻辑反的要求。这样触发器的状态将不能确定,只能由偶然因数决定。因此,这种情况称为不定状态,在使用时要避免出现。

规定时钟脉冲作用前触发器的状态称为原态,用 Q^n 表示;而时钟脉冲作用后触发器的状态称为次态,用 Q^{n+1} 表示。

同步 RS 触发器的逻辑状态可以用特征方程来表示:

$$\begin{cases} Q^{n+1}=S+\overline{R}Q^n \\ R \cdot S=0 \text{(约束条件)} \end{cases}$$

2) D 触发器

在时钟脉冲上升沿触发(边沿触发)的 D 触发器的逻辑图形符号如图 4-4-22 所示,

其中，CP 端框内的小三角形表示边沿触发，D 端为数据输入端。D 触发器状态见表 4-4-17。↑ 表示脉冲由低电平到高电平，即上升沿。直接置位端 $\overline{S}_D$ 和直接复位端 $\overline{R}_D$ 的功能如前所述。若 $\overline{S}_D=0$ 时，置 1；若 $\overline{R}_D=0$ 时，置 0。在正常情况下，$\overline{S}_D=\overline{R}_D=1$，即这两个端子高电平处于无效状态。

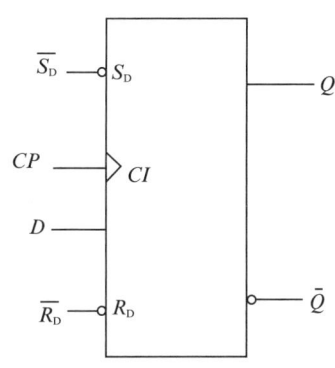

表 4-4-17　D 触发器状态

CP	D	Q^{n+1}
↑	0	0
↑	1	1

图 4-4-22　D 触发器逻辑图形符号

从表 4-4-17 可以看出：只有当 CP 脉冲的上升沿到来时，输入端 D 的状态才决定输出端 Q 的状态；当 $D=1$ 时，输出 $Q=1$，当 $D=0$ 时，$Q=0$。在其他情况下，输出端 Q 的状态保持不变，即此时 D 端的输入信号不起作用。

D 触发器的逻辑状态也可以用特征方程表示：

$$Q^{n+1}=D$$

3) JK 触发器

在时钟脉冲下降沿触发（边沿触发）的 JK 触发器的逻辑图形符号如图 4-4-23 所示，其中，J，K 为数据输入端。JK 触发器状态见表 4-4-18。图形符号中，CP 端框内的小三角形表示边沿触发；↓ 表示脉冲由高电平到低电平，即下降沿。正常工作时 $\overline{S}_D=\overline{R}_D=1$，即这两个端子高电平处于无效状态。

JK 触发器的逻辑状态也可以用特征方程表示：

$$Q^{n+1}=J\overline{Q}^n+\overline{K}Q^n$$

JK 触发器是一种功能较为完善的触发器，故应用最为广泛。

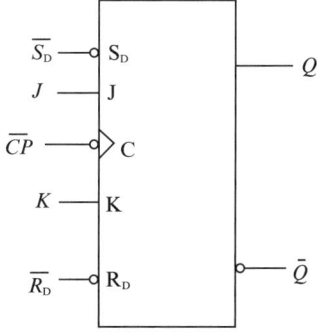

图 4-4-23　JK 触发器逻辑图形符号

表 4-4-18 JK 触发器状态

$\overline{CP}$	J	K	Q^{n+1}
↓	0	0	Q^n（保持）
↓	0	1	0
↓	1	0	1
↓	1	1	$\overline{Q^n}$（反转）

7. 555 时基电路及其应用

555 时基电路又叫 555 定时电路，是一种中规模集成定时器，其通常只要外接少量阻容元件，就可以构成多种不同用途的电路。555 时基电路在控制、检测、定时、报警等领域应用广泛，比如用作单稳态触发器、自激多谐振荡器及施密特触发器等。

555 集成定时器有双极型和 CMOS 两种，其外引端基本相同，其内部电路功能和工作原理也无本质的区别。本书以双极型 CB555（厂标型号有 5G1555 等）定时器为例，介绍集成定时器的电路组成、工作原理及其典型应用。

1) CB555 集成定时器

CB555 集成定时器是一种模拟电路与数字电路相结合的中规模集成电路，其内部电路、惯用框图和双列直插式引出脚位置和功能如图 4-4-24 所示，其文字符号用 N 表示。

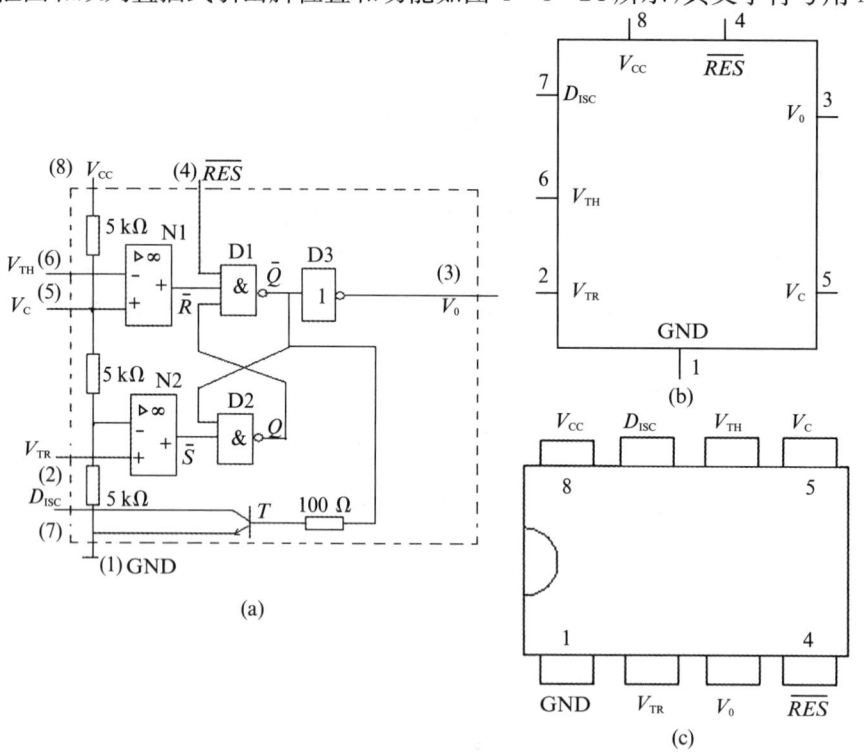

图 4-4-24 CB555 集成定时器

CB555 集成定时器内部是由两个电压比较器 N1 和 N2、一个由与非门组成的基本 RS 触发器、一个放电半导体三极管 VT 以及三个 5 kΩ 电阻组成的分压器。

CB555 集成定时器有 8 个引出脚：①脚（GND）为地端；②端（V_{TR}）为触发端（也叫低电

平触发端);③端(V_O)为电压输出端;④端($\overline{RES}$)为复位端;⑤端(V_C)为电压控制端(在此端可外加一个电压以改变电压比较器的参考电位,不用时,经 0.01 μF 的电容接"地",以防止干扰的引入);⑥端(V_{TH}端)为阀值端(也叫高电平触发端);⑦端(D_{ISC}端)为放电端;⑧端(V_{CC})为电源正端。当在 V_{CC} 和 GND 两端加上电源电压 U_{CC} 后,则加在电压比较器 N1 同相输入端(即 V_C 端)的参考电位为 $+2U_{CC}/3$,加在电压比较器 N2 反相输入端的参考电位为 $+U_{CC}/3$。CB555 集成定时器功能见表 4-4-19。

表 4-4-19 CB555 集成定时器功能

复位端(4)	阀值端(6)	触发端(2)	输出端(3)	放电管
$\overline{RES}$	V_H	V_R	V_0	VT
L	×	×	L	饱和导通
H	$>+2U_{CC}/3$	$>+U_{CC}/3$	L	饱和导通
H	$<+2U_{CC}/3$	$<+U_{CC}/3$	H	截止
H	$<+2U_{CC}/3$	$>+U_{CC}/3$	不变	不变

注:表中 H 表示高电平;L 表示低电平;×表示在允许范围内的任意值

由表 4-4-19 可以看出 CB555 具有以下功能。

(1) 复位功能。当复位端 $\overline{RES}$ 为低电平时,定时器输出端 V_0 为低电平(即 0 状态),同时,放电管 VT 饱和导通,放电端 D_{ISC} 接地。

(2) 置 0 功能。当阀值端 V_{TH} 的电位 $V_H>2U_{CC}/3$ 时,触发端 V_{TR} 电位 $V_{TR}>+U_{CC}/3$,则电压比较器 N1 输出低电平,电压比较器 N2 输出高电平,使得基本 RS 触发器置"0",定时器输出为低电平,放电管 VT 饱和导通,放电端 D_{ISC} 接地。

(3) 置 1 功能。当 $V_H<+2U_{CC}/3,V_R<+U_{CC}/3$ 时,则电压比较器 N1 输出高电平,电压比较器 N2 输出低电平,使得基本 RS 触发器置"1",定时器输出为高电平(即 1 状态),放电管 VT 截止。

(4) 保持功能。当 $V_H<+2U_{CC}/3,V_R>+U_{CC}/3$ 时,电压比较器 N1,N2 均输出高电平,基本 RS 触发器状态保持不变,所以定时器输出和放电管也保持状态不变。

2) CB555 集成定时器的应用

(1) 用 CB555 集成定时器构成多谐振荡器。多谐振荡器是一种能够产生矩形方波的电路,没有稳定状态,不需要外加触发信号。当接通电源以后,其便能自动地、周而复始地输出某一固有频率的矩形波。因为矩形波中含有各次谐波,所以称为多谐振荡器。

由 CB555 定时器构成的多谐振荡器如图 4-4-25 所示,其中,R1,R2,C 为外接的定时元件。该电路的工作原理如下:

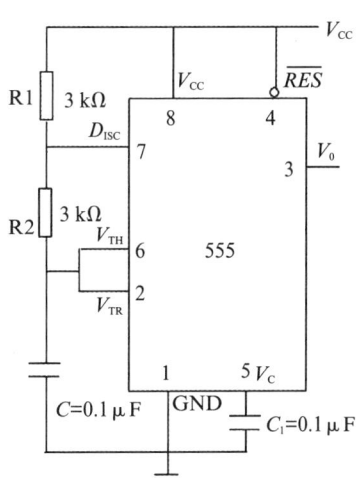

图 4-4-25 CB555 电路

①假设接通电源时,电容初始电压为0,即$u_c=0$,则$v_H<+2U_{CC}/3$,$v_R>+U_{CC}/3$,定时器输出为高电平,放电管 VT 截止;电源经电阻 R1 和 R2 对电容 C 充电;随着充电时间的进行,电容两端电压按指数规律上升。

②当u_c上升到(当u_c上升到大于$+U_{CC}/3$,而且小于$+2U_{CC}/3$,定时器不变化)小于$+2U_{CC}/3$,(高触发电平)时,即$v_H<+2U_{CC}/3$,$v_R>+U_{CC}/3$时,定时器输出为低电平,放大器饱和导通;电容经 R2 放电;随着放电的进行,电容两端电压按指数规律下降。

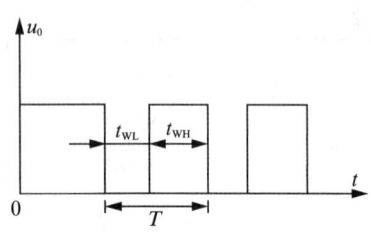

图 4-4-26 输出电压波形

③当u_c下降到$+U_{CC}/3$(低触发电平)时,即$v_H<+2U_{CC}/3$,$v_R<+U_{CC}/3$,则放电管 VT 又截止,电容 C 又开始充电……重复上述过程,电路产生振荡。结果输出端得到连续的矩形波电压u_0,输出电压波形如图 4-4-26 所示。

在电容 C 充电、放电过程中,其电压在$+U_{CC}/3$~$+2U_{CC}/3$之间变化。当其充电时(此时定时器输出为高电平),其时间常数$t_{WH}=0.7(R_1+R_2)C$;当其放电时(此时定时器输出为低电平),$t_{WL}=0.7R_2C$。

(2) 用 CB555 集成定时器构成单稳态触发器。单稳态触发器是一种只有一个稳定状态的触发电路。若不外加触发信号,电路一直处于稳定状态;若外加触发信号,电路的状态能够由稳定状态翻转到暂时稳定状态(暂稳态),暂稳态维持一段时间后,电路能够自动返回稳定状态。暂稳态时间的长短与外加触发信号无关,仅取决于电路本身的参数。

由 CB555 集成定时器构成单稳态触发器电路如图 4-4-27(a)所示,其中 R,C 为外接的定时元件。该电路的工作原理如下:

①电路的稳态。当接通电源,不外加负触发脉冲,即输入脉冲电压u_I为高电平($v_R>+U_{CC}/3$)时:若定时器初始状态为 0,则放电管 VT 饱和导通,电容 C 被放电管旁路,$u_c=0$ V,则$v_H<+2U_{CC}/3$,故定时器状态保持不变,$u_0=0$ V;若定时器初始状态为 1,则放电管 VT 截止,电源经 R 对电容 C 充电,u_c上升至$u_c>+2U_{CC}/3$时,则$v_H>+2U_{CC}/3$,故定时器状态翻转,因此仍为$u_0=0$ V,$v_H<+2U_{CC}/3$。

②电路的暂稳态。在V_{TR}端输入一个负触发脉冲($v_R<+U_{CC}/3$)时,由于小于$+2U_{CC}/3$,所以定时器置 1,输出电压由低电平翻转为高电平,即$u_0=1$ V。

③自动返回稳态。$u_0=1$ V,VT 截止,C 充电,u_c上升,当$u_c>+2U_{CC}/3$时,则$v_H>+2U_{CC}/3$,且$v_R>+U_{CC}/3$(此时负脉冲必须结束,u_I又回到高电平),定时器置 0,因此输出电压又由高电平翻转到低电平,即$u_0=0$ V。

维持暂稳态的时间,即为定时时间,也就是u_c由 0 上升到$+2U_{CC}/3$的时间,可以计算定时的脉冲宽度为$t_W=1.1RC$。

综上所述,单稳态触发器每触发一次,电路就会输出一个宽度一定、幅度一定的矩形波,其波形如图 4-4-27(b)所示。必须注意的是,使用这样的单稳态电路,要求外触发负脉冲宽度一定小于t_W。

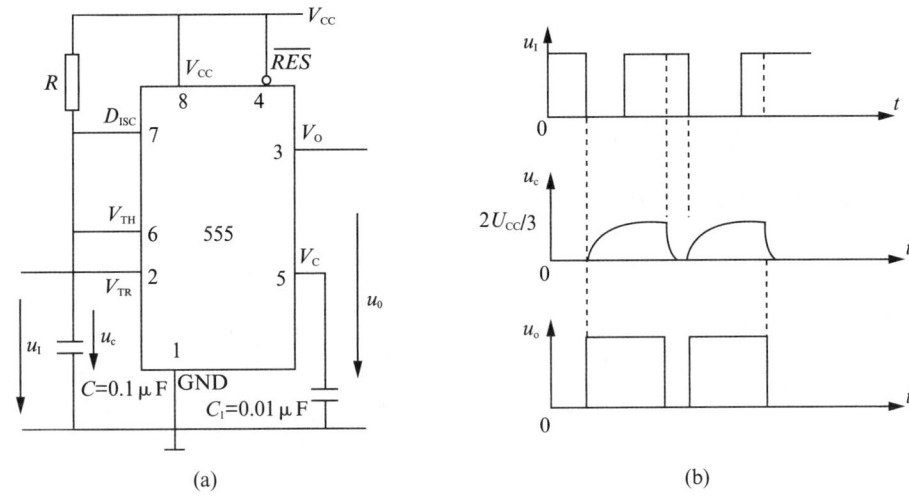

图 4-4-27 CB555 集成定时器构成单稳态触发器

【任务实施】
一、任务要求

能进行无线电元器件的识别与检测,熟悉元器件外形、类别型号和管脚判定;熟练使用万用表判定器件性能;熟练掌握电子元器件的焊接工艺和方法,或者熟练使用面包板搭接电路;能根据原理图检测接线是否正确,并能通电调试电路,发现问题能根据故障现象排除故障,在通电时应注意安全。

二、任务准备

准备材料清单见表 4-4-20,需要准备的工具包括万用表、电烙铁、焊锡丝、松香等。

表 4-4-20 元器件和材料清单

符号	规格/型号	名称	符号	规格/型号	名称
CB555	CB555	定时器	R1	3 kΩ/0.25 W	电阻器
D1	IN4007	二极管	R2	3 kΩ/0.25 W	电阻器
D2	2CP	二极管	R3	3.9 kΩ/0.25 W	电阻器
B	50 mm/0.5 W	二极管	R4	4.7 kΩ/0.25 W	电阻器
C	0.1 μF/25 V	电容器	—	SYB-130	面包板
C1	0.01 μF/25 V	电容器	—	$\phi=0.6$ mm	单股绝缘导线
C2	47 μF/25 V	电容器	AN	—	按钮
C3	47 μF/25 V	电容器	—	SYB-130	面包板

三、任务操作

1. **元器件识别与测量**

1) 555 定时器

555 定时器实物如图 4-4-28 所示。

2) 扬声器

扬声器实物如图 4-4-29 所示。

用万用表"R×1"挡测量扬声器音圈电阻时,扬声器发出"咔""咔"声,同时能测出电阻值,如果没声音,电阻值也没有,说明音圈内部或引出线断开。

图 4-4-28　555 定时器实物

图 4-4-29　扬声器实物

3) 门铃开关

门铃开关实物如图 4-4-30 所示。

用万用表"R×1"挡测量开关两端:当按动开关时,测得电阻应为零;当松开开关时,电阻值应为无穷大。

图 4-4-30　门铃开关实物

2. 电路的连接

本任务将利用单股绝缘导线在面包板上完成电路的连接,其电路如图 4-4-31 所示。此电路以 555 定时器为核心,周围配置一些定时元件、电源和扬声器等。

555 定时器包括两个由集成开环运放构成的电压比较器,一个带复位的基本 RS 触发器及与非门和非门,一个放电三极管。集成 555 定时器有 8 个引脚,分别是电源、接地、复位、阀值端、触发端、放电、电压控制端和输出。此电路的工作原理是:当按钮开关 AN 按下时,电源通过二极管 D2 向电容器 C3 充电,P 点(4 脚)电位迅速充至 V_{cc},4 脚高电平从而复位解除。由于 D1 将 R3 旁路,电源经 D1、R1、R2 向 C 充电,充电时间常数为 $\tau=(R_1+R_2)C$,放电时间常数为 $\tau=R_2C$,多谐振荡器产生高频振荡,扬声器发出高音。

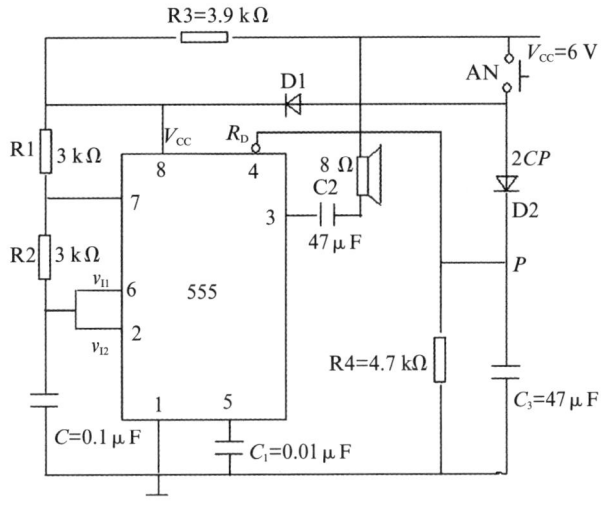

图 4-4-31 双音门铃电气原理

当按钮开关 AN 松开时,按钮开关断开,电容 C3 要对 R4 放电,经过一段时间后 P 点电位降至复位电平之前,电路将继续维持振荡;但此时电源经 R3、R1、R2 向 C 充电,充电时间延长为 $\tau=(R_3+R_1+R_2)C$,而放电时间仍为 $\tau=R_2C$,多谐振荡器产生低频振荡,扬声器发出低音。

3. 电路的检测与调试

1) 目视检查

电路连接完成后,不要忙于通电,应对照接线图逐个元器件检查连线是否正确、连线是否牢靠和接通、元器件极性是否正确。

2) 通电测试

把电路接通电源,按下按钮 AN 和释放按钮 AN,倾听门铃发出双音声响,遇到故障则排除之。

【任务评价】

任务考核要求及评分标准见表 4-4-21。

表 4-4-21 任务考核要求及评分标准

任务 4 双音门铃的制作					
班级:		姓名:			组号:	
任务	配分	考核要求	评分标准	扣分	得分	备注
组装焊接	30	(1) 能正确测量元器件; (2) 元器件连线正确,布线符合工艺要求	(1) 安装不规范或焊点不规范,扣 2 分/处; (2) 损坏元器件,扣 2 分/处; (3) 错装或漏装,扣 2 分/处			
通电调试	15	(1) 正确输出电压; (2) 正确输出电流	(1) 电压无输出或输出电压不对,扣 2 分; (2) 不会使用仪表测试,扣 2 分			

(续表)

任务4 双音门铃的制作							
班级：		姓名：			组号：		
任务	配分	考核要求		评分标准	扣分	得分	备注
故障分析	15	(1) 能正确分析故障原因； (2) 能据故障现象判定故障范围		(1) 故障分析与现象不符，扣2分； (2) 故障范围分析过大，扣1分； (3) 不会分析，扣10分			
故障检修	30	(1) 正确使用仪表； (2) 检修方法正确； (3) 正确排除故障		(1) 错误使用仪表，扣2分； (2) 排除故障方法错误，扣2分； (3) 重复检修一次，扣2分			
安全、文明	10	(1) 安全用电，无人为损坏设备或器件现象； (2) 小组成员协同合作； (3) 遵守校纪、校规		(1) 发生安全事故，扣10分； (2) 人为损坏设备或器件，扣10分； (3) 不遵守纪律，不文明协作，扣5分			
时间				(1) 提前完成加2分； (2) 超时完成扣2分			

【课后练习】

(1) 数字电路采用什么进制数？它的物理含义是什么？

(2) 怎样理解组合逻辑电路与时序逻辑电路？它们有什么区别？

(3) 组合逻辑电路分析和设计的步骤分别是什么？怎样保证设计线路最简单？

(4) 555定时器内部电路组成是什么？它有什么功能？

(5) 怎样理解单稳态和双稳态触发器？怎样由555定时器构成一个单稳态触发器？